建筑工程质量检查员继续教育培训教材

(安装工程)

张大春　金孝权　等编著

中国建筑工业出版社

图书在版编目（CIP）数据

建筑工程质量检查员继续教育培训教材（安装工程）/
张大春，金孝权等编著.—北京：中国建筑工业出版社，
2009

ISBN 978-7-112-11566-2

Ⅰ.建… Ⅱ.①张… ②金… Ⅲ.建筑安装工程—工程质
量—质量检查—终生教育—教材 Ⅳ.TU712

中国版本图书馆CIP数据核字（2009）第204704号

本书为建筑工程质量检查员继续教育而编写,分为土建工程、安装工程及市政工程三个分册。本册为安装部分，内容包括：建筑给水聚丙烯管道工程、自动喷水灭火系统、综合布线工程、电气装置安装工程、电缆线路、扣接式薄壁钢电导管应用技术和有关法规文件。

* * *

责任编辑：郦锁林
责任设计：郑秋菊
责任校对：刘 钰 陈晶晶

建筑工程质量检查员继续教育培训教材
(安装工程)
张大春 金孝权 等编著
*
中国建筑工业出版社出版、发行（北京西郊百万庄）
各地新华书店、建筑书店经销
南京碧峰印务有限公司制版
北京云浩印刷有限责任公司印刷
*
开本：850×1168毫米 1/16 印张：14½ 字数：445千字
2010年2月第一版 2010年4月第二次印刷
定价：38.00元
ISBN 978-7-112-11566-2
(18823)

《建筑工程质量检查员继续教育培训教材》

编写人员名单

（安装工程）

张大春　金孝权　陈　曦　刘玉军
于荣淼　王　飞　胡小林　陈慧宇

前　言

质量是建设工程永恒的主题,是建设工程的生命。抓好工程质量,需要所有各参建方的齐心努力。由于施工企业是主要建设方,所以对其管理人员的要求就更高。为贯彻建设部颁布的《建筑工程施工质量验收统一标准》等14本系列标准规范,提高工程质量检查员业务水平,江苏省建设厅从2002年11月开始对全省建筑工程质量检查员进行新规范的培训工作,2003年结合培训在全省进行土建、安装、市政专业质量检查员统一考试取证工作。从此以后,培训考试成为每年的例行工作,为江苏省施工企业培养了一大批合格的质量检查员。根据江苏省住房和城乡建设厅的要求,质量检查员取证五年后需重新进行继续教育和证书年检,为了做好继续教育工作,根据江苏省住房和城乡建设厅的统一安排,我们对原教材出版以来国家和江苏省颁布的有关规范和标准以及与质量管理有关的文件进行重新编撰,供广大学员继续教育培训时参考。

本教材由江苏省建设工程质量监督总站,江苏省建设教育协会组织,邀请多年从事工程质量监督和管理工作的专家进行编撰。以新出版的规范标准按照有关条文逐一列出说明;修订的规范标准主要将修改和增加的条文列出说明。本教材不是系统的教材,主要以2005年以后颁发和修改的标准、规范为主线,作为补充学习、继续教育使用。本书各章所列条款并非完全是原规范条款,主要是为了本书的条理性,所以可能和规范条款无关。每章均有相应的思考题,附在书后供大家参考。

由于本书内容涉及面较宽,编写时间有限,错漏之处在所难免,欢迎批评指正。

目　录

第一章 建筑节能工程施工质量验收（安装工程）

《建筑节能工程施工质量验收规范》GB50411－2007是国家标准，自2007年10月1日起施行。该规范共有强制性条文二十条，其中设备安装专业九条，必须严格执行。本章重点介绍该规范中涉及设备安装专业的相关知识，条文编号仍按原规范，去除了与设备安装无关的内容，望广大质量检查员经过学习掌握。

2007年11月1日，江苏省制定了地方标准《建筑节能工程施工质量验收规程》DGJ32/J19－2007，自2007年11月1日施行。该规程主要对土建工程提出了要求，安装部分仍执行国家验收规范。

第一节 总则（省规程第一章）

本节到第二节为地方标准《建筑节能工程施工质量验收规程》DGJ32/J19－2007的内容。

1 总 则

1.0.1 为贯彻国家节约能源政策，加强工程质量管理，统一建筑节能工程的质量验收，制定本规程。

1.0.2 本规程适用于江苏省范围内的新建、扩建、改建等建筑节能工程质量控制和验收。

1.0.3 建筑节能工程中采用的工程技术文件、合同及约定文件等对节能工程质量控制及验收的要求不得低于本规程的规定。

1.0.4 建筑节能工程质量的验收除执行本规程外，还应符合现行国家标准《建筑工程施工质量验收统一标准》GB50300及配套的验收规范、《建筑节能工程施工质量验收规范》GB50411、《外墙外保温工程技术规程》JGJ144、《膨胀聚苯板薄抹灰外墙外保温系统》JG149、《胶粉聚苯颗粒外墙外保温系统》JG158和江苏省建设工程的有关标准及规定。

1.0.5 本规程未明确项目按相关技术标准执行。

第二节 基本规定（省规程第三章）

3 基本规定

3.1 基本要求

3.1.1 本规程所指建筑节能工程主要包括：墙体、建筑幕墙、外门窗、屋面及地面节能工程，本规程未包括的分项工程应符合《建筑节能工程施工质量验收规范》GB50411的规定。

3.1.2 建筑节能保温材料、外门窗、部品配件等材料必须符合国家及江苏省现行工程建设标准、产品标准，且应与建筑主体结构及功能的要求相一致。

3.1.3 建筑节能材料或产品进人施工现场时，应具有中文标识的出厂质量合格证、产品出厂检验报告、有效期内的型式检验报告（包括外保温系统耐侯性试验）等。

3.1.4 建筑节能工程应优先选用国家或省推广应用的建筑节能技术和产品，严禁采用国家或省明令淘汰的技术和产品。

3.1.5 建筑节能常用材料性能指标应符合附录A的要求。

3.1.6 建筑节能常用材料应进行现场验收,凡涉及安全和使用功能的应按本规程规定进行复验或实体检测,复验项目或实体检测项目及取样频率(复验批次)应符合附录A的要求。复验及现场实体检测为见证检测。

3.1.7 型式检验应包括产品标准的全部项目,项目内容与指标不应低于附录B的要求,并应包括系统耐候性试验(附录B无安装内容,所以章后未列出)。

3.1.8 建筑节能工程质量的过程控制,除按本规程要求外尚应按现行国家标准《建筑工程施工质量验收统一标准》GB50300及配套的验收规范执行。单位工程竣工验收应在建筑节能分部工程验收合格后进行。

3.1.9 建筑节能工程验收文件应单独填写验收记录,节能验收资料应单独组卷并作为城市建设工程档案。

3.1.10 建筑节能分项工程的划分应符合《建筑节能工程施工质量验收规范》GB50411的规定。

3.2 质量控制

3.2.1 建筑节能工程的质量控制采取资料完善、过程控制与结果抽验相结合的原则。

3.2.2 建筑节能工程施工应按照经审查合格的设计文件和经审查批准的施工方案施工。建筑节能工程现场的质量控制应符合下列要求:

1 建筑节能工程采用的材料、部品、配件等应符合设计要求,进场验收应检查产品生产日期、出厂检验报告、产品执行标准、技术性能检测报告和型式检验报告等资料。

2 建筑节能工程采用的材料在进入施工现场后应按规定进行抽样复验。

3 建筑节能工程的施工应在基层质量验收合格后进行。

4 各工序应按施工技术标准进行质量控制,每道工序完成后,应进行检查,工序之间应进行交接检查。隐蔽工程隐蔽前应由施工单位通知有关单位进行验收,并做好隐蔽工程验收记录。隐蔽工程验收应有详细的文字记录和必要的图像资料。

3.2.3 设计变更不得降低建筑节能效果。当设计变更涉及建筑节能效果时,应经原施工图设计审查机构审查,在实施前应办理设计变更手续,并获得监理或建设单位的确认(此条为《建筑节能工程施工质量验收规范》GB50411－2007第3.1.2条,为强制性条文)

由于材料供应、工艺改变等原因,建筑工程施工中可能需要改变节能设计。为了避免这些改变影响节能效果,本条对涉及节能的设计变更严格加以限制。

本条规定有三层含义:第一,任何有关节能的设计变更,均须事前办理设计变更手续;第二,有关节能的设计变更不应降低节能效果;第三,涉及节能效果的设计变更,除应由原设计单位认可外,还应报原负责节能设计审查机构审查方可确定。确定变更后,并应获得监理或建设单位的确认。

本条的设定增加了节能设计变更的难度,是为了尽可能维护已经审查确定的节能设计要求,减少不必要的节能设计变更。

3.2.4 建筑节能工程为单位建筑工程的一个分部工程。其分项工程和检验批的划分,应符合下列规定(此条为《建筑节能工程施工质量验收规范》GB50411－2007第3.4.1条):

1 建筑节能分项工程应按照表3.4.1划分。

2 建筑节能工程应按照分项工程进行验收。当建筑节能分项工程的工程量较大时,可以将分项工程划分为若干个检验批进行验收。

3 当建筑节能工程验收无法按照上述要求划分分项工程或检验批时,可由建设、监理、施工等各方协商进行划分。但验收项目、验收内容、验收标准和验收记录均应遵守本规范的规定。

4　建筑节能分项工程和检验批的验收应单独填写验收记录，节能验收资料应单独组卷。

建筑节能分项工程划分　　**表3.4.1**

序号	分项工程	主要验收内容
1	墙体节能工程	主体结构基层;保温材料;饰面层等
2	幕墙节能工程	主体结构基层;隔热材料;保温材料;隔汽层;幕墙玻璃;单元式幕墙板块;通风换气系统;遮阳设施;冷凝水收集排放系统等
3	门窗节能工程	门;窗;玻璃;遮阳设施等
4	屋面节能工程	基层;保温隔热层;保护层;防水层;面层等
5	地面节能工程	基层;保温层;保护层;面层等
6	采暖节能工程	系统制式;散热器;阀门与仪表;热力入口装置;保温材料;调试等
7	通风与空气调节节能工程	系统制式;通风与空调设备;阀门与仪表;绝热材料;调试等
8	空调与采暖系统的冷热源及管网节能工程	系统制式;冷热源设备;辅助设备;管网;阀门与仪表;绝热、保温材料;调试等
9	配电与照明节能工程	低压配电电源;照明光源、灯具;附属装置;控制功能;调试等
10	监测与控制节能工程	冷、热源系统的监测控制系统;空调水系统的监测控制系统;通风与空调系统的监测控制系统;监测与计量装置;供配电的监测控制系统;照明自动控制系统;综合控制系统等

本条给出了建筑节能验收与其他已有的各个分部分项工程验收的关系，确定了节能验收在总体验收中的定位，故称之为验收的划分。

建筑节能验收本来属于专业验收的范畴，其许多验收内容与原有建筑工程的分部分项验收有交叉与重复，故建筑节能工程验收的定位有一定困难。为了与已有的《建筑工程施工质量验收统一标准》GB50300和各专业验收规范一致，本规范将建筑节能工程作为单位建筑工程的一个分部工程来进行划分和验收，并规定了其包含的各分项工程划分的原则，主要有四项规定：

一是直接将节能分部工程划分为10个分项工程，给出了这10个分项工程名称及需要验收的主要内容。划分这些分项工程的原则与《建筑工程施工质量验收统一标准》GB50300及各专业工程施工质量验收规范原有的划分尽量一致。表3.4.1中的各个分项工程，是指“其节能性能”，这样理解就能够与原有的分部工程划分协调一致。

二是明确节能工程应按分项工程验收。由于节能工程验收内容复杂，综合性较强，验收内容如果对检验批直接给出易造成分散和混乱。故本规范的各项验收要求均直接对分项工程提出。当分项工程较大时，可以划分成检验批验收，其验收要求不变。

三是考虑到某些特殊情况下，节能验收的实际内容或情况难以按照上述要求进行划分和验收，如遇到某建筑物分期或局部进行节能改造时，不易划分分部、分项工程，此时允许采取建设、监理、设计、施工等各方协商一致的划分方式进行节能工程的验收。但验收项目、验收标准和验收记录均应遵守本规范的规定。

四是规定有关节能的项目应单独填写检查验收表格，作出节能项目验收记录并单独组卷，与建设部要求节能审图单列的规定一致。

第三节 采暖节能工程(国家规范第九章)

本节及以后的主要内容为国家标准《建筑节能工程施工质量验收规范》GB50411－2007安装部分的内容,江苏省《建筑节能工程施工质量验收规程》GDJ32/J19－2007基本规定(本书第二节)明确未涉及部分执行国家节能验收规范。因此,江苏省在建筑节能工程验收时,安装部分应执行国家标准《建筑节能工程施工质量验收规范》GB50411－2007,以后介绍的是国家标准,其条款为原规范条款。

9.1 一般规定

9.1.1 本章适用于温度不超过95℃室内集中热水采暖系统节能工程施工质量的验收。

根据目前国内室内采暖系统的热水温度现状,对本章的适用范围做出了规定。室内集中热水采暖系统包括散热设备、管道、保温、阀门及仪表等。

9.1.2 采暖系统节能工程的验收,可按系统、楼层等进行,并应符合本规范第3.4.1条的规定。

本条给出了采暖系统节能工程验收的划分原则和方法。采暖系统节能工程的验收,应根据工程的实际情况、结合本专业特点,分别按系统、楼层等进行。

采暖系统可以按每个热力入口作为一个检验批进行验收;对于垂直方向分区供暖的高层建筑采暖系统,可按照采暖系统不同的设计分区分别进行验收;对于系统大且层数多的工程,可以按几个楼层作为一个检验批进行验收。

9.2 主控项目

9.2.1 采暖系统节能工程采用的散热设备、阀门、仪表、管材、保温材料等产品进场时,应按设计要求对其类型、材质、规格及外观等进行验收,并应经监理工程师(建设单位代表)检查认可,且应形成相应的验收记录。各种产品和设备的质量证明文件和相关技术资料应齐全,并应符合国家现行有关标准和规定。

检验方法:观察检查;核查质量证明文件和相关技术资料。检查数量:全数检查。

采暖系统中散热设备的散热量、金属热强度和阀门、仪表、管材、保温材料等产品的规格、热工技术性能是采暖系统节能工程中的主要技术参数。为了保证采暖系统节能工程施工全过程的质量控制,对采暖系统节能工程采用的散热设备、阀门、仪表、管材、保温材料等产品的进场,要按照设计要求对其类别、规格及外观等进行逐一核对验收,验收一般应由供货商、监理、施工单位的代表共同参加,并应经监理工程师(建设单位代表)检查认可,形成相应的验收记录。各种产品和设备的质量证明文件和相关技术资料应齐全,并应符合国家现行有关标准和规定。

9.2.2 采暖系统节能工程采用的散热器和保温材料等进场时,应对其下列技术性能参数进行复验,复验应为见证取样送检:

1 散热器的单位散热量、金属热强度;

2 保温材料的导热系数、密度、吸水率。

检验方法:现场随机抽样送检;核查复验报告。

检查数量:同一厂家同一规格的散热器按其数量的1%进行见证取样送检,但不得少于2组;同一厂家同材质的保温材料见证取样送检的次数不得少于2次。

采暖系统中散热器的单位散热量、金属热强度和保温材料的导热系数、密度、吸水率等技术参数,是采暖系统节能工程中的重要性能参数,它是否符合设计要求,将直接影响采暖系统的运行及节能效果。因此,本条文规定在散热器和保温材料进场时,应对其热工等技术性能参数进行复验。复验应采取见证取样送检的方式,即在监理工程师或建设单位代表见证下,按照有关规定从施工现场随机抽取试样,送至有见证检测资质的检测机构进行检测,并应形成相应的复验报告。

9.2.3　采暖系统的安装应符合下列规定:

1　采暖系统的制式。应符合设计要求;

2　散热设备、阀门、过滤器、温度计及仪表应按设计要求安装齐全,不得随意增减和更换;

3　室内温度调控装置、热计量装置、水力平衡装置以及热力入口装置的安装位置和方向应符合设计要求,并便于观察、操作和调试;

4　温度调控装置和热计量装置安装后。采暖系统应能实现设计要求的分室(区)温度调控、分栋热计量和分户或分室(区)热量分摊的功能。

检验方法:观察检查。检查数量:全数检查。

强制性条文。在采暖系统中系统制式也就是管道的系统形式,是经过设计人员周密考虑而设计的,要求施工单位必须按照设计图纸进行施工。

设备、阀门以及仪表能否安装到位,直接影响采暖系统的节能效果,任何单位不得擅自增减和更换。

在实际工程中,温控装置经常被遮挡,水力平衡装置因安装空间狭小无法调节,有很多采暖系统的热力入口只有总开关阀门和旁通阀门,没有按照设计要求安装热计量装置、过滤器、压力表、温度计等入口装置;有的工程虽然安装了入口装置,但空间狭窄,过滤器和阀门无法操作、热计量装置、压力表、温度计等仪表很难观察读取。常常是采暖系统热力入口装置起不到过滤、热能计量及调节水力平衡等功能,从而达不到节能的目的。

新建住宅设置集中热水采暖系统时,国家推行温度调节和户用热量计量装置,入户装置要求装设热量表,热量表前宜有不小于8倍管道直径的直管段,以免影响计量的准确性;各分支管路水力平衡装置是指在小区采暖试运行阶段对各单元入口处的流量调节阀进行调节,到达各采暖分回路热水的压力、流量大致相同,通过调节热水采暖系统之间各并联环路压力损失相对差额不大于15%,用来保证采暖各用户之间热负荷指标一致。

同时,本条还强制性规定设有温度调控装置和热计量装置的采暖系统安装完毕后,应能实现设计要求的分室(区)温度调控和分栋热计量及分户或分室(区)热量(费)分摊,这也是国家有关节能标准所要求的。

9.2.4　散热器及其安装应符合下列规定:

1　每组散热器的规格、数量及安装方式应符合设计要求;

2　散热器外表面应刷非金属性涂料。

检验方法:观察检查。检查数量:按散热器组数抽查5%,不得少于5组。

散热器的选型是根据房间大小、朝向、冷空气等确定热负荷进行选型,不得随意变更。散热器有两种散热方式:热辐射和热对流,明装时对热辐射和热对流均有利,外表面刷非金属性涂料对热辐射有利。目前对散热器的安装存在不少误区,常常会出现散热器的规格、数量及安装方式与设计不符等情况。如把散热器全包起来,仅留很少一点点通道,或随意减少散热器的数量,以致每组散热器的散热量不能达到设计要求,从而影响采暖系统的运行效果。散热器暗装在罩内时,不但散热器的散热量会大幅度减少,而且由于罩内空气温度远远高于室内空气温度,从而使罩内墙体的温差传热损失大大增加。散热器暗装时,还会影响恒温阀的正常工作。另外,实验证明:散热器外表面涂刷非金属性涂料时,其散热量比涂刷金属性涂料时能增加10%左右。故本条文对此进行了强调和规定。

9.2.5　散热器恒温阀及其安装应符合下列规定:

1　恒温阀的规格、数量应符合设计要求;

2　明装散热器恒温阀不应安装在狭小和封闭空间,其恒温阀阀头应水平安装,且不应被散热

器、窗帘或其他障碍物遮挡;

3 暗装散热器的恒温阀应采用外置式温度传感器,并应安装在空气流通且能正确反映房间温度的位置上。

检验方法:观察检查。检查数量:按总数抽查5%,不得少于5个。

散热器恒温阀是采暖节能的重要手段,根据各房间使用功能灵活设置恒温阀控制温度。为了保证恒温阀测量的准确性提出具体要求。

9.2.6 低温热水地面辐射供暖系统的安装除了应符合本规范第9.2.3条的规定外,尚应符合下列规定:

1 防潮层和绝热层的做法及绝热层的厚度应符合设计要求;

2 室内温控装置的传感器应安装在避开阳光直射和有发热设备且距地1.4m处的内墙面上。

检验方法:防潮层和绝热层隐蔽前观察检查;用钢针刺入绝热层、尺量;观察检查、尺量室内温控装置传感器的安装高度。

检查数量:防潮层和绝热层按检验批抽查5处,每处检查不少于5点;温控装置按每个检验批抽查10个。

在低温热水地面辐射供暖系统的施工安装时,对无地下室的一层地面应分别设置防潮层和绝热层,绝热层采用聚苯乙烯泡沫塑料板[导热系数为≤0.041W/(m·K),密度≥20.0kg/m^3]时,其厚度小于直接与室外空气相邻的楼板,30mm应设绝热层,绝热层采用聚苯乙烯泡沫塑料板[导热系数为≤0.041W/(m·K),密度≥20.0kg/m^3]时,其厚度不应小于40mm。当采用其他绝热材料时,可根据热阻相当的原则确定厚度。室内温控装置的传感器应安装在距地面1.4m的内墙面上(或与室内照明开关并排设置),并应避开阳光直射和发热设备。

9.2.7 采暖系统热力入口装置的安装应符合下列规定:

1 热力入口装置中各种部件的规格、数量,应符合设计要求;

2 热计量装置、过滤器、压力表、温度计的安装位置、方向应正确,并便于观察、维护;

3 水力平衡装置及各类阀门的安装位置、方向应正确,并便于操作和调试。安装完毕后,应根据系统水力平衡要求进行调试并做出标志。

检验方法:观察检查;核查进场验收记录和调试报告。检查数量:全数检查。

在实际工程中有很多采暖系统的热力入口只有系统阀门和旁通阀门,没有安装热计量装置、过滤器、压力表、温度计等入口装置;有的工程虽然安装了入口装置,但空间狭窄,过滤器和阀门无法操作,热计量装置、压力表、温度计等仪表很难观察读取。常常是采暖系统热力入口装置起不到过滤、热能计量及调节水力平衡等功能,从而达不到节能的目的。故本条文对此进行了强调,并作出规定。

9.2.8 采暖管道保温层和防潮层的施工应符合下列规定(参考图9.2.8-1、图9.2.8-2):

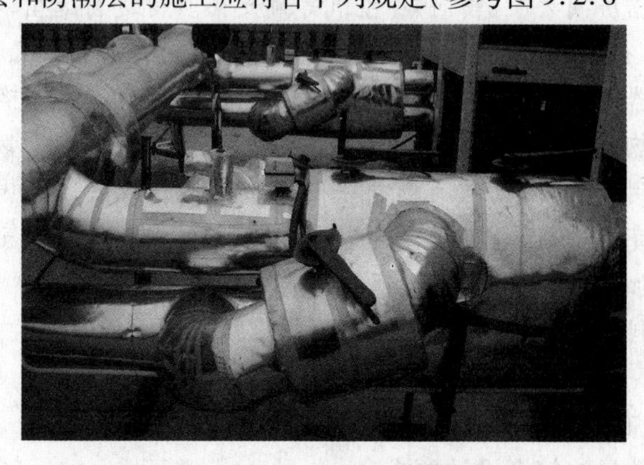

图9.2.8-1 管道的保温层与防潮层

1　保温层应采用不燃或难燃材料,其材质、规格及厚度等应符合设计要求;

2　保温管壳的粘贴应牢固、铺设应平整;硬质或半硬质的保温管壳每节至少应用防腐金属丝或难腐织带或专用胶带进行捆扎或粘贴2道,其间距为300~350mm,且捆扎、粘贴应紧密,无滑动、松弛及断裂现象;

3　硬质或半硬质保温管壳的拼接缝隙不应大于5mm,并用粘结材料勾缝填满;纵缝应错开,外层的水平接缝应设在侧下方;

4　松散或软质保温材料应按规定的密度压缩其体积,疏密应均匀;毡类材料在管道上包扎时,搭接处不应有空隙;

5　防潮层应紧密粘贴在保温层上,封闭良好,不得有虚粘、气泡、褶皱、裂缝等缺陷;

6　防潮层的立管应由管道的低端向高端敷设,环向搭接缝应朝向低端;纵向搭接缝应位于管道的侧面,并顺水;

7　卷材防潮层采用螺旋形缠绕的方式施工时,卷材的搭接宽度宜为30~50mm;

8　阀门及法兰部位的保温层结构应严密,且能单独拆卸并不得影响其操作功能。

检验方法:观察检查;用钢针刺入保温层、尺量。

检查数量:按数量抽查10%,且保温层不得少于10段、防潮层不得少于10m、阀门等配件不得少于5个。

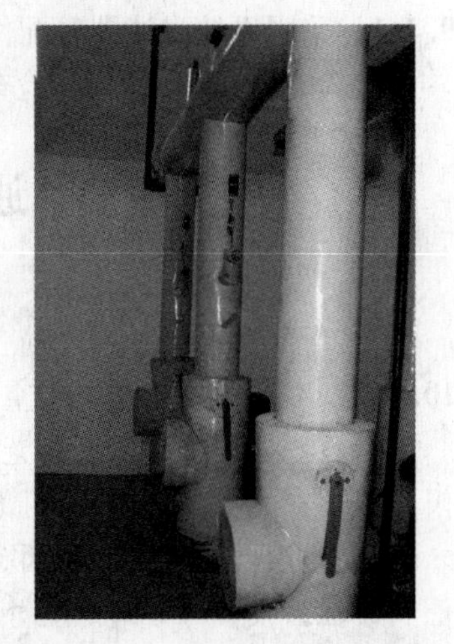

图9.2.8-2　管道的保温层与防潮层

采暖管道保温厚度是由设计人员依据保温材料的导热系数、密度和采暖管道允许的温降等条件计算得出的。如果管道保温的厚度等技术性能达不到设计要求,或者保温层与管道粘贴不紧密牢固,以及设在地沟及潮湿环境内的保温管道不做防潮层或防潮层做得不完整或有缝隙,都将会严重影响采暖管道的保温效果。因此,本条文对采暖管道保温层和防潮层的施工作出了规定。

保温材料保温效果由保温层的导热系数与厚度乘积决定的,为了减少采暖管道的热量散失和保证室内采暖热水温度,提高热能的利用率和住宅内热舒适度,在保温材料施工过程中应保证保温材料厚度和减少热桥的产生,管道与金属支架应采取隔热措施,可参照空调水系统管道保温的做法。突出屋面的采暖管道宜采用闭孔保温材料外加镀锌铁皮保护,开孔类岩棉受潮后保温效果差和易剥落,室外使用效果差。

9.2.9　采暖系统应随施工进度对与节能有关的隐蔽部位或内容进行验收,并应有详细的文字记录和必要的图像资料。

检验方法:观察检查;核查隐蔽工程验收记录。检查数量:全数检查。

采暖保温管道及附件,被安装于封闭的部位或直接埋地时,均属于隐蔽工程。在封闭前,必须对该部分将被隐蔽的管道工程施工质量进行验收,且必须得到现场监理人员认可的合格签证,否则不得进行封闭作业。必要时,应对隐蔽部位进行录像或照相以便追溯。

9.2.10　采暖系统安装完毕后,应在采暖期内与热源进行联合试运转和调试。联合试运转和调试结果应符合设计要求.采暖房间温度相对于设计计算温度不得低于2℃,且不高于1℃。

检验方法:检查室内采暖系统试运转和调试记录。检查数量:全数检查。

强制性条文。采暖系统工程安装完工后,为了使采暖系统达到正常运行和节能的预期目标,规定应在采暖期与热源连接进行系统联合试运转和调试。联合试运转及调试结果应符合设计要求,室内温度不得低于设计计算温度2℃,且不应高于1℃。采暖系统工程竣工如果是在非采暖期或虽然在采暖期却还不具备热源条件时,应对采暖系统进行水压试验,试验压力应符合设计要求。但是,这种水压试验,并不代表系统已进行调试和达到平衡,不能保证采暖房间的室内温度能达到设计要求。因此,施工单位和建设单位应在工程(保修)合同中进行约定,在具备热源条件后的第一个采暖期期间再进行联合试运转及调试,并补做本规范表14.2.2中序号为1的"室内温度"项的调试。补做的联合试运转及调试报告应经监理工程师(建设单位代表)签字确认,以补充完善验收资料。

9.3 一般项目

9.3.1 采暖系统过滤器等配件的保温层应密实、无空隙,且不得影响其操作功能。

检验方法:观察检查。检查数量:按类别数量抽查10%,且均不得少于2件。

第四节 通风与空调节能工程(国家规范第十章)

10.1 一般规定

10.1.1 本章适用于通风与空调系统节能工程施工质量的验收。

本条明确了本章适用的范围。本条文所讲的通风系统是指包括风机、消声器、风口、风管、风阀等部件在内的整个送、排风系统。空调系统包括空调风系统和空调水系统,前者是指包括空调末端设备、消声器、风管、风阀、风口等部件在内的整个空调送、回风系统;后者是指除了空调冷热源和其辅助设备与管道及室外管网以外的空调水系统。

10.1.2 通风与空调系统节能工程的验收,可按系统、楼层等进行,并应符合本规范第3.4.1条的规定。

本条给出了通风与空调系统节能工程验收的划分原则和方法。

系统节能工程的验收,应根据工程的实际情况、结合本专业特点,分别按系统、楼层等进行。空调冷(热)水系统的验收,一般应按系统分区进行;通风与空调的风系统可按风机或空调机组等所各自负担的风系统,分别进行验收。对于系统大且层数多的空调冷(热)水系统及通风与空调的风系统工程,可分别按几个楼层作为一个检验批进行验收。

10.2 主控项目

10.2.1 通风与空调系统节能工程所使用的设备、管道、阀门、仪表、绝热材料等产品进场时,应按设计要求对其类型、材质、规格及外观等进行验收,并应对下列产品的技术性能参数进行核查。验收与核查的结果应经监理工程师(建设单位代表)检查认可,并应形成相应的验收、核查记录。各种产品和设备的质量证明文件和相关技术资料应齐全,并应符合有关国家现行标准和规定。

1 组合式空调机组、柜式空调机组、新风机组、单元式空调机组、热回收装置等设备的冷量、热量、风量、风压、功率及额定热回收效率;

2 风机的风量、风压、功率及其单位风量耗功率;

3 成品风管的技术性能参数;

4 自控阀门与仪表的技术性能参数。

检验方法:观察检查;技术资料和性能检测报告等质量证明文件与实物核对。

检查数量:全数检查。

通风与空调系统所使用的设备、管道、阀门、仪表、绝热材料等产品是否相互匹配、完好,是决定其节能效果好坏的重要因素。本条是对其进场验收的规定,这种进场验收主要是根据设计要求对有关材料和设备的类型、材质、规格及外观等"可视质量"和技术资料进行检查验收,并应经监理工程师(建设单位代表)核准。进场验收应形成相应的验收记录。事实表明,许多通风与空调工程,由于在产品的采购过程中擅自改变有关设备、绝热材料等的设计类型、材质或规格等,结果造成了设备的外形尺寸偏大、设备重量超重、设备耗电功率大、绝热材料绝热效果差等不良后果,从而给设备的安装和维修带来了不便,给建筑物带来了安全隐患,并且降低了通风与空调系统的节能效果。

由于进场验收只能核查材料和设备的外观质量,其内在质量则需由各种质量证明文件和技术资料加以证明。故进场验收的一项重要内容,是对材料和设备附带的质量证明文件和技术资料进行检查。这些文件和资料应符合国家现行有关标准和规定并应齐全,主要包括质量合格证明文件、中文说明书及相关性能检测报告。进口材料和设备还应按规定提供出入境商品检验合格证明。

为保证通风与空调节能工程的质量,本条文作出了在有关设备、自控阀门与仪表进场时,应对其热工等技术性能参数进行核查,并应形成相应的核查记录。对有关设备等的核查,应根据设计要求对其技术资料和相关性能检测报告等所表示的热工等技术性能参数进行一一核对。事实表明,许多空调工程,由于所选用空调末端设备的冷量、热量、风量、风压及功率高于或低于设计要求,而造成了空调系统能耗高或空调效果差等不良后果。

风机是空调与通风系统运行的动力,如果选择不当,就有可能加大其动力和单位风量的耗功率,造成能源浪费。为了降低空调与通风系统的能耗,设计人员在进行风机选型时,都要根据具体工程进行详细的计算,以控制风机的单位风量耗功率不大于《公共建筑节能设计标准》GB50189－2005 第5.3.26 所规定的限值(见表10.2.1)。所以,风机在采购过程中,未经设计人员同意,都不应擅自改变风机的技术性能参数,并应保证其单位风量耗功率满足国家现行有关标准的规定。

风机的单位风量耗功率限值[W/(m³/h)]　表10.2.1

系统型式	办公建筑		商业、旅馆建筑	
	粗效过滤	粗、中效过滤	粗效过滤	粗、中效过滤
两管制定风量系统	0.42	0.48	0.46	0.52
四管制定风量系统	0.47	0.53	0.51	0.58
两管制变风量系统	0.58	0.64	0.62	0.68
四管制变风量系统	0.63	0.69	0.67	0.74
普通机械通风系统	0.32			

注:1　$W_s = P/(3600/\eta_t)$,式中 W_s 为单位风量耗功率,$W/(m^3/h)$;P 为风机全压值,Pa;η_t 为包含风机、电机及传动效率在内的总效率(%);

2　普通机械通风系统中不包括厨房等需要特定过滤装置的房间的通风系统;

3　严寒地区增设预热盘管时,单位风量耗功率可增加0.035[$W/(m^3/h)$];

4　当空调机组内采用湿膜加湿方法时,单位风量耗功率可增加0.053[$W/(m^3/h)$]。

10.2.2　风机盘管机组和绝热材料进场时,应对其下列技术性能参数进行复验,复验应为见证取样送检。

1　风机盘管机组的供冷量、供热量、风量、出口静压、噪声及功率;

2　绝热材料的导热系数、密度、吸水率。

检验方法:现场随机抽样送检;核查复验报告。

检查数量:同一厂家的风机盘管机组按数量复验2%,但不得少于2台;同一厂家同材质的绝热材料复验次数不得少于2次。

通风与空调节能工程中风机盘管机组和绝热材料的用量较多,且其供冷量、供热量、风量、出口静压、噪声、功率及绝热材料的导热系数、材料密度、吸水率等技术性能参数是否符合设计要求,会直接影响通风与空调节能工程的节能效果和运行的可靠性。因此,本条文规定在风机盘管机组和绝热材料进场时,应对其热工等技术性能参数进行复验。复验应采取见证取样送检的方式,即在监理工程师或建设单位代表见证下,按照有关规定从施工现场随机抽取试样,送至有见证检测资质的检测机构进行检测,并应形成相应的复验报告。

10.2.3　通风与空调节能工程中的送、排风系统及空调风系统、空调水系统的安装,应符合下列规定:

1　各系统的制式,应符合设计要求;

2　各种设备、自控阀门与仪表应按设计要求安装齐全,不得随意增减和更换;

3　水系统各分支管路水力平衡装置、温控装置与仪表的安装位置、方向应符合设计要求。并便于观察、操作和调试;

4　空调系统应能实现设计要求的分室(区)温度调控功能。对设计要求分栋、分区或分户(室)冷、热计量的建筑物,空调系统应能实现相应的计量功能。

检验方法:观察检查。检查数量:全数检查。

强制性条文。为保证通风与空调节能工程中送、排风系统及空调风系统、空调水系统具有节能效果,首先要求工程设计人员将其设计成具有节能功能的系统;其次要求在各系统中要选用节能设备和设置一些必要的自控阀门与仪表,并安装齐全到位。这些要求,必然会增加工程的初投资。因此,有的工程为了降低工程造价,根本不考虑日后的节能运行和减少运行费用等问题,在产品采购或施工过程中擅自改变了系统的制式并去掉一些节能设备和自控阀门与仪表,或将节能设备及自控阀门更换为不节能的设备及手动阀门,导致了系统无法实现节能运行,能耗及运行费用大大增加。为避免上述现象的发生,保证以上各系统的节能效果,本条做出了通风与空调节能工程中送、排风系统及空调风系统、空调水系统的安装制式应符合设计要求的强制性规定,且各种节能设备、自控阀门与仪表应全部安装到位,不得随意增加、减少和更换。

水力平衡装置,其作用是可以通过对系统水力分布的调整与设定,保持系统的水力平衡,保证获得预期的空调效果。为使其发挥正常的功能,本条文要求其安装位置、方向应正确,并便于调试操作。

空调系统安装完毕后应能实现分室(区)进行温度调控,一方面是为了通过对各空调场所室温的调节达到舒适度要求;另一方面是为了通过调节室温而达到节能的目的。对有分栋、分室(区)冷、热计量要求的建筑物,要求其空调系统安装完毕后,能够通过冷(热)量计量装置实现冷、热计量,是节约能源的重要手段,按照用冷、热量的多少来计收空调费用,既公平合理,更有利于提高用户的节能意识。

10.2.4　风管的制作与安装应符合下列规定:

1　风管的材质、断面尺寸及厚度应符合设计要求;

2　风管与部件、风管与土建风道及风管间的连接应严密、牢固;

3　风管的严密性及风管系统的严密性检验和漏风量,应符合设计要求或现行国家标准《通风与空调工程施工质量验收规范》GB50243 的有关规定;

4　需要绝热的风管与金属支架的接触处、复合风管及需要绝热的非金属风管的连接和内部支撑加固等处,应有防热桥的措施,并应符合设计要求(见图 10.2.4)。

图 10.2.4　风管与金属支架间的绝热措施

检验方法:观察、尺量检查;核查风管及风管系统严密性检验记录。

检查数量:按数量抽查10%,且不得少于1个系统。

制定本条的目的是为了保证通风与空调系统所用风管的质量以及风管系统安装的严密,减少因漏风和热桥作用等带来的能量损失,保证系统安全可靠地运行。

工程实践表明,许多通风与空调工程中的风管并没有严格按照设计和有关国家现行标准的要求去制作和安装,造成了风管品质差、断面积小、厚度薄等不良现象,且安装不严密、缺少防热桥措施,对系统安全可靠地运行和节能产生了不利的影响。

防热桥措施一般是在需要绝热的风管与金属支、吊架之间设置绝热衬垫(承压强度能满足管道重量的不燃、难燃硬质绝热材料或经防腐处理的木衬垫),其厚度不应小于绝热层厚度,宽度应大于支、吊架支承面的宽度。衬垫的表面应平整,衬垫与绝热材料间应填实无空隙;复合风管及需要绝热的非金属风管的连接和内部支撑加固处的热桥,通过外部敷设的符合设计要求的绝热层就可防止产生。

10.2.5　组合式空调机组、柜式空调机组、新风机组、单元式空调机组的安装应符合下列规定:

1　各种空调机组的规格、数量应符合设计要求;

2　安装位置和方向应正确,且与风管、送风静压箱、回风箱的连接应严密可靠;

3　现场组装的组合式空调机组各功能段之间连接应严密,并应做漏风量的检测,其漏风量应符合现行国家标准《组合式空调机组》GB/T14294 的规定;

4　机组内的空气热交换器翅片和空气过滤器应清洁、完好,且安装位置和方向必须正确,并便于维护和清理。当设计未注明过滤器的阻力时,应满足粗效过滤器的初阻力≤50Pa(粒径≥5.0μm,效率:80% >E≥20%);中效过滤器的初阻力≤80Pa(粒径≥1.0μm,效率:70% >E≥20%)的要求。

检验方法:观察检查;核查漏风量测试记录。

检查数量:按同类产品的数量抽查20%,且不得少于1台。

本条文对组合式空调机组、柜式空调机组、新风机组、单元式空调机组安装的验收质量作出了规定。

1　组合式空调机组、柜式空调机组、单元式空调机组是空调系统中的重要末端设备,其规格、台数是否符合设计要求,将直接影响其能耗大小和空调场所的空调效果。事实表明,许多工程在安装过程中擅自更改了空调末端设备的台数,其后果是或因设备台数增多造成设备超重而给建筑物安全带来了隐患及能耗增大,或因设备台数减少及规格与设计不符等而造成了空调效果不佳。因此,本条文对此进行了强调。

2　本条文对各种空调机组的安装位置和方向的正确性提出了要求,并要求机组与风管、送风静压箱、回风箱的连接应严密可靠,其目的是为了减少管道交叉、方便施工、减少漏风量,进而保证工程质量、满足使用要求、降低能耗。

3　一般大型空调机组由于体积大,不便于整体运输,常采用散装或组装功能段运至现场进行整体拼装的施工方法。由于加工质量和组装水平的不同,组装后机组的密封性能存在较大的差异,严重的漏风量不仅影响系统的使用功能,而且会增加能耗;同时,空调机组的漏风量测试也是工程设备验收的必要步骤之一。因此,现场组装的机组在安装完毕后,应进行漏风量的测试。

4　空气热交换器翅片在运输与安装过程中被损坏和沾染污物,会增加空气阻力,影响热交换效率,增加系统的能耗。本条文还对粗、中效空气过滤器的阻力参数做出要求,主要目的是对空气过滤器的初阻力有所控制,以保证节能要求。

10.2.6　风机盘管机组的安装应符合下列规定:

1　规格、数量应符合设计要求;

2 位置、高度、方向应正确,并便于维护、保养;

3 机组与风管、回风箱及风口的连接应严密、可靠;

4 空气过滤器的安装应便于拆卸和清理。

检验方法:观察检查。

检查数量:按总数抽查10%,且不得少于5台。

风机盘管机组是建筑物中最常用的空调末端设备之一,其规格、台数及安装位置和高度是否符合设计要求,将直接影响其能耗和空调场所的空调效果。事实表明,许多工程在安装过程中擅自改变风机盘管的设计台数和安装位置、高度及方向,其后果是所采用的风机盘管机组的耗电功率、风量、风压、冷量、热量等技术性能参数与设计不匹配,能耗增大,房间气流组织不合理,空调效果差,且安装维修不方便。因此,本条文对此进行了强调。

风机盘管机组与风管、回风箱或风口的连接,在工程施工中常存在不到位、空缝或通过吊顶间接连接风口等不良现象,使直接送人房间的风量减少、风压降低、能耗增大、空气品质下降,最终影响了空调效果,故本条文对此进行了强调。

10.2.7 通风与空调系统中风机的安装应符合下列规定:

1 规格、数量应符合设计要求;

2 安装位置及进、出口方向应正确,与风管的连接应严密、可靠。

检验方法:观察检查。

检查数量:全数检查。

工程实践表明,空调机组或风机出风口与风管系统不合理的连接,可能会造成风系统阻力的增大,进而引起风机性能急剧地变坏;风机与风管连接时使空气在进出风机时尽可能均匀一致,且不要有方向或速度的突然变化,则可大大减小风系统的阻力,进而减小风机的全压和耗电功率。因此,本条文作出了风机的安装位置及出口方向应正确的规定。

10.2.8 带热回收功能的双向换气装置和集中排风系统中的排风热回收装置的安装应符合下列规定:

1 规格、数量及安装位置应符合设计要求;

2 进、排风管的连接应正确、严密、可靠;

3 室外进、排风口的安装位置、高度及水平距离应符合设计要求。

检验方法:观察检查。

检查数量:按总数抽检20%,且不得少于1台。

本条文强调双向换气装置和排风热回收装置的规格、数量应符合设计要求,是为了保证对系统排风的热回收效率(全热和显热)不低于60%。条文要求其安装和进、排风口位置及接管等应正确,是为了防止功能失效和污浊的排风对系统的新风引起污染。

10.2.9 空调机组回水管上的电动两通调节阀、风机盘管机组回水管上的电动两通(调节)阀、空调冷热水系统中的水力平衡阀、冷(热)量计量装置等自控阀门与仪表的安装应符合下列规定:

1 规格、数量应符合设计要求;

2 方向应正确,位置应便于操作和观察。

检验方法:观察检查。

检查数量:按类型数量抽查10%。且均不得少于1个。

在空调系统中设置自控阀门和仪表,是实现系统节能运行的必要条件。当空调场所的空调负荷发生变化时,电动两通调节阀和电动两通阀,可以根据已设定的温度通过调节流经空调机组的水流量,使空调冷热水系统实现变流量的节能运行;水力平衡装置,可以通过对系统水力分布的调整与设定,保持系统的水力平衡,保证获得预期的空调效果;冷(热)量计量装置,是实现量化管理、节约能源的重要手段,按照用冷、热量的多少来计收空调费用,既公平合理,更有利于提高用户的节能意识。

工程实践表明,许多工程为了降低造价,不考虑日后的节能运行和减少运行费用等问题,未经设计人员同意,就擅自去掉一些自控阀门与仪表,或将自控阀门更换为不具备主动节能功能的手动阀门,或将平衡阀、热计量装置去掉;有的工程虽然安装了自控阀门与仪表,但是其进、出口方向和安装位置却不符合产品及设计要求。这些不良做法,导致了空调系统无法进行节能运行和水力平衡及冷(热)量计量,能耗及运行费用大大增加。为避免上述现象的发生,本条文对此进行了强调。

10.2.10　空调风管系统及部件的绝热层和防潮层施工应符合下列规定:

1　绝热层应采用不燃或难燃材料,其材质、规格及厚度等应符合设计要求;

2　绝热层与风管、部件及设备应紧密贴合,无裂缝、空隙等缺陷,且纵、横向的接缝应错开;

3　绝热层表面应平整,当采用卷材或板材时,其厚度允许偏差为5mm;采用涂抹或其他方式时,其厚度允许偏差为10mm;

4　风管法兰部位绝热层的厚度,不应低于风管绝热层厚度的80%;

5　风管穿楼板和穿墙处的绝热层应连续不间断;

6　防潮层(包括绝热层的端部)应完整,且封闭良好,其搭接缝应顺水;

7　带有防潮层隔汽层绝热材料的拼缝处,应用胶带封严,粘胶带的宽度不应小于50mm;

8　风管系统部件的绝热,不得影响其操作功能。

检验方法:观察检查;用钢针刺入绝热层、尺量检查。

检查数量:管道按轴线长度抽查10%;风管穿楼板和穿墙处及阀门等配件抽查10%,且不得少于2个。

10.2.11　空调水系统管道及配件的绝热层和防潮层施工,应符合下列规定:

1　绝热层应采用不燃或难燃材料,其材质、规格及厚度等应符合设计要求;

2　绝热管壳的粘贴应牢固、铺设应平整;硬质或半硬质的绝热管壳每节至少应用防腐金属丝或难腐织带或专用胶带进行捆扎或粘贴2道,其间距为300~350mm,且捆扎、粘贴应紧密,无滑动、松弛与断裂现象;

3　硬质或半硬质绝热管壳的拼接缝隙,保温时不应大于5mm、保冷时不应大于2mm,并用粘结材料勾缝填满;纵缝应错开,外层的水平接缝应设在侧下方;

4　松散或软质保温材料应按规定的密度压缩其体积,疏密应均匀;毡类材料在管道上包扎时,搭接处不应有空隙;

5　防潮层与绝热层应结合紧密,封闭良好,不得有虚粘、气泡、褶皱、裂缝等缺陷;

6　防潮层的立管应由管道的低端向高端敷设,环向搭接缝应朝向低端;纵向搭接缝应位于管道的侧面,并顺水;

7　卷材防潮层采用螺旋形缠绕的方式施工时,卷材的搭接宽度宜为30~50mm;

8　空调冷热水管穿楼板和穿墙处的绝热层应连续不间断,且绝热层与穿楼板和穿墙处的套管之间应用不燃材料填实不得有空隙,套管两端应进行密封封堵;

9　管道阀门、过滤器及法兰部位的绝热结构应能单独拆卸,且不得影响其操作功能。

检验方法:观察检查;用钢针刺人绝热层、尺量检查。

检查数量:按数量抽查10%,且绝热层不得少于10段、防潮层不得少于10m、阀门等配件不得少于5个。

本条文对空调风、水系统管道及其部、配件绝热层和防潮层施工的基本质量要求作出了规定。绝热节能效果的好坏除了与绝热材料的材质、密度、导热系数、热阻等有着密切的关系外,还与绝热层的厚度有直接的关系。绝热层的厚度越大,热阻就越大,管道的冷(热)损失也就越小,绝热节能效果就好。工程实践表明,许多空调工程因绝热层的厚度等不符合设计要求,而降低了绝热材料的热阻,导致绝热失败,浪费了大量的能源;另外,从防火的角度出发,绝热材料应尽量采用不燃的材料。但是,从我国目前生产绝热材料品种的构成,以及绝热材料的使用效果、性能等诸多条件来对比,难燃材料还有其相对的长处,在工程中还占有一定的比例。无论是国内还是国外,都发生过空调工程中的绝热材料,因防火性能不符合设计要求被引燃后造成恶果的案例。因此,本条文明确规定,风管和空调水系统管道的绝热应采用不燃或难燃材料,其材质、密度、导热系数、规格与厚度等应符合设计要求。

空调风管和冷热水管穿楼板和穿墙处的绝热层应连续不间断,均是为了保证绝热效果,以防止产生凝结水并导致能量损失;绝热层与穿楼板和穿墙处的套管之间应用不燃材料填实不得有空隙,套管两端应进行密封封堵,是出于防火和防水的考虑;空调风管系统部件的绝热不得影响其操作功能,以及空调水管道的阀门、过滤器及法兰部位的绝热结构应能单独拆卸且不得影响其操作功能,均是为了方便维修保养和运行管理。

10.2.12 空调水系统的冷热水管道与支、吊架之间应设置绝热衬垫,其厚度不应小于绝热层厚度,宽度应大于支、吊架支承面的宽度。衬垫的表面应平整,衬垫与绝热材料之间应填实无空隙。

检验方法:观察、尺量检查。

检查数量:按数量抽检5%,且不得少于5处。

保温材料抗压强度低,易变形造成保温层厚度与导热系数变小故影响保温效果。所以在空调水系统冷热水管道与支、吊架之间应设置绝热衬垫(承压强度能满足管道重量的不燃、难燃硬质绝热材料或经防腐处理的木衬垫),是防止产生冷桥作用而造成能量损失的重要措施。工程实践表明,许多空调工程的冷热水管道与支、吊架之间由于没有设置绝热衬垫,管道与支、吊架直接接触而形成了冷桥,导致了能量损失并且产生了凝结水。因此,本条对空调水系统的冷热水管道与支、吊架之间应设置绝热衬垫进行了强调,并对其设置要求和检查方法也作了说明(图10.2.12)。

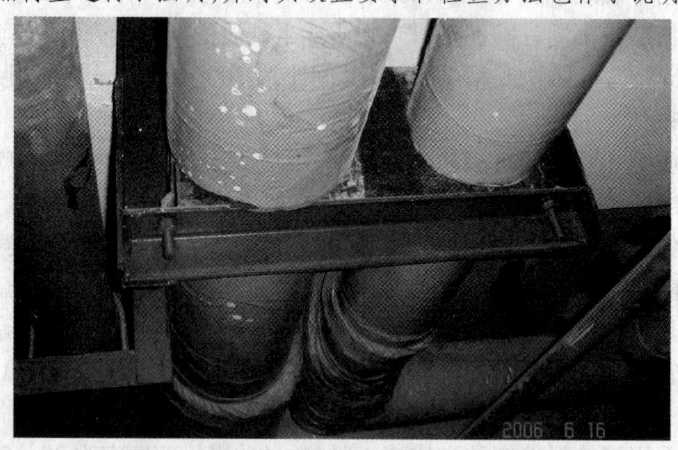

图10.2.12 管道与金属支架间的绝热措施

10.2.13 通风与空调系统应随施工进度对与节能有关的隐蔽部位或内容进行验收,并应有详细的文字记录和必要的图像资料。

检验方法:观察检查;核查隐蔽工程验收记录。

检查数量:全数检查。

通风与空调系统中与节能有关的隐蔽部位位置特殊,一旦出现质量问题后不易发现和修复。因此,本条文规定应随施工进度对其及时进行验收。通常主要隐蔽部位检查内容有:地沟和吊顶内部的管道、配件安装及绝热、绝热层附着的基层及其表面处理、绝热材料粘结或固定、绝热板材的板缝及构造节点、热桥部位处理等。

10.2.14　通风与空调系统安装完毕,应进行通风机和空调机组等设备的单机试运转和调试,并应进行系统的风量平衡调试。单机试运转和调试结果应符合设计要求;系统的总风量与设计风量的允许偏差不应大于10%,风口的风量与设计风量的允许偏差不应大于15%。

检验方法:观察检查;核查试运转和调试记录。

检验数量:全数检查。

强制性条文。通风与空调节能工程安装完工后,为了达到系统正常运行和节能的预期目标,规定必须进行通风机和空调机组等设备的单机试运转和调试及系统的风量平衡调试。试运转和调试结果应符合设计要求;通风与空调系统的总风量与设计风量的允许偏差不应大于10%,各风口的风量与设计风量的允许偏差不应大于15%。

10.3　一般项目

10.3.1　空气风幕机的规格、数量、安装位置和方向应正确,纵向垂直度和横向水平度的偏差均不应大于2/1000。

检验方法:观察检查。检查数量:按总数量抽查10%,且不得少于1台。

本条文对空气风幕机的安装验收作出了规定。

空气风幕机的作用是通过其出风口送出具有一定风速的气流并形成一道风幕屏障,来阻挡由于室内外温差而引起的室内外冷(热)量交换,以此达到节能的目的。带有电热装置或能通过热媒加热送出热风的空气风幕机,被称作热空气幕。公共建筑中的空气风幕机,一般应安装在经常开启且不设门斗及前室外门的上方,并且宜采用由上向下的送风方式,出口风速应通过计算确定,一般不宜大于6m/s。空气风幕机的台数,应保证其总长度略大于或等于外门的宽度。

实际工程中,经常发现安装的空气风幕机其规格和数量不符合设计要求,安装位置和方向也不正确。如:有的设计选型是热空气幕,但安装的却是一般的自然风空气风幕机;有的安装在内门的上方,起不到应有的作用;有的采用暗装,但却未设置回风口,无法保证出口风速;有的总长度小于外门的宽度,难以阻挡屏障全部的室内外冷(热)量交换,节能效果不明显。为避免上述等不良现象的发生,本条文对此进行了强调。

10.3.2　变风量末端装置与风管连接前宜做动作试验,确认运行正常后再封口。

检验方法:观察检查。

检查数量:按总数量抽查10%,且不得少于2台。

本条文对变风量末端装置的安装验收作出了规定。

变风量末端装置是变风量空调系统的重要部件,其规格和技术性能参数是否符合设计要求、动作是否可靠,将直接关系到变风量空调系统能否正常运行和节能效果的好坏,最终影响空调效果,故条文对此进行了强调。

第五节　空调与采暖系统冷热源及管网节能工程（国家规范第十一章）

11.1　一般规定

11.1.1　本章适用于空调与采暖系统中冷热源设备、辅助设备及其管道和室外管网系统节能工程施工质量的验收。

11.1.2　空调与采暖系统冷热源设备、辅助设备及其管道和管网系统节能工程的验收,可分别按冷源和热源系统及室外管网进行,并应符合本规范第3.4.1条的规定。

本条给出了采暖与空调系统冷热源、辅助设备及其管道和管网系统节能工程验收的划分原则和方法。空调的冷源系统,包括冷源设备及其辅助设备(含冷却塔、水泵等)和管道;空调与采暖的热源系统,包括热源设备及其辅助设备和管道。不同的冷源或热源系统,应分别进行验收;室外管网应单独验收,不同的系统应分别进行。

11.2 主控项目

11.2.1 空调与采暖系统冷热源设备及其辅助设备、阀门、仪表、绝热材料等产品进场时,应按照设计要求对其类型、规格和外观等进行检查验收.并应对下列产品的技术性能参数进行核查。验收与核查的结果应经监理工程师(建设单位代表)检查认可,并应形成相应的验收、核查记录。各种产品和设备的质量证明文件和相关技术资料应齐全,并应符合国家现行有关标准和规定。

1 锅炉的单台容量及其额定热效率;

2 热交换器的单台换热量;

3 电机驱动压缩机的蒸汽压缩循环冷水(热泵)机组的额定制冷量(制热量)、输入功率、性能系数(*COP*)及综合部分负荷性能系数(*IPLV*);

4 电机驱动压缩机的单元式空气调节机、风管送风式和屋顶式空气调节机组的名义制冷量、输人功率及能效比(*EER*);

5 蒸汽和热水型溴化锂吸收式机组及直燃型溴化锂吸收式冷(温)水机组的名义制冷量、供热量、输入功率及性能系数;

6 集中采暖系统热水循环水泵的流量、扬程、电机功率及耗电输热比(*EHR*);

7 空调冷热水系统循环水泵的流量、扬程、电机功率及输送能效比(*ER*);

8 冷却塔的流量及电机功率;

9 自控阀门与仪表的技术性能参数。

检验方法:观察检查;技术资料和性能检测报告等质量证明文件与实物核对。

检查数量:全数核查。

本条是对空调与采暖系统冷热源设备及其辅助设备、阀门、仪表、绝热材料等产品进场验收与核查的规定,其中,对进场验收的具体解析可参见本规范第10.2.1条的有关条文说明。

空调与采暖系统在建筑物中是能耗大户,而其冷热源和辅助设备又是空调与采暖系统中的主要设备,其能耗量占整个空调与采暖系统总能耗量的大部分,其选型是否合理,热工等技术性能参数是否符合设计要求,将直接影响空调与采暖系统的总能耗及使用效果。事实表明,许多工程基于降低空调与采暖系统冷热源及其辅助设备的初投资,在采购过程中,擅自改变了有关设备的类型和规格,使其制冷量、制热量、额定热效率、流量、扬程、输入功率等性能系数不符合设计要求,结果造成空调与采暖系统能耗过大、安全可靠性差、不能满足使用要求等不良后果。因此,为保证空调与采暖系统冷热源及管网节能工程的质量,本条文作出了在空调与采暖系统的冷热源及其辅助设备进场时,应对其热工等技术性能进行核查,并应形成相应的核查记录的规定。对有关设备等的核查,应根据设计要求对其技术资料和相关性能检测报告等所表示的热工等技术性能参数进行一一核对。

锅炉的额定热效率、电机驱动压缩机的蒸气压缩循环冷水(热泵)机组的性能系数和综合部分负荷性能系数、单元式空气调节机及风管送风式和屋顶式空气调节机组的能效比、蒸汽和热水型溴化锂吸收式机组及直燃型溴化锂吸收式冷(温)水机组的性能参数,是反映上述设备节能效果的一个重要参数,其数值越大,节能效果就越好;反之亦然。因此,在上述设备进场时,应核查它们的有关性能参数是否符合设计要求并满足国家现行有关标准的规定,进而促进高效、节能产品的市场,淘汰低效、落后产品的使用。表11.2.1-1~表11.2.1-5摘录了国家现行有关标准对空调与采暖系统冷热源设备有关性能参数的规定值,供采购和验收设备时参考。

锅炉的最低设计效率(%) **表 11.2.1-1**

锅炉类型、燃料种类及发热值		在下列锅炉容量(MW)下的设计效率(%)						
		0.7	1.4	2.8	4.2	7.0	14.0	>28.0
燃煤	Ⅱ类烟煤			73	74	78	79	80
	Ⅲ类烟煤			74	76	78	80	82
燃油、燃气		86	87	87	88	89	90	90

冷水(热泵)机组制冷性能系数(*COP*) **表 11.2.1-2**

类 型		额定制冷量(kW)	性能系数(*W/W*)
水冷	活塞式/涡旋式	<528	≥3.8
		528~1163	≥4.0
		>1163	≥4.2
	螺杆式	<528	≥4.10
		528~1163	≥4.30
		>1163	≥4.60
	离心式	<528	≥4.40
		528~1163	≥4.70
		>1163	≥5.10
风冷或蒸发冷却	活塞式/涡旋式	≤50	≥2.40
		>50	≥2.60
	螺杆式	≤50	≥2.60
		>50	≥2.80

冷水(热泵)机组综合部分负荷性能系数(*IPLV*) **表 11.2.1-3**

类型		额定制冷量(kW)	综合部分负荷性能系数(*W/W*)
水冷	螺杆式	<528	≥4.47
		528~1163	≥4.81
		>1163	≥5.13
	离心式	<528	≥4.49
		528~1163	≥4.88
		>1163	≥5.42

注:*IPLV* 值是基于单台主机运行工况。

单元式机组能效比(*EER*) **表 11.2.1-4**

类型		能效比(*W/W*)
风冷式	不接风管	≥2.60
	接风管	≥2.30
水冷式	不接风管	≥3.00
	接风管	≥2.70

溴化锂吸收式机组性能参数　　　　表 11.2.1-5

机型	名义工况			性能参数		
	冷(温)水进/出口温度(℃)	冷却水进/出口温度(℃)	蒸汽压力(MPa)	单位制冷量蒸汽耗量[kg/(kW·h)]	性能系数(W/W)	
					制冷	供热
蒸汽双效	18/13	30/35	0.25	≤1.40		
			0.4			
	12/7		0.6	≤1.31		
			0.8	≤1.28		
直燃	供冷 12/7	30/35			≥1.10	
	供热出口 60					≥0.90

注:直燃机的性能系数为:制冷量(供热量)/[加热源消耗量(以低位热值计)+电力消耗量(折算成一次能)]。

循环水泵是集中热水采暖系统和空调冷(热)水系统循环的动力,其耗电输热比(*EHR*)和输送能效比(*ER*),分别反映了集中热水采暖系统和空调冷(热)水系统的输送效率,其数值越小,输送效率越高,系统的能耗就越低;反之亦然。在实际工程中,往往把循环水泵的扬程选得过高,导致其耗电输热比和输送能效比过高,使系统因输送效率低下而不节能。因此,在循环水泵进场时,应核查其耗电输热比和输送能效比,是否符合设计要求并满足国家现行有关标准的规定值,以便把这部分经常性的能耗控制在一个合理的范围内,进而达到节能的目的。表 11.2.1-6、表 11.2.1-7 摘录了国家现行有关节能标准中对集中采暖系统热水循环水泵的耗电输热比(*EHR*)和空调冷热水系统的输送能效比(*ER*)的计算公式与限值,供采购和验收水泵时参考。

***EHR* 计算公式和计算系数及电机传动效率**　　　　表 11.2.1-6

热负荷 Q(kW)		<2000	≥2000
电机和传动部分的效率 η	直联方式	0.88	0.9
	联轴器连接方式	0.87	0.89
计算系数 A		0.00556	0.005

注:$EHR = N/Q\eta$,并应满足 $EHR \leqslant A(20.4+\alpha\sum L)/\Delta t$。式中 N 为水泵在设计工况的轴功率(kW);Q 为建筑供热负荷(kW);η 为电机和传动部分的效率(%),按表 11.2.1-6 选取;A 为与热负荷有关的计算系数,按表 11.2.1-6 选取;Δt 为设计供回水温度差(℃),按照设计要求选取;$\sum L$ 为室外主干线(包括供回水管)总长度(m);a 为与 $\sum L$ 有关的计算系数,按如下选取或计算:当 $\sum L \leqslant 400$m 时,$\alpha = 0.0115$;当 $400 < \sum L < 1000$m 时,$\alpha = 0.003833 + 3.067/\sum L$;当 $\sum L \geqslant 1000$m 时,$\alpha = 0.0069$。

空调冷热水系统的最大输送能效比(*ER*)　　　　表 11.2.1-7

管道类型	两管制热水管道			四管制热水管道	空调冷水管道
	严寒地区	寒冷地区/夏热冬冷地区	夏热冬冷地区		
ER	0.00577	0.00433	0.00865	0.00673	0.0241

注:1　$ER = 0.002342H/(\Delta T \cdot \eta)$。式中 H 为水泵设计扬程(m);ΔT 为供回水温差;η 为水泵在设计工作点的效率(%);

2　两管制热水管道系统中的输送能效比值,不适用于采用直燃式冷水机组和热泵冷热水机组作为热源的空调热水系统。

11.2.2　空调与采暖系统冷热源及管网节能工程的绝热管道、绝热材料进场时,应对绝热材料的导热系数、密度、吸水率等技术性能参数进行复验,复验应为见证取样送检。

检验方法:现场随机抽样送检;核查复验报告。

检查数量:同一厂家同材质的绝热材料复验次数不得少于 2 次。

绝热材料的导热系数、材料密度、吸水率等技术性能参数,是空调与采暖系统冷热源及管网节能工程的主要参数,它是否符合设计要求,将直接影响到空调与采暖系统冷热源及管网的绝热节能效果。因此,本条文规定在绝热管道和绝热材料进场时,应对绝热材料的上述技术性能参数进行复验。

复验应采取见证取样检测的方式,即在监理工程师或建设单位代表见证下,按照有关规定从施工现场随机抽取试样,送至有见证检测资质的检测机构进行检测,并应形成相应的复验报告。

11.2.3　空调与采暖系统冷热源设备和辅助设备及其管网系统的安装,应符合下列规定:

1　管道系统的制式,应符合设计要求;

2　各种设备、自控阀门与仪表应按设计要求安装齐全,不得随意增减和更换;

3　空调冷(热)水系统,应能实现设计要求的变流量或定流量运行;

4　供热系统应能根据热负荷及室外温度变化实现设计要求的集中质调节、量调节或质—量调节相结合的运行。

检验方法:观察检查。

检查数量:全数检查。

强制性条文。为保证空调与采暖系统具有良好的节能效果,首先要求将冷热源机房、换热站内的管道系统设计成具有节能功能的系统制式;其次要求所选用的省电节能型冷、热源设备及其辅助设备,均要安装齐全、到位;另外在各系统中要设置一些必要的自控阀门和仪表,是系统实现自动化、节能运行的必要条件。上述要求增加工程的初投资是必然的,但是,有的工程为了降低工程造价,却忽略了日后的节能运行和减少运行费用等重要问题,未经设计单位同意,就擅自改变系统的制式并去掉一些节能设备和自控阀门与仪表,或将节能设备及自控阀门更换为不节能的设备及手动阀门,导致了系统无法实现节能运行,能耗及运行费用大大增加。为避免上述现象的发生,保证以上各系统的节能效果,本条作出了空调与采暖管道系统的制式及其安装应符合设计要求、各种设备和自控阀门与仪表应安装齐全且不得随意增减和更换的强制性规定。

本条文规定的空调冷(热)水系统应能实现设计要求的变流量或定流量运行,以及热水采暖系统应能实现根据热负荷及室外温度的变化实现设计要求的集中质调节、量调节或质—量调节相结合的运行,是空调与采暖系统最终达到节能目的有效运行方式。为此,本条文作出了强制性的规定,要求安装完毕的空调与供热工程,应能实现工程设计的节能运行方式。

11.2.4　空调与采暖系统冷热源和辅助设备及其管道和室外管网系统,应随施工进度对与节能有关的隐蔽部位或内容进行验收,并应有详细的文字记录和必要的图像资料。

检验方法:观察检查;核查隐蔽工程验收记录。

检查数量:全数检查。

空调与采暖系统冷热源、辅助设备及其管道和管网系统中与节能有关的隐蔽部位位置特殊,一旦出现质量问题后不易发现和修复。因此,本条文规定应随施工进度对其及时进行验收。通常主要的隐蔽部位检查内容有:地沟和吊顶内部的管道安装及绝热、绝热层附着的基层及其表面处理、绝热材料粘结或固定、绝热板材的板缝及构造节点、热桥部位处理等。

11.2.5　冷热源侧的电动两通调节阀、水力平衡阀及冷(热)量计量装置等自控阀门与仪表的安装,应符合下列规定:

1　规格、数量应符合设计要求;

2　方向应正确,位置应便于操作和观察。

检验方法:观察检查。

检查数量:全数检查。

强制性条文。在冷热源及空调系统中设置自控阀门和仪表,是实现系统节能运行等的必要条件。当空调场所的空调负荷发生变化时,电动两通调节阀和电动两通阀,可以根据已设定的温度通过调节流经空调机组的水流量,使空调冷热水系统实现变流量的节能运行;水力平衡装置,可以通过对系统水力分布的调整与设定,保持系统的水力平衡,保证获得预期的空调和供热效果;冷(热)量计量装置,是实现量化管理、节约能源的重要手段,按照用冷、热量的多少来计收空调和采暖费用,既公平合理,更有利于提高用户的节能意识。

工程实践表明,许多工程为了降低造价,不考虑日后的节能运行和减少运行费用等问题,未经设计人员同意,就擅自去掉一些自控阀门与仪表,或将自控阀门更换为不具备主动节能功能的手动阀门,或将平衡阀、热计量装置去掉;有的工程虽然安装了自控阀门与仪表,但是其进、出口方向和安装位置却不符合产品及设计要求。这些不良做法,导致了空调与采暖系统无法进行节能运行和水力平衡及冷(热)量计量,能耗及运行费用大大增加。为避免上述现象的发生,本条文对此进行了强调。

11.2.6 锅炉、热交换器、电机驱动压缩机的蒸气压缩循环冷水(热泵)机组、蒸汽或热水型溴化锂吸收式冷水机组及直燃型溴化锂吸收式冷(温)水机组等设备的安装,应符合下列要求:

1 规格、数量应符合设计要求;

2 安装位置及管道连接应正确。

检验方法:观察检查。

检查数量:全数检查。

11.2.7 冷却塔、水泵等辅助设备的安装应符合下列要求:

1 规格、数量应符合设计要求;

2 冷却塔设置位置应通风良好,并应远离厨房排风等高温气体;

3 管道连接应正确。

检验方法:观察检查。

检查数量:全数检查。

空调与采暖系统在建筑物中是能耗大户,而锅炉、热交换器、电机驱动压缩机的蒸气压缩循环冷水(热泵)机组、蒸汽或热水型溴化锂吸收式冷水机组及直燃型溴化锂吸收式冷(温)水机组、冷却塔、冷热水循环水泵等设备又是空调与采暖系统中的主要设备,因其能耗量占整个空调与采暖系统总能耗量的大部分,其规格、数量是否符合设计要求,安装位置及管道连接是否合理、正确,将直接影响空调与采暖系统的总能耗及空调场所的空调效果。工程实践表明,许多工程在安装过程中,未经设计人员同意,擅自改变了有关设备的规格、台数及安装位置,有的甚至将管道接错。其后果是或因设备台数增加而增大了设备的能耗,给设备的安装带来了不便,也给建筑物的安全带来了隐患;或因设备台数减少而降低了系统运行的可靠性,满足不了工程使用要求;或因安装位置及管道连接不符合设计要求,加大了系统阻力,影响了设备的运行效率,增大了系统的能耗。因此,本条文对此进行了强调。

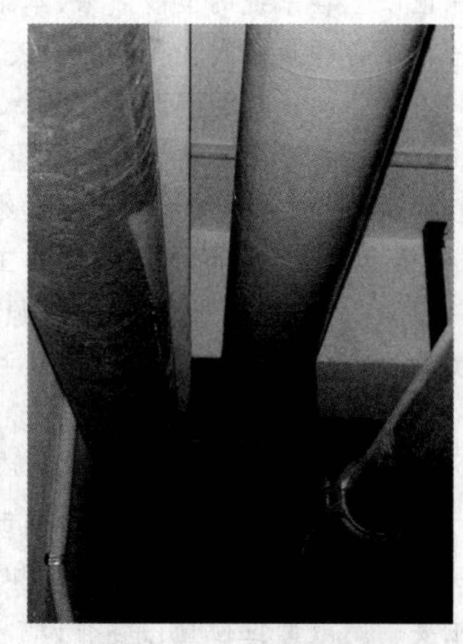

图11.2.9 管道防潮层

11.2.8 空调冷热源水系统管道及配件绝热层和防潮层的施工要求,可按照本规范第10.2.11条的规定执行。

11.2.9 当输送介质温度低于周围空气露点温度的管道,采用非闭孔绝热材料作绝热层时,其防潮层和保护层应完整,且封闭良好(图11.2.9)。

检验方法:观察检查。

检查数量:全数检查。

保冷管道的绝热层外的隔汽层(防潮层)是防止结露、保证绝热效果的有效手段,保护层是用来保护隔汽层的(具有隔汽性的闭孔绝热材料,可认为是隔汽层和保护层)。输送介质温度低于周围空气露点温度的管道,当采用非闭孔绝热材料作绝热层而不设防潮层(隔汽层)和保护层或者虽然设了但不完整、有缝隙时,空气中的水蒸气就极易被暴露的非闭孔性绝热材料吸收或从缝隙中流人绝热层而产生凝结水,使绝热材料的导热系数急剧增大,不但起不到绝热的作用,反而使绝热性能降低、冷量损失加大。因此,本条文要求非闭孔性绝热材料的隔汽层(防潮层)和保护层必须完整,且封闭良好。

11.2.10　冷热源机房、换热站内部空调冷热水管道与支、吊架之间绝热衬垫的施工可按照本规范第10.2.12条执行。

11.2.11　空调与采暖系统冷热源和辅助设备及其管道和管网系统安装完毕后,系统试运转及调试必须符合下列规定:

1　冷热源和辅助设备必须进行单机试运转及调试;

2　冷热源和辅助设备必须同建筑物室内空调或采暖系统进行联合试运转及调试。

3　联合试运转及调试结果应符合设计要求,且允许偏差或规定值应符合表11.2.11的有关规定。当联合试运转及调试不在制冷期或采暖期时。应先对表11.2.11中序号2、3、5、6四个项目进行检测,并在第一个制冷期或采暖期内,带冷(热)源补做序号1、4两个项目的检测。

联合试运转及调试检测项目与允许偏差或规定值　表11.2.11

序号	检测项目	允许偏差或规定值
1	室内温度	冬季不得低于设计计算温度2℃.且不应高于1℃; 夏季不得高于设计计算温度2℃,且不应低于1℃
2	供热系统塞外管网的水力平衡度	0.9~1.2
3	供热系统的补水率	≤0.5%
4	室外管网的热输送效率	≥0.92
5	空调机组的水流量	≤20%
6	空调系统冷热水、冷却水总流量	≤10%

检验方法:观察检查;核查试运转和调试记录。

检验数量:全数检查。

强制性条文。空调与采暖系统的冷、热源和辅助设备及其管道和室外管网系统安装完毕后,为了达到系统正常运行和节能的预期目标,规定必须进行空调与采暖系统冷、热源和辅助设备的单机试运转及调试和各系统的联合试运转及调试。单机试运转及调试,是进行系统联合试运转及调试的先决条件,是一个较容易执行的项目。系统的联合试运转及调试,是指系统在有冷热负荷和冷热源的实际工况下的试运行和调试。联合试运转及调试结果应满足表11.2.11中的相关要求。当建筑物室内空调与采暖系统工程竣工不在空调制冷期或采暖期时,联合试运转及调试只能进行表11.2.11中序号为2、3、5、6的四项内容。因此,施工单位和建设单位应在工程(保修)合同中进行约定,在具备冷热源条件后的第一个空调期或采暖期期间再进行联合试运转及调试,并补做表11.2.11中序号为1、4的两项内容。补做的联合试运转及调试报告应经监理工程师(建设单位代表)签字确认后,以补充完善验收资料。

各系统的联合试运转受到工程竣工时间、冷热源条件、室内外环境、建筑结构特性、系统设置、设备质量、运行状态、工程质量、调试人员技术水平和调试仪器等诸多条件的影响和制约,是一项技术性较强、很难不折不扣地执行的工作;但是,它又是非常重要、必须完成好的工程施工任务。因此,本条对此进行了强制性规定。对空调与采暖系统冷热源和辅助设备的单机试运转及调试和系统的联合试运转及调试的具体要求,可详见《通风与空调工程施工质量验收规范》GB50243的有关规定。

11.3　一般项目

11.3.1　空调与采暖系统的冷热源设备及其辅助设备、配件的绝热,不得影响其操作功能。

检验方法:观察检查。

检查数量:全数检查。

本条文对空调与采暖系统的冷、热源设备及其辅助设备、配件绝热施工的基本质量要求作出了规定。

第六节 配电与照明节能工程(国家规范第十二章)

12.1 一般规定

12.1.1 本章适用于建筑节能工程配电与照明的施工质量验收。

本条文规定了本章适用的范围。建筑配电与照明节能工程验收的检验批划分应按本规范第3.4.1条的规定执行。当需要重新划分检验批时,可按照系统、楼层、建筑分区划分为若干个检验批。本条给出了配电与照明节能工程验收检验批的划分原则和方法。

12.1.2 建筑配电与照明节能工程验收的检验批划分应按本规范第3.4.1条的规定执行。当需要重新划分检验批时,可按照系统、楼层、建筑分区划分为若干个检验批。

12.1.3 建筑配电与照明节能工程的施工质量验收,应符合本规范和《建筑电气工程施工质量验收规范》GB50303的有关规定、已批准的设计图纸、相关技术规定和合同约定内容的要求。

本条给出了配电与照明节能工程验收的依据。

12.2 主控项目

12.2.1 照明光源、灯具及其附属装置的选择必须符合设计要求,进场验收时应对下列技术性能进行核查,并经监理工程师(建设单位代表)检查认可,形成相应的验收、核查记录。质量证明文件和相关技术资料应齐全,并应符合国家现行有关标准和规定。

1 荧光灯灯具和高强度气体放电灯灯具的效率不应低于表12.2.1-1的规定。

荧光灯灯具和高强度气体放电灯灯具的效率允许值 **表12.2.1-1**

灯具出光口形式	开敞式	保护罩(玻璃或塑料)		格栅	格栅或透光罩
		透明	磨砂、棱镜		
荧光灯灯具	75%	65%	55%	60%	—
高强度气体放电灯灯具	75%	—	—	60%	60%

2 管型荧光灯镇流器能效限定值应不小于表12.2.1-2的规定。

镇流器能效限定值 **表12.2.1-2**

标称功率(W)		18	20	22	30	32	36	40
镇流器能效因数(BEF)	电感型	3.154	2.952	2.770	2.232	2.146	2.030	1.992
	电子型	4.778	4.370	3.998	2.870	2.678	2.402	2.270

3 照明设备谐波含量限值应符合表12.2.1-3的规定。

照明设备谐波含量的限值 **表12.2.1-3**

谐波次数 n	基波频率下输入电流百分比数表示的最大允许谐波电流(%)
2	2
3	30×λ
0	10
7	7
9	5
11≤n≤39(仅有奇次谐波)	3

注:λ是电路功率因数。

检验方法:观察检查;技术资料和性能检测报告等质量证明文件与实物核对。

检查数量:全数核查。

照明耗电在各个国家的总发电量中占有很大的比例。目前,我国照明耗电大体占全国总发电量的10%～12%,2001年我国总发电量为14332.5亿度(kW·h),年照明耗电达1433.25～1719.9亿度。为此,照明节电,具有重要意义。1998年1月1日我国颁布了《节约能源法》,其中包括照明节电。选择高效的照明光源、灯具及其附属装置直接关系到建筑照明系统的节能效果。如室内灯具效率的检测方法依据《室内灯具光度测试》GB/T9467进行,道路灯具、投光灯具的检测方法依据其各自标准GB/T9468和GB/T7002进行。各种镇流器的谐波含量检测依据《低压电气及电子设备发出的谐波电流限值(设备每相输入电流≤16A)》GB17625.1进行,各种镇流器的自身功耗检测依据各自的性能标准进行,如管形荧光灯用交流电子镇流器应依据《管形荧光灯用交流电子镇流器性能要求》GB/T15144进行,气体放电灯的整体功率因数检测依据国家相关标准进行。生产厂家应提供以上数据的性能检测报告。

灯具性能指标有光通量、照度、显色指数、发光效率等。节能要做到的是达到使用效果,所需的电能最少;试验表明:15W的荧光灯相当于60W的白炽灯的照明光效,另外管子越细,灯管的表面功率负荷越大,光通量、效率都会提高。提倡使用T5三基色荧光灯,对于荧光灯配套使用镇流器的自身功耗、功率因素要检查。对于灯具在满足眩光基础上尽可能使用开敞式,传统电感镇流器自身功率损耗约占灯功率的20%。节能型电感镇流器能耗比传统低40%,自身功率损耗占灯功率的12%,价格约为传统的1.8倍,节能,结构简单,元器件可靠性高,结实耐用,故障率低,长寿命,耐用,无电磁干扰及谐波污染。电子镇流器优点:功耗低,无噪声,不用启动器,功率因数高。缺点:受到元器件质量影响,可靠性和稳定性不够理想,寿命长短难以控制。

12.2.2　低压配电系统选择的电缆、电线截面不得低于设计值。进场时应对其截面和每芯导体电阻值进行见证取样送检。每芯导体电阻值应符合表12.2.2的规定。

不同标称截面的电缆、电线每芯导体最大电阻值　　**表12.2.2**

标称截面(mm^2)	20℃时导体最大电阻(Ω/km)圆铜导体(不镀金属)
0.5	36.0
0.75	24.5
1.0	18.1
1.5	12.1
2.5	7.41
4	4.61
6	3.08
10	1.83
16	1.5
25	0.727
35	0.524
50	0.387
70	0.268
95	0.193
120	0.153
150	0.124

续表

标称截面(mm^2)	20℃时导体最大电阻(Ω/km)圆铜导体(不镀金属)
185	0.0991
240	0.0754
300	0.0601

检验方法:进场时抽样送检。验收时核查检验报告。

检查数量:同厂家各种规格总数的10%,且不少于2个规格。

强制性条文。电线电缆线路导体电阻直接关系到线路损耗、线路供电质量,为了提高线路供电效率和安全,加强对建筑电气中使用的电线和电缆的质量控制,规定工程中使用的电线和电缆进场时均应进行抽样送检。工程中使用伪劣电线电缆会造成发热,造成极大的安全隐患,同时增加线路损耗。抽样送检时相同材料、截面导体和相同芯数为同规格,如VV3×185与YJV3×185为同规格,BV6.0与BVV6.0为同规格。

12.2.3 工程安装完成后应对低压配电系统进行调试,调试合格后应对低压配电电源质量进行检测。其中:

1 供电电压允许偏差:三相供电电压允许偏差为标称系统电压的±7%;单相220V为+7%、-10%。

2 公共电网谐波电压限值为:380V的电网标称电压,电压总谐波畸变率(*THD*u)为5%,奇次(1~25次)谐波含有率为4%,偶次(2~24次)谐波含有率为2%。

3 谐波电流不应超过表12.2.3中规定的允许值。

谐波电流允许值 **表12.2.3**

标准电压(kV)	基准短路容量(MVA)	谐波次数及谐波电流允许值(A)											
		2	3	4	5	6	7	8	9	10	11	12	13
0.38	10	78	62	39	62	26	44	19	21	16	28	13	24
		谐波次数及谐波电流允许值(A)											
		14	15	16	17	18	19	20	21	22	23	24	25
		11	12	9.7	18	8.6	16	7.8	8.9	7.1	14	6.5	12

4 三相电压不平衡度允许值为2%,短时不得超过4%。

检验方法:在已安装的变频和照明等可产生谐波的用电设备均可投入的情况下,使用三相电能质量分析仪在变压器的低压侧测量。

检查数量:全部检测。

此项检测主要是对建筑的低压配电电源质量情况,当建筑内使用了变频器、计算机等用电设备时,可能会造成电源质量下降,谐波含量增加,谐波电流危害较大,当其通过变压器时,会明显增加铁心损耗,使变压器过热;当其通过电机,令电机铁心损耗增加,转子产生振动,影响工作质量;谐波电流还增加线路能耗与压损,尤其增加零线上电流,并对电子设备的正常工作和安全产生危害。

12.2.4 在通电试运行中,应测试并记录照明系统的照度和功率密度值。

1 照度值不得小于设计值的90%;

2 功率密度值应符合《建筑照明设计标准》GB50034中的规定。

检验方法:在无外界光源的情况下,检测被检区域内平均照度和功率密度。

检查数量:每种功能区检查不少于2处。

照明功率密度是指单位面积上的照明安装功率(包括光源、镇流器或变压器),《建筑照明设计标准》GB50034－2004 对普通办公室规定现行值 11W/m^2、目标值 9W/m^2(对应照度 300lx,以0.75 m 作为水平面),目的是提高照明功效和减少资源浪费。

验收时应重点对公共建筑和建筑的公共部分的照明进行检查。考虑到住宅项目(部分)中住户的个性使用情况偏差较大,一般不建议对住宅内的测试结果作为判断的依据。

12.3　一般项目

12.3.1　母线与母线或母线与电器接线端子,当采用螺栓搭接连接时,应采用力矩扳手拧紧,制作应符合《建筑电气工程施工质量验收规范》GB50303 标准中有关规定。

检验方法:使用力矩扳手对压接螺栓进行力矩检测。

检查数最:母线按检验批抽查 10%。

加强对母线压接头的质量控制,避免由于压接头的加工质量问题而产生局部接触电阻增加,从而造成发热,增加损耗。母线搭接螺栓的拧紧力矩如表 12.3.1。

母线搭接螺栓的拧紧力矩　表 12.3.1

序号	螺栓规格	力矩值(N·m)
1	M8	8.8～10.8
2	M10	17.7～22.6
3	M12	31.4～39.2
4	M14	51.0～60.8
5	M16	78.5～98.1
6	M18	98.0～127.4
7	M20	156.9～196.2
8	M24	274.6～343.2

12.3.2　交流单芯电缆或分相后的每相电缆宜品字型(三叶型)敷设,且不得形成闭合铁磁回路。

检验方法:观察检查。检查数量:全数检查。

根据法拉第电磁感应原理,交流单相或三相单芯电缆如果并排敷设或用铁制卡箍固定会形成铁磁回路,产生涡流效应,导致电缆发热,造成能量浪费和电缆迅速老化,增加损耗并形成安全隐患。

12.3.3　三相照明配电干线的各相负荷宜分配平衡,其最大相负荷不宜超过三相负荷平均值的115%,最小相负荷不宜小于三相负荷平均值的 85%。

检验方法:在建筑物照明通电试运行时开启全部照明负荷,使用三相功率计检测各相负载电流、电压和功率。

检查数量:全部检查。

在三相四线制中,如三相负载分布不均,将产生零序电压,使零点移位,增大了电压偏差和变压器的损耗。同时电源各相负载不均衡会影响照明器具的发光效率和使用寿命,造成电能损耗和资源浪费。检查方法中的试运行不是带载运行,应该是在所有照明灯具全部投入的情况下用功率表测量。

第七节　监测与控制节能工程(国家规范第十三章)

13.1　一般规定

13.1.1　本章适用于建筑节能工程监测与控制系统的施工质量验收。

13.1.2　监测与控制系统施工质量的验收应执行《智能建筑工程质量验收规范》GB50339 相关章

节的规定和本规范的规定。

建筑节能工程监测与控制系统的施工验收应以智能建筑的建筑设备监控系统为基础进行施工验收。

13.1.3 监测与控制系统验收的主要对象应为采暖、通风与空气调节和配电与照明所采用的监测与控制系统,能耗计量系统以及建筑能源管理系统。

建筑节能工程所涉及的可再生能源利用、建筑冷热电联供系统、能源回收利用以及其他与节能有关的建筑设备监控部分的验收,应参照本章的相关规定执行。

建筑节能工程涉及很多内容,因建筑类别、自然条件不同,节能重点也应有所差别。在各类建筑能耗中,采暖、通风与空气调节,供配电及照明系统是主要的建筑耗能大户;建筑节能工程应按不同设备、不同耗能用户设置检测计量系统,便于实施对建筑能耗的计量管理,故列为检测验收的重点内容。建筑能源管理系统(BEMS,building energy management system)是指用于建筑能源管理的管理策略和软件系统。建筑冷热电联供系统(BCHP,building cooling heating & power)是为建筑物提供电、冷、热的现场能源系统。

13.1.4 监测与控制系统的施工单位应依据国家相关标准的规定,对施工图设计进行复核。当复核结果不能满足节能要求时,应向设计单位提出修改建议,由设计单位进行设计变更,并经原节能设计审查机构批准。

监测与控制系统的施工图设计、控制流程和软件通常由施工单位完成,是保证施工质量的重要环节,本条规定应对原设计单位的施工图进行复核,并在此基础上进行深化设计和必要的设计变更。对建筑节能工程监测与控制系统设计施工图进行复核时,具体项目及要求可参考表13.1.4。

建筑节能工程监测与控制系统功能综合表 **表13.1.4**

类型	序号	系统名称	检测与控制功能	备注
通风与空气调节控制系统	1	空气处理系统控制	空调箱启停控制状态显示 送回风温度检测 焓值控制 过渡季节新风温度控制 最小新风量控制 过滤器报警 送风压力检测 风机故障报警 冷(热)水流量调节 加湿器控制 风门控制 风机变频调速 二氧化碳浓度、室内温湿度检测 与消防自动报警系统联动	
	2	变风量空调系统控制	总风量调节 变静压控制 定静压控制 加热系统控制 智能化变风量末端装置控制 送风温湿度控制 新风量控制	

续表

类型	序号	系统名称	检测与控制功能	备注
通风与空气调节控制系统	3	通风系统控制	风机启停控制状态显示 风机故障报警 通风设备温度控制 风机排风排烟联动 地下车库二氧化碳浓度控制 根据室内外温差中空玻璃幕墙通风控制	
	4	风机盘管系统控制	室内温度检测 冷热水量开关控制 风机启停和状态显示风机变频调速控制	
冷热源、空调水的监测控制	1	压缩式制冷机组控制	运行状态监视 启停程序控制与连锁 台数控制(机组群控) 机组疲劳度均衡控制	能耗计量
	2	变制冷剂流量空调系统控制		能耗计量
	3	吸收式制冷系统/冰蓄冷系统控制	运行状态监视 启停控制 制冰/融冰控制	冰库蓄冰量检测、能耗累计
	4	锅炉系统控制	台数控制 燃烧负荷控制 换热器一次侧供回水温度监视 换热器一次侧供回水流量控制 换热器二次侧供回水温度监视 换热器二次侧供回水流量控制 换热器二次侧变频泵控制 换热器二次侧供回水压力监视 换热器二次侧供回水压差旁通控制 换热站其他控制	能耗计量
	5	冷冻水系统控制	供回水温差控制 供回水流量控制 冷冻水循环泵启停控制和状态显示 (二次冷冻水循环泵变频调速) 冷冻水循环泵过载报警 供回水压力监视 供回水压差旁通控制	冷源负荷监视,能耗计量

续表

类型	序号	系统名称	检测与控制功能	备注
冷热源、空调水的监测控制	6	冷却水系统控制	冷却水进出口温度检测 冷却水泵启停控制和状态显示 冷却水泵变频调速 冷却水循环泵过载报警 冷却塔风机启停控制和状态显示 冷却塔风机变频调速 冷却塔风机故障报警 冷却塔排污控制	能耗计量
供配电系统监测	1	供配电系统监测	功率因数控制 电压、电流、功率、频率、谐波、功率因数检测、中/低压开关状态显示变压器温度检测与报警	用电最计量
照明系统控制	1	照明系统控制	磁卡、传感器、照明的开关控制 根据亮度的照明控制 办公区照度控制 时间表控制 自然采光控制 公共照明区开关控制 局部照明控制 照明的全系统优化控制 室内场景设定控制 室外景观照明场景设定控制 路灯时间表及亮度开关控制	照明系统用电量计量
综合控制系统	1	综合控制系统	建筑能源系统的协调控制,采暖、空调与通风系统的优化监控	
建筑能源管理系统的能耗数据采集与分析	1	建筑能源管理系统的能耗数据采集与分析	管理软件功能检测	

建筑节能工程的设计是工程质量的关键,也是检测验收目标设定的依据,故作此说明。

1　建筑节能工程设计审核要点:

1)合理利用太阳能、风能等可再生能源。

2)根据总能量系统原理,按能源的品位合理利用能源。

3)选用高效、节能、环保的先进技术和设备。

4)合理配置建筑物的耗能设施。

5)用智能化系统实现建筑节能工程的优化监控,保证建筑节能系统在优化运行中节省能源。

6)建立完善的建筑能源(资源)计量系统,加强建筑物的能源管理和设备维护,在保证建筑物功能和性能的前提下,通过计量和管理节约能耗。

7)综合考虑建筑节能工程的经济效益和环保效益,优化节能工程设计。

2　审核内容包括：

1)与建筑节能相关的设计文件、技术文件、设计图纸和变更文件。

2)节能设计及施工所执行标准和规范要求。

3)节能设计目标和节能方案。

4)节能控制策略和节能工艺。

5)节能工艺要求的系统技术参数指标及设计计算文件。

6)节能控制流程设计和设备选型及配置。

13.1.5　施工单位应依据设计文件制定系统控制流程图和节能工程施工验收大纲。

监测与控制系统的检测验收是按监测与控制回路进行的。本条要求施工单位按监测与控制回路制定控制流程图和相应的节能工程施工验收大纲，提交监理工程师批准，在检测验收过程中按施工验收大纲实施。

13.1.6　监测与控制系统的验收分为工程实施和系统检测两个阶段。

根据13.1.2条的规定，监测与控制系统的验收流程应与《智能建筑工程质量验收规范》GB50339一致，以免造成重复和混乱。

13.1.7　工程实施由施工单位和监理单位随工程实施过程进行，分别对施工质量管理文件、设计符合性、产品质量、安装质量进行检查，及时对隐蔽工程和相关接口进行检查，同时，应有详细的文字和图像资料，并对监测与控制系统进行不少于168h的不间断试运行。

工程实施过程检查将直接采用智能建筑子分部工程中"建筑设备监控系统"的检测结果。

13.1.8　系统检测内容应包括对工程实施文件和系统自检文件的复核，对监测与控制系统的安装质量、系统节能监控功能、能源计量及建筑能源管理等进行检查和检测。

系统检测内容分为主控项目和一般项目，系统检测结果是监测与控制系统的验收依据。

13.1.9　对不具备试运行条件的项目，应在审核调试记录的基础上进行模拟检测，以检测监测与控制系统的节能监控功能。

因为空调、采暖为季节性运行设备，有时在工程验收阶段无法进行不间断试运行，只能通过模拟检测对其功能和性能进行测试。具体测试应按施工单位提交的施工验收大纲进行。

13.2　主控项目

13.2.1　监测与控制系统采用的设备、材料及附属产品进场时，应按照设计要求对其品种、规格、型号、外观和性能等进行检查验收，并应经监理工程师(建设单位代表)检查认可，且应形成相应的质量记录。各种设备、材料和产品附带的质量证明文件和相关技术资料应齐全，并应符合国家现行有关标准和规定。

检验方法：进行外观检查；对照设计要求核查质量证明文件和相关技术资料。

检查数量：全数检查。

设备材料的进场检查应执行《智能建筑工程质量验收规范》GB50339和本规范3.2节的有关规定。

13.2.2　监测与控制系统安装质量应符合以下规定：

1　传感器的安装质量应符合《自动化仪表工程施工及验收规范》GB50093的有关规定；

2　阀门型号和参数应符合设计要求，其安装位置、阀前后直管段长度、流体方向等应符合产品安装要求；

3　压力和差压仪表的取压点、仪表配套的阀门安装应符合产品要求；

4　流量仪表的型号和参数、仪表前后的直管段长度等应符合产品要求；

5　温度传感器的安装位置、插入深度应符合产品要求；

6 变频器安装位置、电源回路敷设、控制回路敷设应符合设计要求;

7 智能化变风量末端装置的温度设定器安装位置应符合产品要求;

8 涉及节能控制的关键传感器应预留检测孔或检测位置,管道保温时应做明显标注。

检验方法:对照图纸或产品说明书目测和尺量检查。

检查数量:每种仪表按20%抽检,不足10台全部检查。

监测与控制系统的现场仪表安装质量对监测与控制系统的功能发挥和系统节能运行影响较大,本条要求对现场仪表的安装质量进行重点检查。

13.2.3 对经过试运行的项目,其系统的投入情况、监控功能、故障报警连锁控制及数据采集等功能,应符合设计要求。

检验方法:调用节能监控系统的历史数据、控制流程图和试运行记录,对数据进行分析。

检查数量:检查全部进行过试运行的系统。

在试运行中,对各监控回路分别进行自动控制投人、自动控制稳定性、监测控制各项功能、系统连锁和各种故障报警试验,调出计算机内的全部试运行历史数据,通过查阅现场试运行记录和对试运行历史数据进行分析,确定监控系统是否符合设计要求。

13.2.4 空调与采暖的冷热源、空调水系统的监测控制系统应成功运行,控制及故障报警功能应符合设计要求。

检验方法:在中央工作站使用检测系统软件,或采用在直接数字控制器或冷热源系统自带控制器上改变参数设定值和输入参数值,检测控制系统的投入情况及控制功能;在工作站或现场模拟故障,检测故障监视、记录和报警功能。

检查数量:全部检测。

验收时,冷热源、空调水系统因季节原因无法进行不间断试运行时,按此条规定执行。黑盒法是一种系统检测方法,这种测试方法不涉及内部过程,只要求规定的输入得到预定的输出。

13.2.5 通风与空调监测控制系统的控制功能及故障报警功能应符合设计要求。

检验方法:在中央工作站使用检测系统软件,或采用在直接数字控制器或通风与空调系统自带控制器上改变参数设定值和输入参数值,检测控制系统的投入情况及控制功能;在工作站或现场模拟故障,检测故障监视、记录和报警功能。

检查数量:按总数的20%抽样检测,不足5台全部检测。

验收时,通风与空调系统因季节原因无法进行不间断试运行时,按此条规定执行。

13.2.6 监测与计量装置的检测计量数据应准确,并符合系统对测量准确度的要求。

检验方法:用标准仪器仪表在现场实测数据,将此数据分别与直接数字控制器和中央工作站显示数据进行比对。

检查数量:按20%抽样检测,不足10台全部检测。

本条主要适用于与监测与控制系统联网的监测与计量仪表的检测。

13.2.7 供配电的监测与数据采集系统应符合设汁要求。

检验方法:试运行时,监测供配电系统的运行工况,在中央工作站检查运行数据和报警功能。

检查数量:全部检测。

当供配电的监测与控制系统联网时,应满足本条所提出的功能要求。

13.2.8 照明自动控制系统的功能应符合设计要求,当设计无要求时应实现下列控制功能:

1 大型公共建筑的公用照明区应采用集中控制并应按照建筑使用条件和天然采光状况采取分区、分组控制措施,并按需要采取调光或降低照度的控制措施;

2 旅馆的每间(套)客房应设置节能控制型开关;

3 居住建筑有天然采光的楼梯间、走道的一般照明,应采用节能自熄开关;

4　房间或场所设有两列或多列灯具时,应按下列方式控制:

1)所控灯列与侧窗平行;

2)电教室、会议室、多功能厅、报告厅等场所,按靠近或远离讲台分组。

检验方法:

1　现场操作检查控制方式;

2　依据施工图,按回路分组,在中央工作站上进行被检回路的开关控制,观察相应回路的动作情况;

3　在中央工作站改变时间表控制程序的设定,观察相应回路的动作情况;

4　在中央工作站采用改变光照度设定值、室内人员分布等方式,观察相应回路的控制情况;

5　在中央工作站改变场景控制方式,观察相应的控制情况。

检查数量:现场操作检查为全数检查,在中央工作站上检查按照明控制箱总数的5%检测,不足5台全部检测。

照明控制是建筑节能的主要环节,照明控制应满足本条所规定的各项功能要求。

13.2.9　综合控制系统应对以下项目进行功能检测,检测结果应满足设计要求:

1　建筑能源系统的协调控制;

2　采暖、通风与空调系统的优化监控。

检验方法:采用人为输入数据的方法进行模拟测试,按不同的运行工况检测协调控制和优化监控功能。

检查数量:全部检测。

综合控制系统的功能包括建筑能源系统的协调控制,及采暖、通风与空调系统的优化监控。

1　建筑能源系统的协调控制是指将整个建筑物看成一个能源系统,综合考虑建筑物中的所有耗能设备和系统,包括建筑物内的人员,以建筑物中的环境要求为目标,实现所有建筑设备的协调控制,使所有设备和系统在不同的运行工况下尽可能高效运行,实现节能的目标。因涉及建筑物内的多种系统之间的协调动作,故称之为协调控制。

2　采暖、通风与空调系统的优化监控是根据建筑环境的需求,合理控制系统中的各种设备,使其尽可能运行在设备的高效率区内,实现节能运行。如时间表控制、一次泵变流量控制等控制策略。

3　人为输入的数据可以是通过仿真模拟系统产生的数据,也可以是同类在运行建筑的历史数据。模拟测试应由施工单位或系统供货厂商提出方案并执行测试。

13.2.10　建筑能源管理系统的能耗数据采集与分析功能,设备管理和运行管理功能,优化能源调度功能,数据集成功能应符合设计要求。

检验方法:对管理软件进行功能检测。

检查数量:全部检查。

监测与控制系统应设置建筑能源管理系统,以保证建筑设备通过优化运行、维护、管理实现节能。建筑能源管理系按时间(月或年),根据检测、计量和计算的数据,作出统计分析,绘制成图表;或按建筑物内各分区或用户,或按建筑节能工程的不同系统,绘制能流图;用于指导管理者实现建筑的节能运行。

13.3　一般项目

13.3.1　检测监测与控制系统的可靠性、实时性、可维护性等系统性能,主要包括下列内容:

1　控制设备的有效性,执行器动作应与控制系统的指令一致,控制系统性能稳定符合设计要求;

2 控制系统的采样速度、操作响应时间、报警反应速度应符合设计要求；

3 冗余设备的故障检测正确性及其切换时间和切换功能应符合设计要求；

4 应用软件的在线编程(组态)、参数修改、下载功能、设备及网络故障自检测功能应符合设计要求；

5 控制器的数据存储能力和所占存储容量应符合设计要求；

6 故障检测与诊断系统的报警和显示功能应符合设计要求；

7 设备启动和停止功能及状态显示应正确；

8 被控设备的顺序控制和连锁功能应可靠；

9 应具备自动控制/远程控制/现场控制模式下的命令冲突检测功能；

10 人机界面及可视化检查。

检验方法:分别在中央工作站、现场控制器和现场利用参数设定、程序下载、故障设定、数据修改和事件设定等方法,通过与设定的显示要求对照,进行上述系统的性能检测。

检查数量:全部检测。

本条所列系统性能检测是实现节能的重要保证。这部分检测内容一般已在建筑设备监控系统的验收中完成,进行建筑节能工程检测验收时,以复核已有的检测结果为主,故列为一般项目。

第八节 建筑节能工程现场检验(国家规范第十四章)

14.1 围护结构现场实体检验

14.1.1 建筑围护结构施工完成后,应对围护结构的外墙节能构造和严寒、寒冷、夏热冬冷地区的外窗气密性进行现场实体检测。当条件具备时,也可直接对围护结构的传热系数进行检测。

对已完工的工程进行实体检验,是验证工程质量的有效手段之一。通常只有对涉及安全或重要功能的部位采取这种方法验证。围护结构对于建筑节能意义重大,虽然在施工过程中采取了多种质量控制手段,但是其节能效果到底如何仍难确认。曾拟议对墙体等进行传热系数检测,但是受到检测条件、检测费用和检测周期的制约,不宜广泛推广。经过多次征求意见,并在部分工程上试验,决定对围护结构的外墙和建筑外窗进行现场实体检验。据此本条规定了建筑围护结构现场实体检验项目为外墙节能构造和部分地区的外窗气密性。但是当部分工程具备条件时,也可对围护结构直接进行传热系数的检测。此时的检测方法、抽样数量等应在合同中约定或遵守另外的规定。

14.1.2 外墙节能构造的现场实体检验方法见本规范附录C。其检验目的是:

1 验证墙体保温材料的种类是否符合设计要求；

2 验证保温层厚度是否符合设计要求；

3 检查保温层构造做法是否符合设计和施工方案要求。

规定了外墙节能构造现场实体检验目的和方法。规定其检验目的的作用是要求检验报告应该给出相应的检验结果。

14.1.3 严寒、寒冷、夏热冬冷地区的外窗现场实体检测应按照国家现行有关标准的规定执行。其检验目的是验证建筑外窗气密性是否符合节能设计要求和国家有关标准的规定。

外窗气密性的实体检验,是指对已经完成安装的外窗在其使用位置进行的测试。检验方法按照国家现行有关标准执行。检验目的是抽样验证建筑外窗气密性是否符合节能设计要求和国家有关标准的规定。这项检验实际上是在进场验收合格的基础上,检验外窗的安装(含组装)质量,能够有效防止“送检窗合格、工程用窗不合格”的“挂羊头、卖狗肉”不法行为。当外窗气密性出现不合格时,应当分析原因,进行返工修理,直至达到合格水平。

14.1.4　外墙节能构造和外窗气密性的现场实体检验,其抽样数量可以在合同中约定,但合同中约定的抽样数量不应低于本规范的要求。当无合同约定时应按照下列规定抽样:

1　每个单位工程的外墙至少抽查3处,每处一个检查点;当一个单位工程外墙有2种以上节能保温做法时,每种节能做法的外墙应抽查不少于3处;

2　每个单位工程的外窗至少抽查3樘。当一个单位工程外窗有2种以上品种、类型和开启方式时,每种品种、类型和开启方式的外窗应抽查不少于3樘。

本条规定了现场实体检验的抽样数量。给出了两种确定抽样数量的方法:一种是可以在合同中约定,另一种是本规范规定的最低数量。最低数量是一个单位工程每项实体检验最少抽查3个试件(3个点、3樘窗等)。实际上,这样少的抽样数量不足以进行质量评定或工程验收,因此这种实体检验只是一种验证。它建立在过程控制的基础上,以极少的抽样来对工程质量进行验证。这对造假者能够构成威慑,对合格质量则并无影响。由于抽样少,经济负担也相对较轻。

14.1.5　外墙节能构造的现场实体检验应在监理(建设)人员见证下实施,可委托有资质的检测机构实施,也可由施工单位实施。

本条规定了承担围护结构现场实体检验任务的实施单位。考虑到围护结构的现场实体检验是采用钻芯法验证其节能保温做法,操作简单,不需要使用试验仪器,为了方便施工,故规定现场实体检验除了可以委托有资质的检测单位来承担外,也可由施工单位自行实施。但是不论由谁实施均须进行见证,以保证检验的公正性。

14.1.6　外窗气密性的现场实体检测应在监理(建设)人员见证下抽样,委托有资质的检测机构实施。

本条规定了承担外窗现场实体检验任务的实施单位。考虑到外窗气密性检验操作较复杂,需要使用整套试验仪器,故规定应委托有资质的检测单位承担,对"有资质的检测单位"的理解,可参照3.1.5条的条文说明。本项检验应进行见证,以保证检验的公正性。

14.1.7　当对围护结构的传热系数进行检测时,应由建设单位委托具备检测资质的检测机构承担;其检测方法、抽样数量、检测部位和合格判定标准等可在合同中约定。

本条中检测机构的资质要求,可参见本规范3.1.5条的条文说明。

14.1.8　当外墙节能构造或外窗气密性现场实体检验出现不符合设计要求和标准规定的情况时,应委托有资质的检测机构扩大一倍数量抽样,对不符合要求的项目或参数再次检验。仍然不符合要求时应给出"不符合设计要求"的结论。

对于不符合设计要求的围护结构节能构造应查找原因,对因此造成的对建筑节能的影响程度进行计算或评估,采取技术措施予以弥补或消除后重新进行检测,合格后方可通过验收。

对于建筑外窗气密性不符合设计要求和国家现行标准规定的,应查找原因进行修理,使其达到要求后重新进行检测,合格后方可通过验收。

当现场实体检验出现不符合要求的情况时,显示节能工程质量可能存在问题。此时为了得出更为真实可靠的结论,应委托有资质的检测单位再次检验。且为了增加抽样的代表性,规定应扩大一倍数量再次抽样。再次检验只需要对不符合要求的项目或参数检验,不必对已经符合要求的参数再次检验。如果再次检验仍然不符合要求时,则应给出"不符合要求"的结论。

考虑到建筑工程的特点,对于不符合要求的项目难以立即拆除返工,通常的做法是首先查找原因,对所造成的影响程度进行计算或评估,然后采取某些可行的技术措施予以弥补、修理或消除,这些措施有时还需要征得节能设计单位的同意。注意消除隐患后必须重新进行检测,合格后方可通过验收。

14.2 系统节能性能检测

14.2.1 采暖、通风与空调、配电与照明工程安装完成后,应进行系统节能性能的检测,且应由建设单位委托具有相应检测资质的检测机构检测并出具报告。受季节影响未进行的节能性能检测项目,应在保修期内补做。

14.2.2 采暖、通风与空调、配电与照明系统节能性能检测的主要项目及要求见表14.2.2,其检测方法应按国家现行有关标准规定执行。

系统节能性能检测主要项目及要求 表14.2.2

序号	检测项目	抽样数量	允许偏差或规定值
1	室内温度	居住建筑每户抽测卧室或起居室1间,其他建筑按房间总数抽测10%	冬季不得低于设计计算温度2℃,且不应高于1℃; 夏季不得高于设计计算温度2℃,且不应低于1℃
2	供热系统室外管网的水力平衡度	每个热源与换热站均不少于1个独立的供热系统	0.9~1.2
3	供热系统的补水率	每个热源与换热站均不少于1个独立的供热系统	0.5%~1%
4	室外管网的热输送效率	每个热源与换热站均不少于1个独立的供热系统	≥0.92
5	各风口的风量	按风管系统数量抽查10%,且不得少于1个系统	≤15%
6	通风与空调系统的总风量	按风管系统数量抽查10%,且不得少于1个系统	≤10%
7	空调机组的水流量	按系统数量抽查10%,且不得少于1个系统	≤20%
8	空调系统冷热水、冷却水总流量	全数	≤10%
9	平均照度与照明功率密度	按同一功能区不少于2处	≤10%

14.2.3 系统节能性能检测的项目和抽样数量也可以在工程合同中约定,必要时可增加其他检测项目,但合同中约定的检测项目和抽样数量不应低于本规范的规定。

本条给出了采暖、通风与空调及冷热源、配电与照明系统节能性能检测的主要项目及要求,并规定对这些项目节能性能的检测应由建设单位委托具有相应资质的第三方检测单位进行。所有的检测项目可以在工程合同中约定,必要时可增加其他检测项目。另外,表14.2.2中序号为1~8的检测项目,也是本规范第9~11章中强制性条文规定的在室内空调与采暖系统及其冷热源和管网工程竣工验收时所必须进行的试运转及调试内容。为了保证工程的节能效果,对于表14.2.2中所规定的某个检测项目如果在工程竣工验收时可能会因受某种条件的限制(如采暖工程不在采暖期竣工或竣工时热源和室外管网工程还没有安装完毕等)而不能进行时,那么施工单位与建设单位应事先在工程(保修)合同中对该检测项目作出延期补做试运转及调试的约定。

第九节　建筑节能分部工程质量验收(国家规范第十五章)

15.0.1　建筑节能分部工程的质量验收,应在检验批、分项工程全部验收合格的基础上,进行外墙节能构造实体检验,严寒、寒冷和夏热冬冷地区的外窗气密性现场检测,以及系统节能性能检测和系统联合试运转与调试,确认建筑节能工程质量达到验收条件后方可进行。

本条提出了建筑节能分部工程质量验收的条件。这些要求与统一标准完全一致,即共有两个条件:第一,检验批、分项、子分部工程应全部验收合格,第二,应通过外窗气密性现场检测、围护结构墙体节能构造实体检验、系统功能检验和无生产负荷系统联合试运转与调试,确认节能分部工程质量达到可以进行验收的条件。

15.0.2　建筑节能工程验收的程序和组织应遵守《建筑工程施工质量验收统一标准》GB50300的要求,并应符合下列规定:

1　节能工程的检验批验收和隐蔽工程验收应由监理工程师主持,施工单位相关专业的质量检查员与施工员参加;

2　节能分项工程验收应由监理工程师主持,施工单位项目技术负责人和相关专业的质量检查员、施工员参加;必要时可邀请设计单位相关专业的人员参加;

3　节能分部工程验收应由总监理工程师(建设单位项目负责人)主持,施工单位项目经理、项目技术负责人和相关专业的质量检查员、施工员参加;施工单位的质量或技术负责人应参加;设计单位节能设计人员应参加。

本条是对建筑节能工程验收程序和组织的具体规定。其验收的程序和组织与《建筑工程施工质量验收统一标准》GB50300的规定一致,即应由监理方(建设单位项目负责人)主持,会同参与工程建设各方共同进行。

15.0.3　建筑节能工程的检验批质量验收合格,应符合下列规定:

1　检验批应按主控项目和一般项目验收;

2　主控项目应全部合格;

3　一般项目应合格;当采用计数检验时,至少应有90%以上的检查点合格,且其余检查点不得有严重缺陷;

4　应具有完整的施工操作依据和质量验收记录。

本条是对建筑节能工程检验批验收合格质量条件的基本规定。本条规定与《建筑工程施工质量验收统一标准》GB50300和各专业工程施工质量验收规范完全一致。应注意对于"一般项目"不能作为可有可无的验收内容,验收时应要求一般项目亦应"全部合格"。当发现不合格情况时,应进行返工修理。只有当难以修复时,对于采用计数检验的验收项目,才允许适当放宽,即至少有90%以上的检查点合格即可通过验收,同时规定其余10%的不合格点不得有"严重缺陷"。对"严重缺陷"可理解为明显影响了使用功能,造成功能上的缺陷或降低。

15.0.4　建筑节能分项工程质量验收合格,应符合下列规定:

1　分项工程所含的检验批均应合格;

2　分项工程所含检验批的质量验收记录应完整。

15.0.5　建筑节能分部工程质量验收合格,应符合下列规定:

1　分项工程应全部合格;

2　质量控制资料应完整;

3　外墙节能构造现场实体检验结果应符合设计要求;

4　严寒、寒冷和夏热冬冷地区的外窗气密性现场实体检测结果应合格;

5　建筑设备工程系统节能性能检测结果应合格。

强制性条文。考虑到建筑节能工程的重要性,建筑节能工程分部工程质量验收,除了应在各相关分项工程验收合格的基础上进行技术资料检查外,增加了对主要节能构造、性能和功能的现场实体检验。在分部工程验收之前进行的这些检查,可以更真实地反映工程的节能性能。具体检查内容在各章均有规定。

15.0.6　建筑节能工程验收时应对下列资料核查,并纳入竣工技术档案:

1　设计文件、图纸会审记录、设计变更和洽商;

2　主要材料、设备和构件的质量证明文件、进场检验记录、进场核查记录、进场复验报告、见证试验报告(建筑节能工程进场材料和设备的复验项目见附录 A);

3　隐蔽工程验收记录和相关图像资料;

4　分项工程质量验收记录;必要时应核查检验批验收记录;

5　建筑围护结构节能构造现场实体检验记录;

6　严寒、寒冷和夏热冬冷地区外窗气密性现场检测报告;

7　风管及系统严密性检验记录;

8　现场组装的组合式空调机组的漏风量测试记录;

9　设备单机试运转及调试记录;

10　系统联合试运转及调试记录;

11　系统节能性能检验报告;

12　其他对工程质量有影响的重要技术资料。

15.0.7　建筑节能工程分部、分项工程和检验批的质量验收表见本规范附录 B。

1　分部工程质量验收表见本规范附录 B 中表 B.0.1;

2　分项工程质量验收表见本规范附录 B 中表 B.0.2;

3　检验批质量验收表见本规范附录 B 中表 B.0.3。

本规范给出了建筑节能工程分部、子分部、分项工程和检验批的质量验收记录格式。因工程质量检查员均已熟悉了检验批、分项工程、分部工程验收表格,所以本书略去。江苏省建设工程质量监督网上 2007 年 11 月 27 日公布了江苏省建设厅《关于统一使用〈建筑节能工程施工质量验收资料〉的通知》,需要即可网上查询。

根据国家规定,建筑工程必须节能,节能达不到要求的建筑工程不得验收交付使用。单位工程的竣工验收应在建筑节能分部工程验收合格后方可进行。即建筑节能验收是单位工程验收的先决条件,具有“一票否决权”。为了能使工程达到合格标准,顺利投入使用,希望广大质检员能认真学习有关节能工程方面的规范条文。下面列出的参考资料供广大质检员参考。

1.《民用建筑节能条例》;

2.《建筑节能工程施工质量验收规范》GB50411－2007;

3.《建筑节能工程施工质量验收规程》DGJ32/J19－2007;

4.《民用建筑太阳能热水系统应用技术规范》GB50364－2005;

5.《建筑太阳能热水系统设计、安装与施工验收规范》DGJ32/J08－2008。

思 考 题

一、简答题

1. 建筑节能安装分项工程中的强制性条文主要有哪些内容?

2. 建筑节能工程验收的程序和组织应符合哪些规定?

3. 建筑节能工程验收时应核查哪些资料?

4. 建筑节能安装工程采暖系统的安装应符合哪些规定?
5. 建筑节能安装工程风管的制作与安装应符合哪些规定?
6. 空调与采暖系统冷热源设备和辅助设备及其管网系统的安装,应符合哪些规定?
7. 建筑节能工程监测与控制系统的设计审核要点。
8. 通风与空调监测控制系统的控制功能及故障报警功能的检验方法?
9. 照明自动控制系统当设计无要求时应实现哪些控制功能?
10. 何谓建筑能源系统的协调控制?

二、论述题

1. 建筑节能工程采暖管道保温层和防潮层的施工应符合哪些规定?
2. 检测监测与控制系统的可靠性、实时性、可维护性等系统性能,主要包括哪些内容?

附录 A　建筑节能工程进场材料和设备的复验项目

A.0.1　建筑节能工程进场材料和设备的复验项目应符合表 A.0.1 的规定。

章号	分项工程	复验项目
9	采暖节能工程	1　散热器的单位散热量、金属热强度; 2　保温材料的导热系数、密度、吸水率
10	通风与空调节能工程	1　风机盘管机组的供冷量、供热量、风量、出口静压、噪声及功率; 2　绝热材料的导热系数、密度、吸水率
11	空调与采暖系统冷、热源及管网节能工程	绝热材料的导热系数、密度、吸水率
12	配电与照明节能工程	电缆、电线截面和每芯导体电阻值

附录B　建筑节能分部、分项工程和检验批的质量验收表

B.0.1　建筑节能分部工程质量验收应按表B.0.1的规定填写。

建筑节能分部工程质量验收表　　表B.0.1

工程名称		结构类型		层数	
施工单位		技术部门负责人		质量部门负责人	
分包单位		分包单位负责人		分包技术负责人	
序号	分项工程名称		验收结论	监理工程师签字	备注
1	墙体节能工程				
2	幕墙节能工程				
3	门窗节能工程				
4	屋面节能工程				
5	地面节能工程				
6	采暖节能工程				
7	通风与空调节能工程				
8	空调与采暖系统的冷、热源及管网节能工程				
9	配电与照明节能工程				
10	监测与控制节能工程				
质量控制资料					
外墙节能构造现场实体检验					
外窗气密性现场实体检测					
系统节能性能检测					
验收结论					
其他参加验收人员：					
验收单位	分包单位：		项目经理：		年　月　日
	施工单位：		项目经理：		年　月　日
	设计单位：		项目负责人：		年　月　日
	监理（建设）单位：		总监理工程师： （建设单位项目负责人）		年　月　日

B.0.2 建筑节能分项工程质量验收汇总应按表 B.0.2 的规定填写。

________分项工程质量验收汇总表　　　　表 B.0.2

<table>
<tr><td>工程名称</td><td colspan="2"></td><td colspan="2">检验批数量</td><td></td></tr>
<tr><td>设计单位</td><td colspan="2"></td><td colspan="2">监理单位</td><td></td></tr>
<tr><td>施工单位</td><td></td><td>项目经理</td><td></td><td>项目技术负责人</td><td></td></tr>
<tr><td>分包单位</td><td></td><td>分包单位负责人</td><td></td><td>分包项目经理</td><td></td></tr>
<tr><td>序号</td><td>检验批部位、区段、系统</td><td colspan="2">施工单位检查评定结果</td><td colspan="2">监理(建设)单位验收结论</td></tr>
<tr><td>1</td><td></td><td colspan="2"></td><td colspan="2"></td></tr>
<tr><td>2</td><td></td><td colspan="2"></td><td colspan="2"></td></tr>
<tr><td>3</td><td></td><td colspan="2"></td><td colspan="2"></td></tr>
<tr><td>4</td><td></td><td colspan="2"></td><td colspan="2"></td></tr>
<tr><td>5</td><td></td><td colspan="2"></td><td colspan="2"></td></tr>
<tr><td>6</td><td></td><td colspan="2"></td><td colspan="2"></td></tr>
<tr><td>7</td><td></td><td colspan="2"></td><td colspan="2"></td></tr>
<tr><td>8</td><td></td><td colspan="2"></td><td colspan="2"></td></tr>
<tr><td>9</td><td></td><td colspan="2"></td><td colspan="2"></td></tr>
<tr><td>10</td><td></td><td colspan="2"></td><td colspan="2"></td></tr>
<tr><td>11</td><td></td><td colspan="2"></td><td colspan="2"></td></tr>
<tr><td>12</td><td></td><td colspan="2"></td><td colspan="2"></td></tr>
<tr><td>13</td><td></td><td colspan="2"></td><td colspan="2"></td></tr>
<tr><td>14</td><td></td><td colspan="2"></td><td colspan="2"></td></tr>
<tr><td>15</td><td></td><td colspan="2"></td><td colspan="2"></td></tr>
<tr><td colspan="3">施工单位检查结论:
项目专业质量(技术)负责人
年　月　日</td><td colspan="3">验收结论:
监理工程师:
(建设单位项目专业技术负责人)
年　月　日</td></tr>
</table>

B.0.3 建筑节能工程检验批/分项工程质量验收应按表B.0.3的规定填写。

______检验批/分项工程质量验收表 编号: 表B.0.3

<table>
<tr><td colspan="3">工程名称</td><td></td><td colspan="2">分项工程名称</td><td></td><td>验收部位</td><td colspan="2"></td></tr>
<tr><td colspan="3">施工单位</td><td colspan="2"></td><td>专业工长</td><td></td><td>项目经理</td><td colspan="2"></td></tr>
<tr><td colspan="3">施工执行标准名称及编号</td><td colspan="7"></td></tr>
<tr><td colspan="3">分包单位</td><td colspan="2"></td><td>分包项目经理</td><td></td><td>施工班组长</td><td colspan="2"></td></tr>
<tr><td colspan="4">验收规范规定</td><td colspan="3">施工单位检查评定记录</td><td colspan="3">监理(建设)单位验收记录</td></tr>
<tr><td rowspan="10">主控项目</td><td>1</td><td></td><td>第 条</td><td colspan="3"></td><td colspan="3" rowspan="10"></td></tr>
<tr><td>2</td><td></td><td>第 条</td><td colspan="3"></td></tr>
<tr><td>3</td><td></td><td>第 条</td><td colspan="3"></td></tr>
<tr><td>4</td><td></td><td>第 条</td><td colspan="3"></td></tr>
<tr><td>5</td><td></td><td>第 条</td><td colspan="3"></td></tr>
<tr><td>6</td><td></td><td>第 条</td><td colspan="3"></td></tr>
<tr><td>7</td><td></td><td>第 条</td><td colspan="3"></td></tr>
<tr><td>8</td><td></td><td>第 条</td><td colspan="3"></td></tr>
<tr><td>9</td><td></td><td>第 条</td><td colspan="3"></td></tr>
<tr><td>10</td><td></td><td>第 条</td><td colspan="3"></td></tr>
<tr><td rowspan="4">一般项目</td><td>1</td><td></td><td>第 条</td><td colspan="3"></td><td colspan="3" rowspan="4"></td></tr>
<tr><td>2</td><td></td><td>第 条</td><td colspan="3"></td></tr>
<tr><td>3</td><td></td><td>第 条</td><td colspan="3"></td></tr>
<tr><td>4</td><td></td><td>第 条</td><td colspan="3"></td></tr>
<tr><td colspan="3">施工单位检查评定结果</td><td colspan="7">项目专业质量检查员:
(项目技术负责人) 年 月 日</td></tr>
<tr><td colspan="3">监理(建设)单位验收结论</td><td colspan="7">监理工程师:
(建设单位项目专业技术负责人) 年 月 日</td></tr>
</table>

第二章　住宅工程质量分户验收规则（安装工程）

住宅工程面广量大，与人民群众的生活息息相关，为解决住宅工程在使用中发现的在安全和使用功能上的热点问题，通过强有力的技术措施推动江苏省工程质量的全面提升住宅品质，江苏省建设厅2006年10月30日发布了“关于印发《江苏省住宅工程质量分户验收规则》的通知”【苏建质(2006)448号】，该规则自2007年元月1日起实施。本章对其中的第九章“安装工程”部分条文进行解释，条款号仍应用原条款号，内容上力求还原规则制定的“本意”，为一线质检员现场具体操作答疑解惑。

第一节　给水管道系统安装工程

9.1.1　给水管道及配件安装

1　验收内容：管道的支架、吊架、伸缩装置、水表、阀门安装。

2　质量要求：管道支、吊架安装应平稳牢固，其间距应符合规范；水表、阀门安装位置应便于使用检修、不受暴晒、污染和冻结。安装螺翼式水表，表前与阀门应有不小于8倍水表接口直径的直线管段，表外壳距墙表面净距为10～30mm，水表进水口中心标高按设计要求，允许偏差为±10mm。

3　检查方法及使用工具：观察、尺量及手扳检查。

4　检查数量：全数检查。

常用塑料管材由于温度变形系数大、挠度变形大，固定件间距应符合各种塑料管材规程的规定，主要目的是避免因弯曲变形影响使用、美观。对于安装水龙头的预留配水点提倡安装带固定底座的弯头，如图9.1.1。

图9.1.1　带固定底座的弯头

9.1.2　给水功能试验

1　试验内容：通水及压力试验。

2　质量要求：给水管道末端应保持水压在0.05～0.35MPa范围内不渗不漏；室内各用水点放水通畅，水质清澈。

3　检查方法：保压24h后每户逐一打开用水点，检查卫生器具、阀门及给水管管道及接口。

4　检查数量：全数通水检查。

管道水压不能过大和过小，过小时影响供水水量，过大影响管道及给水设施使用寿命，验收时要检查供水流量、管径、水压压力。

管道水压能满足流量的最小压力：“《建筑给水排水设计规范》GB50015－2003第1.14条规定最低工作压力为0.05MPa”，最大适宜压力：“第5条规定静水压不宜大于0.45MPa，水压大于0.35MPa的入户管宜设减压或调压设施。”

第二节　排水管道安装工程

9.2.1　排水管道安装

1　验收内容:管道支、吊架,管道坡度,塑料管道伸缩节。

2　质量要求:

1)排水塑料管必须按设计要求及位置设置伸缩节,顶层出墙(屋面)的管道应设置伸缩节。管道固定或滑动支吊架位置应设置合理,并应符合设计及规范要求。

2)管道不应有倒坡或平坡现象。

3　检查方法:观察和尺量检查。

《建筑给水排水及采暖施工质量验收规范》GB50242－2002 第5.9.4条按照设计要求设置伸缩节,如设计无要求时,伸缩节间距不得大于4m;顶层由于温差变化大导致管道伸缩量大,如不设置伸缩节常造成管道变形、损坏等问题。

9.2.2　排水管道配件安装

1　验收内容:检查口或清扫口,排水通气管,三通与弯头,阻火圈或防火套管等。

2　质量要求:

1)生活污水管道上设置的检查口或清扫口应符合下面规定:

①在立管上应每隔一层设置一个检查口,但在最底层和有卫生器具的最高层必须设置,检查口的朝向应便于检修。暗装立管,在检查口处应安装检修门。

②在连接3个及3个以上卫生器具的污水横管上应设置清扫口。当污水管在楼板下悬吊敷设时,可将清扫口设在上一层楼地面上,污水管起点的清扫口与管道相垂直的墙面距离不得小于200mm;若污水管起点设置堵头代替清扫口时,与墙面距离不得小于400mm。

③在转角小于135°的污水横管上,应设置检查口或清扫口。

2)排水通气管不得与风道或烟道连接,且应符合下列规定:

①通气管应高出屋面300mm,且必须大于最大积雪厚度。

②在通气管出口4m范围以内有门、窗时,通气管应高出门、窗顶600mm或引向无门、窗一侧。

③上人屋面通气管应高出屋面2m,并应根据防雷要求设置防雷装置。

3)高层建筑中明设排水塑料管应按设计要求设置阻火圈或防火套管。

3　检验方法:观察和尺量检查。

4　检查数量:全数检查。

卫生间通气管高度设置目的是防止被下雪覆盖和影响居民正常生活,详细见《建筑给水排水设计规范》GB50015－2003 第4.6.10条。

上人屋面通气管高度2m是为了让立管排出的臭气超过人体身高,高度在门窗顶600mm以上敷设时要考虑因风荷载导致PVC管根部松动带来附加卷材脱落等造成的渗漏问题。对于屋面中间的通气管可以考虑利用伸出屋面一定高度的刚性防水钢套管固定,在钢套管与PVC通气管之间用柔性防水材料填实。

9.2.3　排水管道系统功能试验

1　验收内容:通水试验,通球试验。

2　质量要求:排水管道通水应畅通,管道及接口无渗漏。排水主立管及水平干管管道的通球应畅通。

3　检验方法:同时打开该户所有用水点对排水管道及接口进行通水检查;用球径不小于排水管道管径的2/3的球对排水主立管及水平干管管道进行通球检查。

4 检查数量:全数抽查。

第三节 室内采暖系统安装

9.3.1 室内采暖系统安装管道及管配件安装

1 验收内容:管材、阀门、伸缩装置及配件的规格、型号,管道接口,管道坡度,管道支吊架,管道的防腐与保温。

2 质量要求:

1)供回水水平干管宜采用热镀锌钢管,镀锌层破坏处应作防腐处理;保温层应完整无缺损,材质、厚度、平整度符合要求。

2)供回水干管的固定与补偿器的位置应符合要求;当散热器支管 >1.5m 时应设管卡固定。

3)供回水水平干管坡度和连接散热器支管的坡度应满足使用功能要求。

4)立管过楼板处应设套管,防水要求的房间套管高度为 50mm,其他为 20mm,套管与管道之间封闭严密。

5)暗装管道饰面应做醒目标志,供、回水管道应有明显标识。

3 检验方法:观察、尺量检查。

4 检查数量:全数检查。

室内采暖管道一般采用塑料管材和铜管,主要管材的现行国家标准:《冷热水用交联聚乙烯(PE-X)管道系统》GB/T18992;《冷热水用聚丁烯(PB)管道系统》GB/T19473;《铝塑复合压力管》GB/T18997;《无缝铜水管和铜气管》GB/T18033。

由于采暖系统具有一定的温度和压力,且要周期运行,因此材料的长期耐温、耐压性能是确保安全使用的首要条件。所选用的管材、管件、阀门的规格、型号、公称压力一定要符合设计要求和国家现行标准。作为塑料采暖管材应能通过国家产品标准所规定的 8760h 耐压、耐温(热稳定性)及热循环试验检测,因为塑料管材厂家多、市场乱,作为劣质产品有时短期性能测试合格,其长期耐温、耐压性能往往达不到;而热循环试验,能检验出管材和管件连接后的整体性能。在实际施工中往往有些施工单位还降低管材的外径及壁厚,改变阀门、管件的公称压力等。

直埋管道一旦渗漏,开始时不易发现,维修时就要破坏装饰及地面,造成损害,如处理不好,极易产生纠纷。在塑料管外设套管以防交叉施工时对管材划伤、破坏。

管道坡度与 GB50242-2002 中 8.2 主控项目的要求相一致。

采暖干管(尤其是高层住宅)的补偿器及固定支架等应按设计要求正确施工,避免因此而导致的管道破坏。

保温材料的质量将直接影响保温的效果,因此保温材料的材质、厚度、熔重、接口要符合要求。

管道埋地区域设置标记,以防地面二次装修时破坏管道。

采暖管材一般敷设在找平层内,为避免装修时对管道造成损坏,在敷设管道区域范围标明管道类别提醒住户注意。对供、回水管道应在首末端标明规格型号、功能,便于二次装修。

现在施工做法有两种,一是在找平层预留管槽,优点是醒目,便于检查;缺点是土建找平层施工工艺繁琐和后期加强成品保护;二是与找平层同步施工,后期应标明管道区域,对于管道区域标注应醒目、保持长久,用颜料+水泥浆+滚筒施工方法快捷、耐久,提倡使用。

9.3.2 采暖系统入口装置及分户热计量系统入户装置

1 验收内容:各种阀门、热量表、温度计、压力表、过滤器等的规格、型号、公称压力及安装位置。

2 质量要求:

1)各种阀门及配件性能应符合要求,安装位置应便于检修、维护和观察。

2)平衡阀、调节阀安装完毕后应根据系统平衡要求进行调试,并做好调试标记。

3　检查方法:对照图纸检查。

采暖系统入口装置包括:阀门、除污器、温度计、压力表、旁通管等。分户热计量系统入户装置包括供回水锁闭调节阀、户用热量表、热量表前过滤器。热量表前宜有长度不小于8倍管道直径的直管段,以保证计量的准确性。

分户回水干管设计的流量调节阀(如平衡阀),包括散热器温控阀,有些建设单位自行变更取消,而有的施工单位调试时不进行有效的调节。

9.3.3　采暖分、集水器

1　验收内容:分、集水器材料、规格、型号、公称压力及安装位置、高度。

2　质量要求:

1)分、集水器材质宜为铜质,成型质量符合要求。

2)规格、型号、公称压力及安装位置、高度符合设计要求。

3)固定牢靠,阀门连接严密。

3　检查方法:观察、尺量检查。

4　检查数量:全数检查。

分、集水器一般为铜质成品,而有些建设单位为节省投资,自行用钢管焊制。分、集水器除不应有表面缺陷外,还要保证其接口的严密性。分、集水器的安装位置、高度除应满足安装要求外,还应满足操作及维护的需要。

9.3.4　散热器

1　验收内容:散热器材质,散热器安装。

2　质量要求:

1)散热器的规格、型号、公称压力符合设计及相关产品的要求。

2)散热器防腐及面漆附着良好,色泽均匀。

3)散热器背面与装饰后的内墙面安装距离宜为30mm,支架、托架埋设牢固、安装位置正确。

3　检查方法:观察检查。

4　检查数量:全数检查。

散热器及辅助设备不得自行变更,否则应经设计重新换算。散热器一般应明装,如安装位置不当、遮挡或不合理的装饰将影响散热效果。交换站设备启动运行,热水的温度、流量、压力符合要求,水泵试运转轴承的温升符合设备说明书的规定。

第四节　卫生器具安装

9.4.1　卫生器具安装

1　验收内容:卫生器具安装尺寸、固定、接管及坡度、管口封闭,金属件防腐。

2　质量要求:

1)卫生器具安装尺寸、接管及坡度应符合设计及规范要求;固定牢固;接口封闭严密;支、托架等金属件防腐良好。

2)卫生器具给水配件应完好无损伤,接口严密,启闭灵活。

3)地漏位置合理,低于排水表面,地漏水封高度不小于50mm。

3　检验方法:观察、手扳和尺量检查。

4　检查数量:全数检查。

《建筑给水排水设计规范》GB50015－2003 第 4.9.6 条规定水封高度不得小于 50mm,设置水封的目的是防止臭气、传染源进入室内,而 50mm 的水封高度主要是防止蒸发和排水时管道内的正压、负压破坏水封。

水封分为两大类,一是管道水封,利用管道形成 50mm 的 P 弯或 S 弯;二是水封地漏,利用内外壁的高差形成 50mm 水封,验收时可尺量检查。

排水设备附近应设置地漏便于排水。当使用自身带水封装置的地漏时,液面形成水封的高差不得小于 50mm,目的是阻止管道中废气进入室内和防止管道内排水时压强变化从而破坏水封。洗衣机部位应采用洗衣机专用地漏。

9.4.2 卫生器具功能试验

1 试验内容:卫生器具盛水和通水试验。

2 质量要求及检验方法:盛水试验满水后各连接件不渗不漏;通水试验排水畅通。

3 检查数量:全数检查。

第五节 电 气 工 程

9.5.1 分户配电箱安装

1 验收内容:终端器件规格、型号、回路功能标识、内部接线。

2 质量要求:

1)配电系统的器件极数、参数及性能与设计图纸一致。

2)除壁挂空调插座外其他插座回路应设置动作电流不大于 30mA,动作时间不大于 0.1s 的漏电保护装置,剩余电流保护应做模拟动作试验。

3)回路功能标识齐全、准确。

4)导线分色符合要求,配线整齐、无绞接,导线不伤芯、不断股,端子接线不多于 2 根。PE 干线直接与 PE 排连接,零线和 PE 线经汇流排配出。

5)导线连接紧密。

3 检查方法:

1)对照规范和设计图纸检查,核对断路器、漏电保护的技术参数额定电流、极数。

2)剩余电流测试按剩余电流保护器的试验按钮三次和用漏电测试仪测量插座回路保护动作参数进行。

3)通过开关通、断电试验检查回路功能标识。

4)观察检查导线分色、内部配线、接线。

4 检查数量:全数检查。

配电线路的保护用配电箱符合设计要求,即配电线路应装设短路保护、过负载保护、接地故障保护装置,隔离开关、断路器和剩余电流保护装置等,对配电系统的类型、脱扣特性、额定电流、极数、分断容量核对是否符合设计要求,如《江苏省住宅设计标准》DGJ32/J26－2006 第 10.1.4.7 条规定,验收时按照审核合格的图纸进行检查。

导线与端子排的端子接线不多于 2 根,目的是防止因压线过多造成压接不牢,一旦松动造成影响面过大问题。操作时相线、零线端子接线应不多于 2 根,而地线端子接线应不多于 1 根。因为按照《低压成套开关设备和控制设备》GB7251.1－2005 第 7.4.3.1.6 条规定,应该为每条电路的出线保护导体设置一个尺寸合适的单独端子。对于人身安全保护至关重要的接地保护用 PE 线是属于安全保护用导体类别,按照此条要求,插座回路的 PE 线与端子排连接时应该是是单独压接,接线不能超过 1 根。另外 PE 线与端子排的端子单独压接可以防止压线螺钉松动后造成两根 PE

线虚接,扩大人身安全防护的故障范围。所以接地端子接两根线从某种意义上来说也是串联连接的一种形式。

目前,分户配电箱中端子排存在的主要问题是:1)接地汇流排上压接PE干线的螺钉偏小,造成10mm² 或16mm² 线与端子压接易松动;2)端子排接线螺钉数量不能满足图纸中接线数量的要求。所以在订购配电箱时,要求生产厂商提供的配电箱能满足图纸要求的接线能力。建议对10mm² 及以上导线采用M6螺钉压接。

分户配电箱回路功能中间建议增加分隔线,如图9.5.1-1;分户配电箱导线与端子排连接可参考图9.5.1-2。对于分回路断路器上口分线建议使用梳状插入分接铜排,与铜线分接相比具有可靠性高和观感好特点。

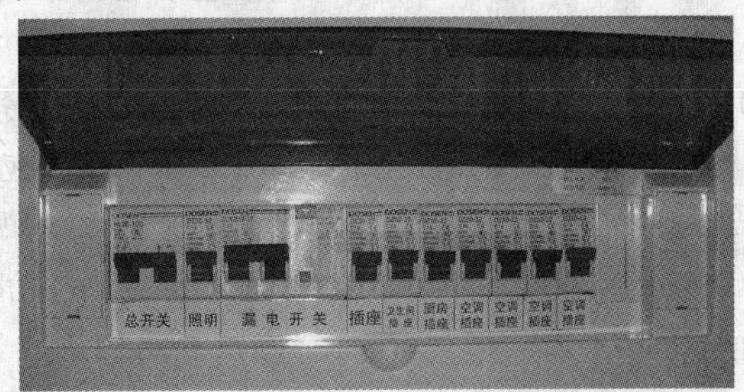

图9.5.1-1　分户配电箱回路功能

图9.5.1-2　分户配电箱内部接线

9.5.2　开关、插座安装

1　验收内容:开关插座型号、位置、PE线串接。

2　质量要求:

1)开关为同一系列、通断位置一致,安装位置距门框边15~20cm。

2)卫生间防护0-2区内,严禁设置电源插座。安装高度在1.8m以下的电源插座应采用安全型插座;卫生间电源插座、非封闭阳台插座应采用防溅型插座;洗衣机、电热水器、空调电源插座应带开关。

3)单相三孔插座左中性线、右相线、上接地;PE线不得串接。

4)面板安装紧贴墙面,面板四周无缝隙。

3　检查方法:

1)对照规范和设计图纸检查开关、插座型号。

2)核查插座安全门。

3)通电后用插座相位检测仪检查接线。

4)打开插座面板查看PE线连接。

4　检查数量:全数检查。PE是否串接每户抽查不少于两处,并做好已查标记。

进户开关位置距门框距离是夜间入户开启便民。

《江苏省住宅设计标准》DGJ32/J26-2006第10.1.4.4条规定:"在有洗浴设备卫生间0-2防护区域内,不应有与洗浴设备无关的配电线路敷设",因为人在洗浴时人体电阻下降较多,一旦有漏电情况最危险,为防范电源对人体的意外伤害,要求配电线路和洗浴设备离开一定防护距离。

带有洗浴的卫生间的0-2区一般指距离喷淋点1.2m或浴缸边缘0.8m高度不超过9.25m的区域,可以理解为人洗澡时身体各部位有可能接触到的区域。《民用建筑电气设计规范》JGJ16-2008附录D浴室区域的划分明确了各种情况下的0-2区,详细情况可参阅规范。

插座要求:儿童活动场所1.8m以下为安全型,住宅单相插座除空调、电加热为16A,其他为10A;带开关主要防止潮湿时插拔防止触电事故和节能要求。条文出自《江苏省住宅设计标准》10.1.6.2条。施工中应注意检查上述插座是否带开关,开关是否控制相线。

防止插座PE线串接是指当同一回路的插座之间的PE线用插座连接板的螺钉压接后,因螺钉松动造成后面的插座无接地保护的安全隐患,正确做法有:PE 穿线时不断开,剥削绝缘皮后插入连接板压接;穿线时 PE 线断开,绕接搪锡或压接帽压接后引出单根线插入接线孔中固定。

9.5.3 导线连接

1 验收内容:接线可靠、绝缘处理。

2 质量要求:单股导线连接采用标准绕接、搪锡和绝缘处理;或用质量合格的压线帽顺直插入、填塞饱满、压接牢固。

3 检验方法:打开导线连接处检查。

4 检查数量:每户抽查不少于两处。并做已查标记。

单股导线连接做法有两种:(1)采用标准绕接、搪锡和绝缘处理;(2)用质量合格的压线帽顺直插入、填塞饱满、压接牢固。

单芯导线绕接、搪锡做法:剥去绝缘层,清除导线表面氧化物,导线码(有一定压力压接)接不少于5圈,回头采取防止脱落措施,接头处搪锡增加机械强度和导电性能,然后在连接处包扎绝缘带绝缘处理(采用两种绝缘带包扎两遍效果更好)。这种做法的优点是导电性能好,机械强度高,允许通电电流大,接头发热少,电气通电性能好,提倡使用。但缺点是操作工序多、繁杂,耗时。

压线帽做法:将导线绝缘层剥去10~13mm,清除导线氧化物,按规格选用合适的压线帽,将线芯插入压线帽压接管(铜管、壁厚一般为0.8mm)内,导线绝缘层应和压接管口平齐,若填不满时,可将线芯折回头填满为止,然后用专用压线钳压接牢固。这种做法施工快捷,缺点是压接后机械强度差、易松动,电气通电性能稍差。

详细做法参见《江苏省建筑安装工程施工技术操作规程》DGJ32/J40-2006 电气分册第5.7节。

9.5.4 等电位联结

1 验收内容:端子排、与洗浴间内插座 PE 线的连接、异种材料连接。

2 质量要求:设洗浴设备的卫生间应作等电位联结;联结卫生间范围内的建筑物钢筋(结构施工时已连成一体用扁钢引出)和插座 PE 线;端子排铜质材料厚度应大于4mm。异种材料搭接面应有防止电化学腐蚀措施。

3 检查方法:观察、尺量检查。

4 检查数量:全数检查。

按照《等电位安装图集》02D501-2 图集规定:"设置等电位联结的卫生间与洗浴间插座回路与 PE 线应进行连接",需要注意的是卫生间如果只有一路电源插座回路则连接一处,如果有两个回路则应连接两处,连接线径应不小于4mm^2。在"潮湿场所"的卫生间内,当两种不同金属材质的扁钢与铜排搭接时搭接面应有防止电化学腐蚀措施。防止电化学腐蚀的方法一般是在搭接面搪锡或用导电膏处理。

第六节 智能建筑

9.6.1 多媒体箱安装

1 验收内容:多媒体系统配置,线路(管)。

2 质量要求:

1)每套住宅应设置多媒体箱。

2)语音、数据、电视器件接口齐全。

3)语音、数据、电视进线(管)齐全。

4)弱电线缆符合设计要求。

3 检查方法:

1)观察检查。

2)核查弱电线缆、标记、型号。

4　检查数量:全数检查。

9.6.2　信息插座面板安装

1　验收内容:信息面板型号、接线。

2　质量要求:

1)在主卧室、起居室应设置通信、有线电视终端,符合设计要求。

2)线缆与信息插座面板连接可靠,与墙面贴合严密。

3　检查方法:

1)观察检查。

2)打开信息面板查看接线情况。

4　检查数量:全数检查,接线抽查不少于两处,并做好已查标记。

9.6.3　访客对讲系统安装

1　验收内容:预留管线、信号清晰、操作灵活。

2　质量要求:

1)住宅内应设置楼宇访客对讲和门锁控制装置,按系统要求预留管线。

2)开启防盗门应灵活。

3)语音、视频信号应清晰。

3　检查方法:

1)观察检查。

2)模拟操作,试验不少于三次。

4　检查数量:全数检查。

分户验收的实施,大大提高了住宅工程的质量,减少了住宅工程的质量通病,从而使得质量投诉呈下降趋势。在总结、研究《江苏省住宅工程质量分户验收规则》实施过程中出现的各类情况的基础上,即将对《江苏省住宅工程质量分户验收规则》进行修定,并出台《江苏省住宅工程质量分户验收规程》。

思　考　题

一、简答题

1. 生活污水管道上检查口或清扫口设置要求。

2. 屋面通气管设置要求。

3. 排水管道系统的水封设置要求及分类。

4. 住宅地漏设置要求。

5. 室内常用采暖管道产品标准。

6. 采暖系统入口装置由哪些组成?

7. 开关、插座安装要求。

8. 分户配电箱端子排常见存在问题。

9. 卫生间 0－2 区的内涵。

10. 插座之间 PE 连接要求。

二、论述题

1. 分户配电箱安装技术要求?

2. 单芯导线连接的做法及优缺点。

第三章 住宅工程质量通病防治

为进一步提高住宅工程质量水平,规范住宅工程质量通病防治工作,促进住宅产业的稳定健康发展,江苏省建设工程质量监督总站编制了《住宅工程质量通病控制标准》,并经江苏省建设厅审定发布为江苏省工程建设强制性标准,代号为 DGJ32/J16－2006,该标准以现行国家验收规范规定的"指标"为主要依据,从设计、施工、材料、管理等方面提出控制方法,对个别"指标"提出了高于国家规范的要求。该标准共17章,为江苏省地方标准。本章重点介绍了安装工程在施工、材料、管理等方面提出的通病控制方法,未介绍《住宅工程质量通病控制标准》中有关设计方面的内容,对条文编号做了重新编排,希望能认真学习掌握。

第一节 总 则

1.0.1 为提高住宅工程质量水平,控制住宅工程质量通病,依据国家有关法规和规范,结合江苏省实际情况,特制定本标准。

1.0.2 本标准适用于江苏省住宅工程质量通病的控制,其他工程质量通病的控制可参照本标准规定执行。

标准适用的范围主要是江苏省行政区域内的住宅工程,包括新建、改建、扩建等住宅工程。

1.0.3 本标准控制的住宅工程质量通病范围,以工程完工后常见的、影响安全和使用功能及外观质量的缺陷为主。

施工过程中易出现的质量问题、事故,并在施工过程中可以处理,工程完工后不产生影响的质量通病不在该标准控制范围之内。

1.0.4 住宅工程质量通病的控制方法、措施和要求除执行本标准外,还应执行国家、省相关建筑工程标准、规范。

建设单位是住宅工程质量通病控制的第一责任人,不得随意压缩住宅工程建设的合理工期,为确保该标准的执行,应采取相关管理措施。根据实践经验做法,建设单位应采取以下具体管理措施:

1 在工程开工前下达《住宅工程质量通病控制任务书》。

2 批准施工单位提交的《住宅工程质量通病控制方案和施工措施》。

3 定期召开工程例会,协调和解决住宅上程质量通病控制过程中出现的问题。

4 应将住宅工程质量通病控制列入工程检查验收内容,并明确奖罚措施。

第二节 术 语

2.0.1 住宅工程

供人们居住使用的建筑。

2.0.2 住宅工程质量通病

住宅工程完工后易发生的、常见的、影响安全和使用功能及外观质量的缺陷。

2.0.3 住宅工程质量通病控制

对住宅工程质量通病从设计、材料、施工、管理等方面进行的综合有效防治方法、措施和要求。

第三节　基本规定

3.0.1　建设单位负责组织实施住宅工程质量通病控制,并不得随意压缩住宅工程建设的合理工期:在组织实施中应采取相关管理措施,保证本标准的执行。

3.0.2　设计单位在住宅工程设计中,应采取控制质量通病的相应设计措施,并将通病控制的设计措施和技术要求向相关单位交底。

3.0.3　施工单位应认真编写《住宅工程质量通病控制方案和施工措施》,经监理单位审查、建设单位批准后实施。

根据实践经验做法,施工单位具体实施时,还应做好以下工作:

1　原材料、构配件和工序质量的报验工作。

2　在采用新材料时,除应有产品合格证、有效的新材料鉴定证书外,还应进行必要检测。

3　记录、收集和整理通病控制的方案、施工措施、技术交底和隐蔽验收等相关资料。

4　根据批准的《住宅工程质量通病控制方案和施工措施》对作业班组技术交底,样板引路。

5　专业分包单位应提出分包工程的通病控制措施,由总包单位核准,监理单位审查,建设单位批准后实施。

6　工程完工后,总包单位应认真填写《住宅工程质量通病控制内容总结报告》。

3.0.4　监理单位应查查工单位提交的《住宅工程质量通病控制方案和工措施》,提出具体要求和监理措,并列入《监理规划》和《监理细则》。

3.0.5　施工图设计文件审查机构应将住宅工程质量通病控制的设计措施列入审查内容。

3.0.6　工程质量监督机构应将住宅工程质量通病控制列入监督重点。

3.0.7　住宅工程质量通病控制所发生的费用应列入招投标文件和工概预算。

住宅工程质量通病控制所发生的相关费用的解决办法,具体执行时应与招投标和造价管理机构协调。

3.0.8　住宅工程竣工验收时除提供现行法律、法规和工程技术标准所规定的资料以外,还应提供住宅工程质量通病控制的相关资料。

主要有以下内容:

1　由参建各方会签的《住宅工程质量通病控制任务书》。

2　施工单位住宅工程质量通病验收有关资料。

3　监理单位《住宅工程质量通病控制工作总结报告》。

3.0.9　本标准检查方法除有明确要求外,涉及建筑材料的要检查材料出厂合格证、检测报告,施工质量验收规范或本标准规定材料进场需复验的要检查复验报告。

材料出厂合格证、检测报告及复验报告应提供原件,如没有原件,复印件上应标注原件存放单位,并在标注处加盖存放单位的红章,另外复印人应签字,这样的材料具有可追溯性。

3.0.10　住宅工程中使用的新技术、新产品、新工艺、新材料,应经过省建设行政主管部门技术鉴定,并应制定相应的技术标准。

住宅工程应用"四新技术",其依据是《建设工程勘察设计管理条例》第二十九条:"建设工程勘察、设计文件中规定采用的新技术、新材料,可能影响建设工程质量安全,又没有国家技术标准的,应当由国家认可的检测机构进行试验、论证,出具检测报告,并经国务院有关部门或省、自治区、直辖市人民政府有关部门组织的建设工程技术专家委员会审定后,方可使用。"和《实施工程建设强制性标准监督规定》第五条:"工程建设中拟采用的新技术、新工艺、新材料、不符合现行强制性标准规定的,应当由拟采用单位提请建设单位组织专题技术论证,报批准标准的建设行政主管部门或国务院有关主管部门审定。工程建设中采用国际标准或者国外标准,现行强制性标准未做规定的,建设单位应当向国务院建设行政主管部门或者国务院有关行政主管部门备案”。

第四节 给水排水及采暖工程

4.1 给水排水及采暖管道系统渗漏

4.1.1 材料方面的控制方法

1 生活给水系统的管材、管件接口填充材料及胶粘剂,必须符合饮用水卫生标准的要求。

生活给水的水质是关系到民众饮用水安全的大事,除管材和管件必须符合饮用水卫生指标外,管道和管件连接时,填充料或胶粘剂同样也要达到饮用水卫生标准。许多厂家提供的符合卫生许可的批件时间久远,有的已超过了批件的有效期;有的厂家产品质量不稳定,导致供应的产品虽有批件但实际产品质量不佳或不合格。在此,还要求提供省级以上卫生防疫检验部门出具的最近两年的卫生检验合格报告。

2 给水、排水及采暖管道的管材、管件产品质保书上的规格、品牌、生产日期等内容与进场实物上的标注必须一致。

这样可以保证用于工程的产品使用的一致性和可追溯性。

3 管材、管件进场后,应按照产品标准的要求对其外观、管径、壁厚、配合公差进行现场检验,塑料排水管道与室外塑料雨水管道用材区别检查、验收;同时,按照同品牌、同批次不少于二个规格的要求进行见证取样,委托有资质的检测单位复试,合格后方可使用。

针对目前市场上工程塑料管材质量参差不齐的实际状况,要求监理、施工人员在管材以及部件进场时必须现场见证取样后,送有资质的检测机构复试。为防止室外雨水管破损及雨水管与室内排水管混用,规定雨水管与室内排水管区别检查验收。雨水管材与室内排水管材执行的标准也有所不同。《建筑排水用硬聚氯乙烯管材》GB/T5836.1 可用于室内排水与雨水,而《建筑用硬聚氯乙烯雨落水管材及管件》QB/T2480 仅适用于雨水。

4 用于管道熔接连接的工艺参数(熔接温度、熔接时间)、施工方法及施工环境条件应能够满足管道工艺特性的要求。

胶粘剂不得混用;虽然熔接的工艺和专用工具均由管材生产厂家提供,但施工现场对其工艺要求控制不严也会影响管道熔接质量。

5 同品牌、同批次进场的阀门应对其强度和严密性能进行抽样检验,抽样数量为同批次进场总数的10%,且每一个批次不少于2只。安装在主干管上起切断作用的闭路阀门,应逐个做强度和严密性检验,有异议时,应见证取样委托有资质的检测单位复试。

阀门进场抽测规范已有规定,但施工中因把关不严,致使阀门渗漏现象经常发生,这里强调阀门进场必须抽检并增加了抽检比例,由原规范的不少于一个增加到不少于两个。

4.1.2 施工方面的控制方法

1 给水管道系统施工时,应复核冷、热水管道的压力等级和类别;不同种类的塑料管道不得混装,安装时,管道标记应朝向易观察的方向。

由于塑料制品难以从外观上判定其温度特性的差异,所以在安装前要核对管材的质保资料,确认管材的温度特性和管道系统对介质温度的要求,防止管材用错或混用。

2 引入室内的埋地管其覆土深度,不得小于当地冻土线深度的要求。管沟开挖应平整,不得有突出的尖硬物体,塑料管道垫层和覆土层应采用细砂土。

引入室内的管道埋设周围环境复杂,往往因管道埋深不够或回填土硬质块状物较多,回填压实度不够等原因直接导致管道受损而产生渗漏，如图4.1.2－1。埋地敷设管道垫层处理好坏对塑料管道的安全使用影响很大，为此，强调塑料管道垫层应采用砂土垫层，如图4.1.2－2，同时要求管沟底砂土垫层厚度不小于100mm，回填应采用细砂土回填至管顶300mm处，并且分层夯实后回填原土。

图4.1.2－1　敷设不符合要求的管线

图4.1.2－2　敷设符合要求的管线

3　给排水管道穿越基础预留洞时，给水引入管管顶上部净空一般不小于100mm；排水排出管管顶上部净空一般不小于50mm。

为了防止建筑物沉降不均损坏管道也可以采用加套管的方式防止管道被损坏。

4　室内给水系统管道宜采用明敷方式，不得在混凝土结构层内敷设。确需暗敷时，直埋在地坪面层内及墙体内的管道，不得有机械式连接管件；塑料采暖管暗敷不应有接头。

塑料给水管道系统在混凝土结构中暗敷时一旦损坏难以修理，而机械式连接接口容易产生渗漏，所以不允许暗敷。

5　管道暗敷设时，管道固定应牢固，楼地面应有防裂措施，墙体管道保护层宜采用不小于墙体强度的材料填补密实，管道保护层厚度不得小于15mm，在墙表面或地表面上应标明暗管的位置和走向，管道经过处严禁局部重压或尖锐物体冲击。

当管道沿墙体或地面敷设时，在找平层内其外径不宜超过25mm，且中间不得有机械式连接管件。必要时，可根据土建施工的要求铺贴钢丝网，以防止墙体或地面开裂。如果成排管沿同一方向敷设时，管直径应视为成排管道所有管道直径的总和。

在工程竣工后，因装修造成本户内管道或其他户（室）管道破损而引起的投诉不断，因此，工程承包商在工程竣工验收前，必须把住宅内装修可能导致损坏的管线的位置标识清楚，在工程质量保修书中予以注明，并以此作为向业主交接的依据。

6　当给水排水管道穿过楼板（墙）、地下室等有严格防水要求的部位时，其防水套管的材质、形式及所用填充材料应在施工方案中明确。安装在楼板内的套管顶部必须高出装饰地面20mm，卫生间或潮湿场所的套管顶部必须高出装饰地面50mm，套管与管道间环缝间隙宜控制在10～15mm之间，套管与管道之间缝隙应采用阻燃和防水柔性材料封堵密实，如图4.1.2－3。

图4.1.2－3　管道穿楼板套管的做法

为了消除给水排水管道在穿过楼板（墙）处的渗漏，提出了管道在穿过楼板（墙）时设置套管的做法，同时，对套管的材质、封堵材质均提出了要求。卫生间或潮湿场所的管洞填堵的具体做法宜为：现浇混凝土板预留孔洞口成上大下小型，填充前应清洗干净，套管周边间隙应均匀一致并进行毛化和刷胶处理；

填充应分两次浇筑,首先把掺入防渗剂的细石混凝土填入管洞2/3处,待混凝土凝固达到7d强度后进行4h的蓄水试验,无渗漏后,用抗渗水泥砂浆或防水油膏填满至洞口。管道全部安装完成后,对管洞填堵部位进行24h的蓄水试验检查。

7　管道在穿过结构伸缩缝、抗震缝及沉降缝时,管道系统应采取如下措施:

1）在结构缝处或两侧应采用柔性连接。图4.1.2－4为错误做法。

2）管道或保温层的外壳上、下部均应留有不小于50mm可位移的净空。

3）在位移方向按照设计要求设置水平补偿装置。

图4.1.2－4　管道穿过伸缩缝的错误做法

为了防止在建筑物不均匀沉降和伸缩时对穿过结构伸缩缝、抗震缝及沉降缝的管道产生破坏,导致管道系统渗而提出了以上的要求。当采用柔性连接时,如果为暗敷,宜在结构缝两侧各安装一个柔性接头,如果为明敷,可在结构缝处安装柔性接头。

8　水平和垂直敷设的塑料排水管道伸缩节的设置位置、型式和数量必须符合设计及相关规范的要求,顶层塑料排水立管必须安装伸缩节,管道出屋面处应设固定支架。塑料排水管伸缩节预留间隙可控制为:夏季:5～10mm;冬季:5～20mm。

图4.1.2－5　伸缩节的敷设位置

施工人员在敷设塑料排水系统伸缩节时经常出现错误,不清楚伸缩节装在哪个位置合适。原则上伸缩节应设在三通或四通等配件附近,如图4.1.2－5,每层1个,层高超过4m设2个。目的是保证与横管连接的三通或四通不会因立管(横管)的变形而使横支管(支立管)发生位移导致管道破裂。所以三通或四通等配件处应安装固定管卡,但管卡不能限制伸缩节的伸缩。横管伸缩节宜采用锁紧式橡胶圈管件。

另外伸缩节预留间隙往往在施工时被忽视,导致伸缩节没有预留间隙而失去伸缩功能。因此,本条要求控制管道伸缩节预留间隙,在管道外壁做出伸缩节预留间隙的明显标记。根据苏南和苏北地区温度特点,对冬季的温度划分范围为:11月20日～2月20日:对夏季的温度划分范围为:6月5日～9月20日。各地可根据当地的气象条件加以调整。

9　塑料雨水管道系统伸缩节应参照室内排水系统伸缩节设置要求设置。

由于雨水管道安装在土建工程内,水电施工人员往往不参与质量控制,致使伸缩节的设置和安装存在较多的问题,现要求雨水管道伸缩节间隔4m设置1个,与固定管卡和滑动管卡要搭配协调,伸缩节的伸缩不能被管卡限制住。

10　埋地及所有可能隐蔽的排水管道,应在隐蔽或交付前做灌水试验并合格。

住宅工程交付后,住户可能会将排水管道隐蔽,所以,各楼层中的排水管道也应做灌水试验。施工单位可以购买可充放气的气囊,将其通过检查口放在管道的立管里然后充气,便可堵住立管的任何部位,从而可以对任何楼层的排水系统进行灌水试验。

4.2　消防隐患

4.2.1　材料方面的控制方法

防火套管、阻火圈本体应标有规格、型号、耐火等级和品牌，合格证和检测报告必须齐全有效。

防火套管和阻火圈的设置已广泛采用，其部件质量参差不齐，所以材料进场不但要有合格证，还应提供检测报告。

4.2.2　施工方面的控制方法

1　消火栓箱的施工图设置坐标位置，施工时不得随意改变，确需调整，应经消防部门认可。

施工过程中，经常发现暗装消火栓箱位置与结构有冲突，无法预留孔洞；明装消火栓箱影响通道正常通行，交付后损坏严重，因此，在施工前相关单位应认真校核消火栓箱的安装位置。

2　消火栓箱中栓口位置应确保接驳顺利。

一般情况下，消火栓栓口垂直朝外，且不能被消防箱金属边框挡住，栓口应安装在箱门开启的一侧，并满足在火灾情况下的其他使用要求，如图4.2.2－1。

3　管道井或穿墙洞应按消防规范的规定进行封堵。

管道井内的管道或桥架在穿过被封堵的楼板或墙体时应在管道或桥架的内外侧采用防火堵料进行封堵，如图4.2.2－2。

图4.2.2－1　消火栓的安装

图4.2.2－2　管道和桥架在穿过楼板时的防火封堵

4.3　管道及支吊架锈蚀

4.3.1　施工方面的控制方法

1　镀锌钢管当采用法兰连接时，镀锌钢管与法兰的焊接处应进行二次镀锌。室内直埋给水管道（塑料管道和复合管道除外）应做防腐处理。

目前，有很多施工单位采用镀锌钢管施工时，对于破坏了的镀锌层不进行二次镀锌，只是做简单的防腐处理，效果较差。而埋地管道施工时也是经常偷工减料，管道不防腐，或不按图纸要求防腐便埋入地下，致使管道寿命缩短，影响用户的使用。

2　室外金属支吊架宜采用热镀锌或经设计认可的有效防腐措施；室内明装钢支吊架应除锈，且刷二度防锈漆和二度面漆。

现在，工程上安装的钢支吊架防腐效果较差，多半原因是防腐之前除锈不彻底造成的。

4.4　卫生器具不牢固和渗漏

4.4.1　施工方面的控制方法

1　卫生器具与相关配件必须匹配成套，安装时，应采用预埋螺栓或膨胀螺栓固定，陶瓷器具与紧固件之间必须设置弹性隔离垫。卫生器具在轻质隔墙上固定时，应预先设置固定件并标明位置。

在轻质隔墙上安装卫生器具，必须预先设置加固件或采取加固措施，以保证器具安装牢固、稳定。

2　卫生器具安装接口填充料必须选用可拆性防水材料，安装结束后，应做盛水和通水试验。

卫生器具安装结束后,必须立即进行必要的盛水和通水试验,避免卫生器具与管道接口处产生堵塞和渗漏,防止卫生器具及五金件不匹配导致卫生器具漏水或影响使用寿命,从而保证卫生器具的密封性能和冲洗性能。

3 带有溢流口的卫生器具安装时,排水栓溢流口应对准卫生器具的溢流口,镶接后排水栓的上端面应低于卫生器具的底部。

溢水不通畅是卫生器具安装的一个质量通病,对精装修房更要加以重视。

4.5 排水系统水封破坏,排水不畅

4.5.1 材料方面的控制方法

地漏和管道S弯、P弯等起水封作用的管道配件,必须满足相关产品标准要求。

经调研,目前市场上供应的绝大部分地漏水封高度不能达到50mm,在地漏水封高度不能达到设计要求时,必须采取措施或选用其他形式的管道水封管件。即使地漏本身水封高度能达到50mm,最好也不要采用。因为,用户装修时经常会将地漏盖板随着地面的抬高而抬高,这样一来,就会使原本符合要求的水封变为不符合要求的水封,从而影响使用。

4.5.2 施工方面的控制方法

1 排水管道应确保系统每一个受水口的水封高度满足相关规范的要求。当地漏水封高度不能满足50mm时,应设置管道水封,并禁止在一个排水点上设置二个或二个以上的水封装置。洗面盆排水管水封宜设置在本层内。

无论采用何种水封方式,最终目的就是不让浊气进入室内。一个排水点出现双水封容易引起排水不畅。水封的相关要求暂时不能做到的工程,应在相关的工程资料和交接文件中明确补做办法。

2 排水通气管不得与风道或烟道连接,严禁封闭透气口。

业主和建设单位不得擅自改动通气管,一旦透气口被封闭将导致排水不畅和水封破坏。

3 地漏安装应平整、牢固,低于排水地面5~10mm,地漏周边地面应以1%的坡度坡向地漏,且地漏周边应防水严密,不得渗漏。

地漏低于排水地面5~10mm,这是针对装饰地面已完成的情况。未做装饰地面时,地漏可略高于地面,但要确保地面成型后地漏低于地表面,且地面不得有积水。

4.6 保温(绝热)不严密,管道结露滴水

4.6.1 材料方面的控制方法

1 各类保温(绝热)材料耐火等级必须符合设计要求。材料在进场后应对其材质、规格、密度和厚度以及阻燃性能进行抽检,同品牌、同批次抽检不得少于两个规格,有异议时,应见证取样委托有资质的检测单位复试。

2 保温(绝热)管(板)的胶粘剂、封裹材料的阻燃和防潮性能应符合设计要求,封闭保温(绝热)管材(板材)的胶带或粘胶应选用符合环保要求的产品。

进场材料必须进行抽检,检验的方法可以采用外观检查和点燃试验的方法进行抽检,外观检查有瑕疵,即可见证取样委托有资质的检测单位进行复试。

4.6.2 施工方面的控制方法

1 保温(绝热)管(板)的结合处不得出现裂缝、空隙等缺陷,管道保温(绝热)材料在过支架和洞口等处,应连续并结合紧密。阀门和其他部件应根据部件的形状选用专用保温(绝热)管

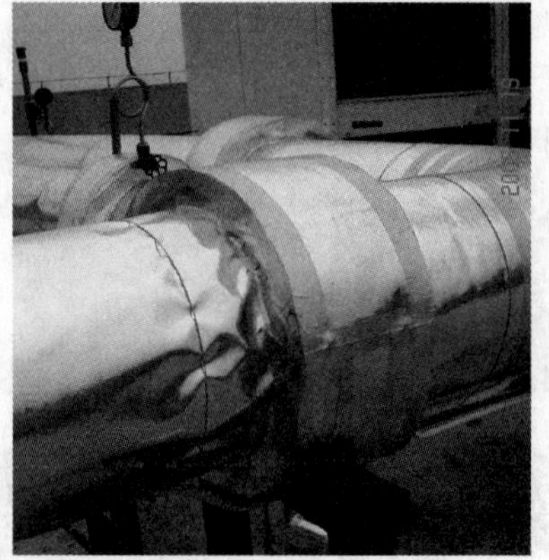

图4.6.2 管道阀门保温做法

壳，确保阀门、部件与保温（绝热）管壳能够结合紧密。

绝热材料材质首先要符合环保的要求，其次，粘结牢固。管道可采用定型管壳，而阀门应尽量采用专用阀门管壳，单独保温（绝热），便于维修拆卸，如图4.6.2。

2　室外管道保温必须防水性能良好，搭接应顺水，防潮层的叠合不得少于35mm。

室外管道保温要注意保护成品，特别是防潮层不能损坏，一旦损坏，应及时返修。

4.7　采暖效果差

4.7.1　施工方面的控制方法

1　采暖水平管与其他管道交叉时，其他管道应避让采暖管道，当采暖管道被迫上下绕行时，应在绕行高点安装排气阀。水平管变径时应采用顶平异径管。

安装排气阀和采用顶平异径管的目的都是为了使管道内不滞留气体。因为气体积聚多了会形成气囊，而气囊会形成气阻，严重甚至能引起爆管。

2　采暖系统安装结束、系统联动调试后，必须进行采暖区域内的温度场测定。

随着人们对生活环境质量要求的提高。采暖系统的冷热不均现象时有投诉出现，而采暖系统的联动调试过去也被忽视，要求进行联动调试的同时，系统必须连续运行8h后，才能进行采暖区域温度场的温度检测。

第五节　电气工程

5.1　防雷、等电位联结不可靠，接地故障保护不安全

5.1.1　材料方面的控制方法

1　等电位联结端子板宜采用厚度不小于4mm的铜质材料，当铜质材料与钢质材料连接时，应有防止电化学腐蚀措施。

防止电化学腐蚀措施：在钢制材料表面先搪锡，然后再与铜质材料压接连接。

2　当设计无要求时，防雷及接地装置中所使用材料应采用经热浸镀锌处理的钢材。

在混凝土中敷设时可采用非镀锌的材料，镀锌材料必须为热浸镀锌的钢材，这样才能延长使用寿命。

5.1.2　施工方面的控制方法

1　防雷、接地网（带）应根据设计要求的坐标位置和数量进行施工，焊缝应饱满，搭接长度应符合相关规范的要求。

在工程检查中，常发现接地网施工时，坐标和数量均会发生变化，焊接不注意焊条的选用匹配和相容性，焊接外观质量不符合要求等质量通病。

2　房屋内的等电位联结应按设计要求安装到位，设有洗浴设备的卫生间内应按设计要求设置局部等电位联结装置，保护（PE）线与本保护区内的等电位联结箱（板）连接可靠。

在江苏省地方标准《等电位联结设计与安装》苏D01中对局部等电位和总等电位的做法均有严格的要求，对于全装修房更应严格执行。如果是毛坯房要针对在竣工验收时的实际状况，完成设计图纸规定的等电位施工的工作量，并在《住宅使用说明书》中应注明等电位要求。

3　金属电缆桥架及其支架和引入或引出的金属电缆导管必须接地（PE）或等电位联结线连接可靠。金属电缆桥架及其支架全长应不少于二处与接地（PE）或等电位联结装置相连接；非镀锌电缆桥架间连接板的两端跨铜芯连接线，其最小允许截面积不小于4mm^2（如图5.1.2）；镀锌电缆桥架间连接板的两端不跨接连接线，但连接板两端不应少于二个有防松螺帽或防松垫圈的连接固定

螺栓。金属桥架(线槽)不应作为设备接地(PE)的连接导体。

图 5.1.2　桥架的接地跨接连接线

非镀锌电缆桥架安装跨接接地线时宜使用带爪型的垫片,可彻底清除桥架表面的防腐层并不破坏外观,跨接地效果好、安装速度快。

4　在金属导管的连接处,管线与配电箱体、接线盒、开关盒及插座盒的连接处应连接可靠。可挠柔性导管和金属导管不得作为保护线(PE)的连接导体。

可挠柔性电导管必须有可靠的证明文件,另外因可挠柔性电导管本身导电连续性差、可靠性差,为保证安全,不得用其作为接地(接零)的接续导体。金属导管与箱、盒等连接处除连接可靠外还应跨接地良好。

5.2　电导管引起墙面、楼地面裂缝,电导管线槽及导线损坏

5.2.1　材料方面的控制方法

埋设在墙内或混凝土结构内的电导管应选用中型及中型以上的绝缘导管;金属导管宜选用镀锌管材。

PVC 电导管一般分轻型(205)、中型(305)、重型(405)、超重型(505)等型号,不同的型号抗压等级不同。作为金属导管的替代品,PVC 电导管在墙内或混凝土结构内敷设时应选用中型以上的型号。因为目前市场上中型的 PVC 电导管抗压强度较差,不宜敷设在墙内或混凝土结构内。金属导管如选用镀锌管材,应采用热浸镀锌管材。

5.2.2　施工方面的控制方法

1　严禁在混凝土楼板中敷设管径大于板厚 1/3 的电导管,对管径大于 40mm 的电导管在混凝土楼板中敷设时应有加强措施,严禁管径大于 25mm 的电导管在找平层中敷设。混凝土板内电导管应敷设在上下层钢筋之间,成排敷设的管距不得小于 20mm,如果电导管上方无上层钢筋布置应参照土建要求采取加强措施。

2　墙体内暗敷电导管时,严禁在承重墙上开长度大于 300mm 的水平槽;墙体内集中布置电导管和大管径电导管的部位应用混凝土浇筑,保护层厚度应大于 15mm。

防止电导管在暗敷设时引起墙面、楼地面裂缝而采取上述措施。如果预埋管成排布置而没有保留间隙时,管道直径应是所有成排管道直径的累加。

3　电导管和线槽在穿过建筑物结构的伸缩缝、抗震缝和沉降缝时应设置补偿装置。

设置补偿装置可以防止因建筑物沉降变形而损坏电导管、线槽及导线。线槽(桥架)的补偿装置最好由厂家提供成品。目前,部分施工单位自行设计制作的补偿装置效果不理想,起不到要求的补偿作用。

5.3　电气产品无安全保证,电气线路连接不可靠

5.3.1　材料方面的控制方法

1　进场的开关、插座、配电箱(柜、盘)、电缆(线)、照明灯具等电气产品必须具有 3C 标记,随

带技术文件必须合格、齐全有效。电气产品进场应按规范要求验收。对涉及安全和使用功能的开关、插座、配电箱以及电缆(线)应见证取样,委托有资质的检测单位进行电气和机械性能复试。

进场的设备、部件必须要提供相关资料和按规定进行见证取样复试,进行3C认证的电气产品必须提供相应认证资料。

2　安装高度低于1.8m的电源插座必须选用防护型插座,卫生间和阳台的电源插座应采用防溅型,洗衣机、电热水器的电源插座应带开关。图5.3.1为防溅型插座。

图5.3.1　防溅型插座

5.3.2　施工方面的控制方法

1　芯线与电器设备的连接应符合下列规定:

1)截面积在$10mm^2$及以下的单股铜芯线直接与设备、器具的端子连接。

2)截面积在$2.5mm^2$及以下的多股铜芯线拧紧搪锡或接续端子后与设备、器具的端子连接。

3)截面积大于$2.5mm^2$的多股铜芯线,除设备自带插座接式端子外,接续端子后与设备或器具的端子连接;多股铜芯线与插接式端子连接前,端部应拧紧搪锡。

4)每个设备和器具的端子接线不多于2根电线;不同截面的导线采取接续端子后方可压在同一端子上。

接地汇流排上的端子接线一般不超过1根,以确保接地效果良好。不同截面的导线如不采取任何措施压接在同一端子上会导致接线不牢、导电效果差,时间长了容易引发事故。

5)接线应牢固并不得损伤线芯。导线的线径大于端子孔径时,应选用接续端子与电气器具连接。

目前,有些电工在接线时,遇到电线与端子孔径或接续端子不匹配时,随意将多股线剪掉几股然后进行连接。这种损伤线芯改变线径的做法是绝对不允许的,应选用合适的接续端子压接后与电气器具连接。

2　配电箱(柜、盘)内应分别设置中性(N)和保护(PE)线汇流排,汇流排的孔径和数量必须满足N线和PE线径汇流排配出的需要,严禁导线在管、箱(盒)内分离或并接。配电箱(柜、盘)内回路功能标识齐全准确(可参考前面的图片)。

保护(PE)线汇流排接线时应一孔一线,确保接地效果良好。电箱内的相线最好是采用跳线及铜插排连接,避免操作、维修时造成触电事故。电箱内的导线在穿线时应预留足够的长度,便于日后排线接线。目前,工程上丢电线事件时有发生,一旦电线被偷,为了减少损失,有些施工单位对于电线长度不够的就采取接线的办法,这种做法是不允许的。工程竣工后,应用电脑打印电气回路的标签并将其贴在配电箱上,要求准确、清晰,住宅楼工程同回路电箱回路标签顺序应一致。

3　同一回路电源插座间的接地保护线(PE)不得串联连接。插座处连接应采用如下措施:

1)"T"形或并线绞接搪锡后引出单根线插入接线孔中固定(如图5.3.2-1)。

2)选用质量可靠的压接帽压接连接。

除上述方法外还有一种做法:如图5.3.2-2,穿线时接地保护线(PE)在插座处不断开,留有一定的余量,接线时将接地保护线(PE)局部绝缘层剥离后把铜芯线馈成"∩"型,线间不要留有间隙,然后将其接入插座。这种做法电线没有断开,满足规范要求。如果有其他方法,只要满足规范要求,同样可以采用。

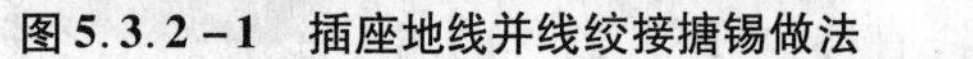

图5.3.2－1　插座地线并线绞接搪锡做法　　图5.3.2－2　插座地线不断开做法

5.4　照明系统未进行全负荷试验

照明系统通电连续试运行必须不少8h,所有照明灯具均应开启,且每2h记录运行状况1次;连续试运行时段内无故障为全负荷试验合格。

不安装照明灯具的,应用临时光源进行全负荷试验,以确保今后住户用电安全。

第六节　通风与排烟工程

风管系统泄漏、系统风量和风口风量偏差大

6.0.1　施工方面的控制方法

1　风管法兰结合应紧密,翻边应一致,风管的密封应以板材连接的密封为主,密封胶的性能应适合使用环境的要求,密封面宜设在风管的正压侧。

目前,很多施工单位对法兰垫料的施工不重视,缺少检查,使得安装好的法兰密封效果差。法兰垫料敷设时不能有重叠现象,接头处应做成企口型。

2　风管应按照规范要求进行漏风量(漏光)检验。

风管的漏风量(漏光)检验应按照规范《通风与空调工程施工质量验收规范》GB50243－2002中第4.2.5条及第6.2.8条的要求进行。

漏光法检测是利用光线对小孔的强穿透力,对系统风管严密程度进行检测的方法。检测采用具有一定强度的安全光源。手持移动光源可采用不低于100W带保护罩的低压照明灯,或其他低压光源。系统风管漏光检测时,光源可置于风管内侧或外侧,但其相对侧应为暗黑环境。检测光源应沿着被检测接口部位与接缝作缓慢移动,在另一侧进行观察,当发现有光线射出,则说明查到明显漏风处,并应做好记录。对系统风管的检测,宜采用分段检测、汇总分析的方法。在严格安装质量管理的基础上,系统风管的检测以总管和干管为主。当采用漏光法检测系统的严密性时,低压系统风管以每10m接缝,漏光点不大于2处,且100m接缝平均不大于16处为合格;中压系统风管每10m接缝,漏光点不大于1处,且100m接缝平均不大于8处为合格。漏光检测中对发现的条缝形漏光,应作密封处理。

漏风量测试应采用经检验合格的专用测量仪器,或采用符合现行国家标准《流量测量节流装置》规定的计量元件搭设的测量装置。可采用风管式或风室式。风管式测试装置采用孔板做计量元件;风室式测试装置采用喷嘴做计量元件。系统漏风量测试可以整体或分段进行。测试时,被测系统的所有开口均应封闭,不应漏风。被测系统的漏风量超过设计和规范的规定时,应查出漏风部位(可用听、摸、观察、水或烟检漏),做好标记;修补完工后,重新测试,直至合格。

6.0.2　风管系统调试

通风与排烟工程安装完毕,应进行设备单机试运转及调试和系统无生产荷载下的联合试运转及调试。

通风与排烟工程系统无生产负荷的联合试运转及调试,应在设备单机试运转合格后进行。

6.0.3　检测方面的控制方法

通风与排烟工程竣工验收前,应由有通风空调检测资质的检测单位检测,并出具检测报告,检测结果不合格的应进行调试,直至合格。

目前,有很多施工单位不重视或根本不做通风与排烟工程的系统检测;工程竣工后,一般工程这个系统平时不使用,存在的问题不容易发现;当遇到特殊情况需要运行使用时,才发现满足不了使用要求。所以现在要求通风与排烟工程竣工验收前,应由有通风空调检测资质的检测单位检测,并出具合格的检测报告后方可竣工验收。

第七节　电梯工程

7.1　电梯导轨码架和地坎焊接不饱满

7.1.1　施工方面的控制方法

1　高强度螺栓埋设深度应符合要求,张拉牢固可靠,锚固应符合要求。

2　门固定采用焊接时严禁使用点焊固定,搭接焊长度应符合要求。

电梯一般不出事,出事就是大事故。为了使用者的安全,高强度螺栓的埋设及接焊工艺必须符合规范要求。

7.2　电控操作和功能安全保护不可靠

7.2.1　施工方面的控制方法

1　电梯接地干线宜从接地体单独引出,机房内所有正常不带电的金属物体应单独与总接地排连接。

2　所有电气设备及导管、线槽的外露、外部可导电的部分必须与保护(PE)线可靠连接。接地支线应分别直接接至地干线,不得串联连接后再接地。绝缘导线作为保护接地线时必须采用黄绿相间双色线。

3　型钢应防腐处理并做接地,配电柜(箱)接线整齐,箱内无接头,导线连接应按电气要求进行。回路功能标识齐全准确。

4　电缆头应密封处理,电缆按要求挂标志牌,控制电缆宜与电力电缆分开敷设。

5　层门强迫关门装置必须动作正常,层门锁钩必须动作灵活,在证实锁紧的电气安全装置动作之前,锁紧元件的最小啮合长度为7mm。

6　动力电路、控制电路、安全电路必须配有与负载匹配的短路保护装置;动力电路必须有过载保护装置。

电梯工程竣工后由技术监督局的相应部门对其功能和运行安全进行检测,并出具相应的检验报告。作为质检员应对上述涉及运行安全和电气安全的内容加强检查,必要时,可以对上述内容进行抽检和实测,确保安装质量。

第八节　智能建筑工程

8.1　系统故障,接地保护不可靠

8.1.1　材料方面的控制方法

建筑智能化系统保护接地必须采用铜制材料。如果是异种材料连接时,应采用措施防止电化学腐蚀。有线电视线缆宜选用数字电视屏蔽电缆。

现在有些施工单位为了省钱,施工接地用铜排时采用合金材料代替,或者是铜排厚度不达标,严重影响了接地的效果,要求保护接地必须采用铜制材料。异种材料连接时,应先在搭接面搪锡后才能压接连接。有线电视如采用非屏蔽电缆,传输信号会受到干扰,影响收看质量。

8.1.2　施工方面的控制方法

1　金属导管、线槽应接地可靠。

计算机房的接地系统是防止寄生电容耦合的干扰,保护设备和人身的安全,保证计算机系统稳定可靠的运行的重要手段。电子计算机的接地系统,在抗干扰设计上最简便、最经济,也是效果最显著的一种方式。

2　机房地板(地毯)的防静电、室内温度和湿度应满足设计和相关规范要求。

计算机房的防静电技术,是属于机房安全防护范畴的一部分。由于种种原因而产生的静电,是发生最频繁,最难消除的危害之一。静电不仅会对计算机运行出现随机故障,而且还会导致某些元器件击穿和毁坏。此外,还会影响操作人员和维护人员正常的工作和身心健康。一旦计算机系统在运行中发生故障,特别是大的故障会给国民经济带来巨大的损失,造成的政治影响更不容忽视。

8.2　系统功能可靠性差,调试和检验偏差大

8.2.1　材料方面的控制方法

1　家庭多媒体信息箱、语音、数据、有线电视的线缆、信息面板等合格证明文件,应齐全、有效,应对同批次、同牌号的家庭多媒体信息箱以及线缆进行进场检验。

2　进场的缆线应在同品牌、同批次和同规格的任意三盘中各抽100m,见证取样后送有资质的检测单位复试,合格后方可投入使用。

目前,有些工程上用的缆线质量较差,影响信号传输,单纯靠目测很难分辨优劣,所以通过复试可以去伪存真,确保使用功能。

8.2.2　施工方面的控制方法

1　施工单位应具有相应的施工资质。

无资质施工将无法保证工程施工质量,所以对于没有相应施工资质的单位限制其承接工程。

2　智能化布线系统线缆之间及其他管线之间的最小间距应符合设计要求。

这样可以保证电源线和其他管线不影响智能化系统的正常使用。

3　导线连接应按智能电气要求进行,线路分色符合规范。接线模块、线缆标志清楚,编号易于识别(如图8.2.2)。机房内系统框图、模块、线缆标号齐全、清楚。

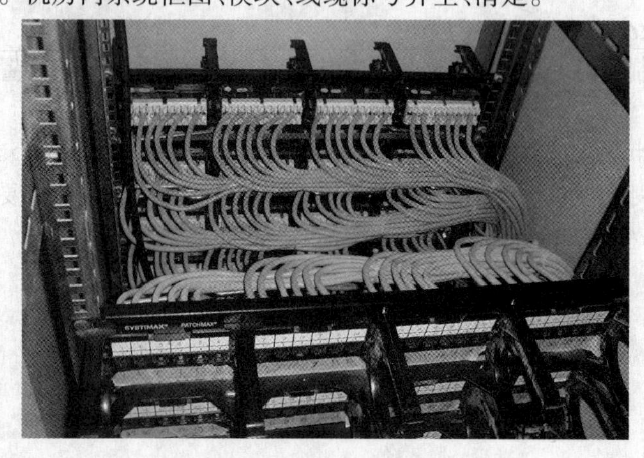

图8.2.2　智能导线的敷设、连接

编号与标识目前是一些施工单位容易忽视的工作，往往会给使用单位日后的维修造成很多麻烦。

8.2.3　系统检测方面的控制方法

1　检测单位应有相应的检测资质。

2　系统检测项目及内容应符合验收规范的要求，检测前应编制相应检测方案，经监理（建设）单位确认后实施。

3　系统调试、检验、评测和验收应在试运行周期结束后进行。

建筑智能化工程系统检测专业性很强，检测的仪器如没有统一的量程、规格和型号，检测范围随意选定，会导致检测结果差异较大，甚至无法判定该系统的参数是否符合有关规范的要求。为此，强调要由有检测资质的检测单位进行检测，无资质的单位检测的结果无效。但检测的方案必须经审核批准后方可实施。

8.2.4　验收交付方面的控制方法

各系统功能、操作指南及安全事项等基本信息应载入《住宅使用说明书》。

目前，《住宅使用说明书》中均缺少智能建筑分部的相关信息，不能给用户一个完整的说明。

第九节　质量通病控制专项验收

9.1　工程资料

9.1.1　使用全省统一规定的《建筑工程施工质量验收资料》或《建筑工程质量评价验收系统》软件。

根据江苏省建设厅苏建质（2002）332号文件《关于统一使用"建筑工程施工质量验收资料"的通知》，自2002年11月1日起，凡在江苏省境内的建筑工程均使用全省统一规定的《建筑工程施工质量验收资料》。

在对质量验收资料进行检查时，发现不少施工单位的工程质量验收资料不真实、不准确、不齐全、不规范。工程质量验收资料是工程技术资料不可缺失的内容，必须真实、准确、齐全、规范。随着科学技术的不断发展，特别是网络、软件技术的发展，江苏省建设工程质量监督总站依据国家《建筑工程施工质量验收统一标准》GB50300及配套的施工质量验收规范和江苏省《优质建筑工程质量评价标准》DGJ32/TJ04，研制了《建筑工程质量评价验收系统》软件，并于2004年8月18日，以苏建质监（2004）22号文发出了《关于推广应用（建筑工程质量评价验收系统）软件的通知》，要求在全省建筑工程中使用，该软件替代了江苏省统一使用的"建筑工程施工质量验收资料"，并将随国家、省现行规范、标准的变更进行升级。对规范工程质量验收资料起到十分重要的作用。

9.1.2　质量通病控制专项验收资料一并纳入建筑工程施工质量验收资料。

住宅工程质量通病控制专项验收资料的有关表格已编入《建筑工程质量评价及验收资料系统》软件，施工企业可在江苏省建设工程质量监督网上在线升级。本标准作为质量通病的控制措施，理应进行验收，并将验收资料纳入到建筑工程施工质量验收资料中。

9.2　住宅工程质量通病控制专项验收

9.2.1　设计图纸审查机构对设计文件按附录B进行专项审查。

工程施工中，施工单位无法对设计质量进行验收，而有些设计单位的设计图纸本身深度不够，对本标准的执行可能会不到位，因此，规定由设计图纸审查机构对设计文件进行专项审查。

9.2.2　施工质量通病控制应按检验批、地基基础与主体结构工程、竣工验收进行专项验收，验收程序应符合下列规定：

1 施工企业工程质量检查员、监理单位监理工程师在检验批验收时,应按本标准对工程质量通病控制情况进行检查,并在检验批验收记录的签字栏中,作出是否对质量通病进行控制的验收记录。

2 地基基础工程、主体结构工程和竣工工程验收时,应对质量通病控制进行专项验收,并按附录C的验收表格填写验收记录。

3 对未执行本标准或不按本标准规定进行验收的工程,不得组织竣工验收。

如何对施工质量通病控制进行验收是一个难题,在每个检验批验收时进行专项验收,表格众多,最终可能流于形式;按分部工程验收,又失去了过程控制,不填写表格,又失去了手段。因此,本条规定在检验批验收时,同时对质量通病控制的情况进行验收,并在检验批验收记录的签字栏中,作出是否执行本标准的验收记录。在基础、主体分部工程验收时.对照表C.0.1内容如实填写,竣工工程验收时对照表C.0.2内容如实填写,作出验收记录。

本标准是江苏省地方强制性标准,必须执行,故作出第3款规定。

质量通病的治理是一项长期而艰巨的工作,作为质量卫士的质检员应该努力学好质量通病控制标准,严把质量关,使质量通病逐年减少,工程质量水平不断上新台阶。

思考题

一、简答题

1. 通病控制标准强调的住宅工程质量通病的范围。
2. 控制质量通病建设单位应作哪些具体工作?
3. 控制质量通病施工单位应作哪些具体工作?
4. 住宅工程竣工应提供哪些有关质量通病控制的资料?
5. 塑料排水管进场检验方法。
6. 阀门进场检验方法。
7. 引入室内的埋地管的敷设要求。
8. 给水排水管道穿过楼板(墙)套管的设置要求。
9. 给排水管道在穿过结构伸缩缝、抗震缝及沉降缝时,应采取哪些措施?
10. 卫生器具的固定要求。
11. 排水管道水封的设置要求。
12. 电缆桥架接地的具体要求。
13. 控制质量通病芯线与电器设备连接的具体要求。
14. 插座接地线的敷设要求及具体做法。

二、论述题

1. 室内给水系统管道的敷设要求。
2. 污水及雨水管道伸缩节的设置要求。
3. 控制质量通病保温材料的施工的具体要求。

附录C 工程质量通病控制专项验收记录表

C.0.2 竣工工程质量通病控制专项验收应按表C.0.2进行记录。

竣工工程质量通病控制专项验收记录表 表C.0.2

工程名称		建设单位	
施工单位		项目经理	
分包单位		项目经理	
子分部工程	施工单位验收记录		监理单位验收记录
楼地面工程			
装饰装修工程			
屋面工程			
给水排水及采暖工程			
电气工程			
通风与排烟工程			
电梯工程			
智能建筑工程			
建筑节能			
施工单位 质量检查员： 项目经理：	监理单位 监理工程师：	设计单位 项目负责人：	建设单位 项目负责人：

第四章　建筑给水聚丙烯管道工程技术

《建筑给水聚丙烯管道工程技术规范》GB/T50349－2005 为国家标准,自 2005 年 4 月 1 日起实施。规范重点介绍了建筑用聚丙烯管道的工程设计、施工材料的进场、施工以及施工质量验收的要求。鉴于建筑工程用聚丙烯管道在给排水工程中已被广泛应用,所以本章重点把该规范的相关内容进行详细的介绍,望广大质检员经过学习掌握。其中涉及设计方面和附录的有关内容未编入本章,对原规范的条文编号进行了重新编排。

第一节　总　　则

1.0.1　为在建筑给水聚丙烯管道工程的设计、施工及验收中,做到技术先进、经济合理、安全卫生、确保质量,制定本规范。

1.0.2　本规范适用于新建、扩建、改建的工业与民用建筑内生活给水、热水和饮用净水管道系统的设计、施工及验收。建筑给水聚丙烯管道不得在建筑物内与消防给水管道相连。

无规共聚聚丙烯(PP－R)管道系统的设计压力不宜大于 1.0MPa,设计温度不应低于 0℃且不应高于 70℃;耐冲击共聚聚丙烯(PP－B)管道系统的设计压力不宜大于 1.0MPa,设计温度不应低于 0℃且不应高于 40℃。

1.0.3　本规范采用的聚丙烯管材、管件应符合国家标准《冷热水用聚丙烯管道系统》GB/T18742 的要求。

1.0.4　建筑给水聚丙烯管道工程的设计、施工及验收,除应符合本规范的规定外,尚应符合国家及行业现行的有关标准和规范的规定。

国家标准《冷热水用聚丙烯管道系统》采用 ISO 10508 的规定按使用条件选用其中的四个应用等级,见表 1.0.4。从表中可知"级别 3"和"级别 4"适用于采暖,在"级别 1"和"级别 2"中,本规范根据建筑给水的使用要求和特点,选用使用条件级别 2 编制。

使 用 条 件 级 别　　　　表 1.0.4

应用等级	T_D(℃)	在 T_D 下的时间(年)	T_{max}(℃)	在 T_{max} 下产时间(年)	T_{mal}(℃)	在 T_{mal} 下的时间(h)	典型的应用范围
组别 1	60	49	80	1	95	100	供应热水(60℃)
级别 2	70		80	1	95	100	供应热水(70℃)
级别 3	20 40 80	2.5 20 25	70	2.5	100	100	地板采暖和低温散热器采暖
级别 4	20 25 80	14 25 10	90		100	100	高温散热器采暖

注:T_D——设计温度(℃),T_{max}——最高设计温度(℃),T_{mal}——故障温度(℃)。

第二节　术　语、符　号

2.1　术　　语

2.1.1　无规共聚聚丙烯(PP－R)

丙烯和另一种烯烃单体(或多种烯烃单体)共聚而成的无规共聚物,烯烃单体中无烯烃外的其他官能团。

2.1.2　耐冲击共聚聚丙烯(PP－B)

也称为嵌段共聚聚丙烯,由均聚聚丙烯 PP－H 和(或)无规共聚聚丙烯 PP－R 与橡胶相形成的两相或多相丙烯共聚物。橡胶相是由丙烯和另一种烯烃单体(或多种烯烃单体)的共聚物组成。该烯烃单体中无烯烃外的其他官能团。

2.1.3　管系列(S) pipe series

用以表示公称外径和公称壁厚有关的无量纲数值。

2.1.4　热熔连接 hot melt connection

由相同牌号热塑性塑料制作的管材、管件的插口与承口互相连接时,采用专用热熔工具将连接部位表面加热熔融,承插冷却后连接成为一个整体的连接方式。

本技术适用于聚烯烃热塑性塑料,热熔连接同一种材料是一个物理过程:将材料原来紧密排列的分子链熔化分叉,加热到一定时间后,两个部件连接并固定,在粉熔合区建立接缝压力;由于接缝压力的作用,熔化的分子链随材料冷却,温度下降重新连接,使两个部件闭合成一个整体。因此,温度、加热时间和接缝压力是热熔连接的三个重要因素。

热熔连接有对接式热熔连接、承插式热熔连接和电熔连接。对于给水系统的管理,应采用后两种热熔连接。承插式热熔连接加热构造示意见图2.1.4。

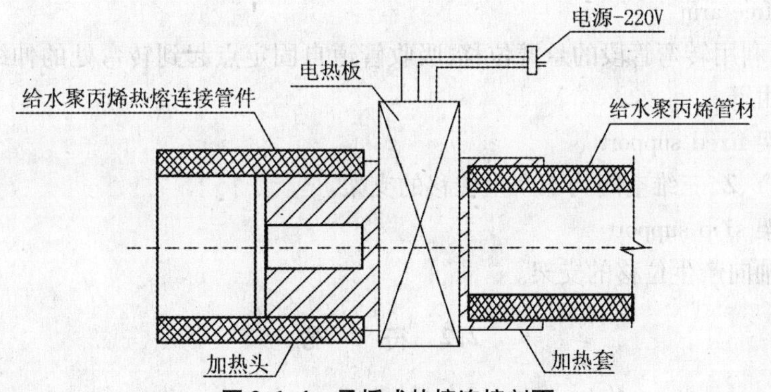

图2.1.4　承插式热熔连接剖面

2.1.5　电熔连接 electric melt connection

相同的热塑性塑料管材连接时,套上特制的电熔管件,由电熔连接机具对电熔管件通电,依靠电熔管件内部预先埋设的电阻丝产生所需要的热量进行熔接,冷却后管材与电熔管件连接成为一个整体的连接方式。

电熔连接是热熔连接方式的一种,适用于管径较大或安装部位较困难管道的安装。电熔连接加热构造示意见图2.1.5。

2.1.6　法兰连接 flange connection

由聚丙烯法兰连接件及套入的金属法兰盘组成活套法兰,法兰连接件与管材热熔连接。

给水聚丙烯管道采用法兰连接时构造示意见图2.1.6。

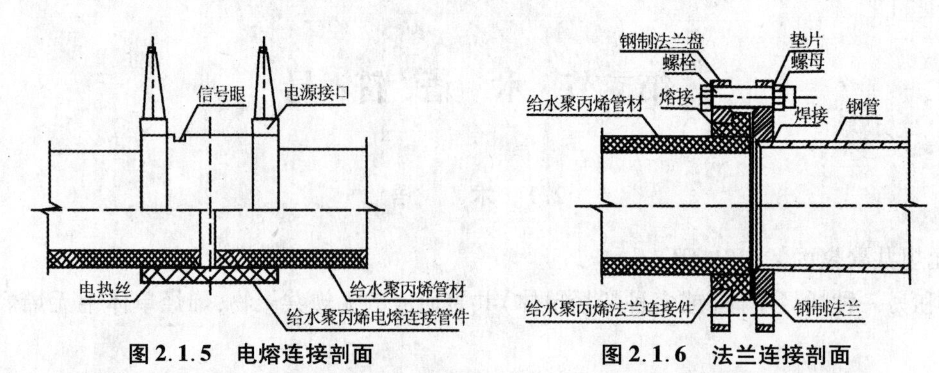

图 2.1.5 电熔连接剖面　　图 2.1.6 法兰连接剖面

法兰连接一般用于给水聚丙烯管道与金属管道等(也可用于同种管材)的连接。

2.1.7 公称压力(P_n) nominal pressure

管道在工作水温为20℃,预期寿命为50年,以MPa为单位的允许最大工作压力。

2.1.8 设计压力 design pressure

在设计选定的工作水温、预期寿命的条件下,管道系统设计的最高工作压力。

2.1.9 最小通径 minimum diameter

表示管件通水截面的最小直径,单位为mm。

2.1.10 公称外径(d_n) nominal outside diameter

用以表示管材外径的数值,单位为mm。本规程中所列公称处径均与管材最小平均外径相等。

2.1.11 最大不圆度 maxium no round degree

管材或管件插口端同一横截面测量最大外径与最小外径的差值,或者承口端横截面测量最大内径与最小径的差值,单位为mm。

2.1.12 自然补偿 natural compensation

利用管道敷设中的自然弯曲(如1形、Z形等)吸收管道因温度变化产生的伸缩变形,称为自然补偿。

2.1.13 自由臂 free arm

自然补偿时,利用转弯管段的悬臂位移,吸收管道自固定点起到转弯处的伸缩变形,该对应的转弯管段称为自由臂。

2.1.14 固定支架 fixed support

使管道在X、Y、Z、三维空间均不产生位移的支架。

2.1.15 滑动支架 slip support

允许管道沿轴向产生位移的支架。

2.2 符　号

A——管道壁截面积(mm^2);

C——总使用系数;

C_h——海澄—威廉系数;

D——最小通径(mm);

d_n——公称外径(mm);

d_j——管道计算内径(m);

d_{sm}——承口的平均内径(mm);

d_{sm1}——承口根部的平均内径(mm);

d_{sm2}——承口口部的平均内径(mm);

e_n——公称壁厚(mm);

E——弹性模具(N/mm^2);

F_p——膨胀力(N);

i_L——冷水管单位长度水头损失(kPa/m);

i_R——热水管单位长度水头损失(kPa/m);

K——材料常数;

K_1——水温修正系数;

L——管道长度(m);

L_z——最小自由臂长度(mm);

L_1——最小承口长度(mm);

L_2——最小承插深度(mm);

L_3——熔合段最小长度(mm);

ΔL——管道伸缩长度(mm);

P_D——设计压力(MPa);

P_N——公称压力(MPa);

q_g——设计流量(m^3/s);

Δt——计算温差(℃);

Δt_s——管道内水的最大变化温差(℃);

Δt_g——管道内空气的最大变化温差(℃);

α——线膨胀系数(mm/m·℃);

σ_R——热应力(N/mm^2);

H_P——滑动支架;

G_P——固定支架;

ν——计算表格中采用的水的运动粘滞系数(cm^2/s);

ν''——选用工作水温采用的运动粘滞系数(cm^2/s)。

第三节　材　　料

3.1　一般规定

3.1.1　给水系统所选用的聚丙烯管材和管件,应采用同一厂家、同一配方原料,其性能应符合长期耐温耐压要求。

本条规定建筑给水聚丙烯管材和管件应为同一材质,例如,PP－R 或 PP－B;同一材质中的原料应为同一品牌。例如,北欧化工,与其他品牌决不能混用。PP－R 不能与 PP－B 或其他塑料管材(如 PE,UPVC,ABS 等)热熔连接。这是因为不同材质的管道熔点、分子结构各不相同,不同材质的管道无法热熔连接,或热熔连接后在长期压力作用下会发生相互剥离。

强调材料的长期耐压、耐温性能,是确保安全使用所必须的。合格产品应能通过国家产品标准所规定的8760h 耐压、耐温测试,而伪劣产品其长期耐压、耐温性能往往达不到,有时短期(如1h至几十小时)性能测试通过,并不表明其产品质量符合要求,因此判别其管道质量优劣,关键看长期耐温、耐压性能。

3.1.2　管材和管件应具有权威检测机构有效的型式检测报告及生产厂家的质量合格证。管材上应标明原料名称、规格、生产日期和生产厂名或商标,管件上应标明原料名称、规格和商标,包装上应标有批号、数量和生产日期。

产品质量合格证明,一看检验的材质、规格是否和所提供的产品一致,二看检验的单位是否是国家主管部门认可的,并按产品国家标准规定的形式检验项目的测试方法进行。

本规范规定的建筑给水聚丙烯管道所采用的原料为 PP - R 或 PP - B,为避免混用,应在管材和管件上分别标明。原料名称未标注的管材或管件,不应使用。

3.1.3 管道采用热熔或电熔连接时,应由管材生产厂提供或确认专用配套的熔接机具或电熔管件。熔接机具应安全可靠,便于操作,并附有产品合格证书和使用说明书。

本条规定熔接机具应由管材生产厂配套供应或确认,是便于施工单位确保熔接质量。

3.1.4 管道采用螺纹或法兰连接时,应由生产厂提供专用的管配件。

建筑给水聚丙烯法兰连接一般用于管径较大处,目前尚无国家标准,规定由管道生产厂提供,以方便施工方的大口径管道连接技术符合质量要求。

3.2 产品质量要求

3.2.1 管材和管件的外观质量应符合下列规定:

1 管材和管件应不透光,其内外壁应光滑平整、壁厚应均匀、无气泡、划痕和影响性能的表面缺陷,色泽宜一致;

2 管材端口应平整,且端面应垂直于管材的轴线;

3 管件应完整、无缺损、无变形,合模缝、浇口应平整、无裂纹,管件壁厚不应小于同一管系列 S 的管材壁厚;

4 冷水管、热水管宜有标识。

3.2.2 管材规格用 *dn* × *en*(外径 × 壁厚)表示,不同管系列 S 的公称外径和公称壁厚应符合表 3.2.2的规定。

管材管系列规格尺寸(mm) **表 3.2.2**

公称外径 *dn*	平均外径		管系列				
			S5	S4	S3.2	S2.5	S2
	最小	最大	公称壁厚 *en*				
20	20.0	20.3	–	2.3	2.8	3.4	4.1
25	25.0	25.3	2.3	2.8	3.5	4.2	5.1
32	32.0	32.3	2.9	3.6	4.4	5.4	6.5
40	40.0	40.4	3.7	4.5	5.5	6.7	8.1
50	50.0	50.5	4.6	5.6	6.9	8.3	10.1
63	63.0	63.6	5.8	7.1	8.6	10.5	12.7
75	75.0	75.7	6.8	8.4	10.3	12.5	15.1
90	90.0	90.9	8.2	10.1	12.3	15.0	18.1
110	110.0	111.0	10.0	12.3	15.1	18.3	22.1

注:管材长度一般为4m或6m,也可根据用户要求由供需双方协商确定。管材长度不应有负偏差。壁厚不得低于上表中的数值。

3.2.3 管件的承口尺寸应符合表 3.2.3 - 1 和表 3.2.3 - 2 的规定。连接管件承口示意见图 3.2.3 - 1、图 3.2.3 - 2。

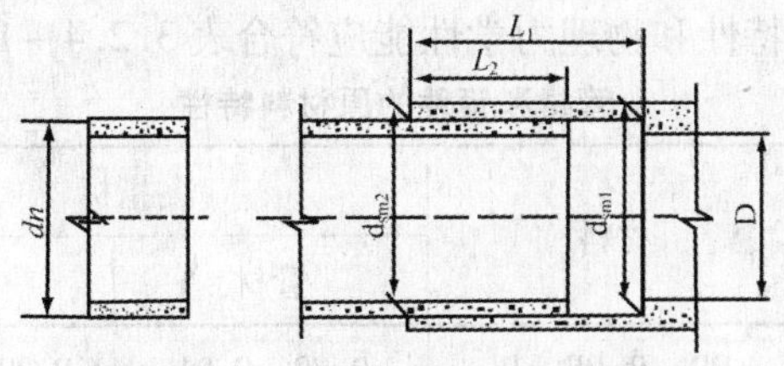

图 3.2.3-1　热熔承轴连接管件承口

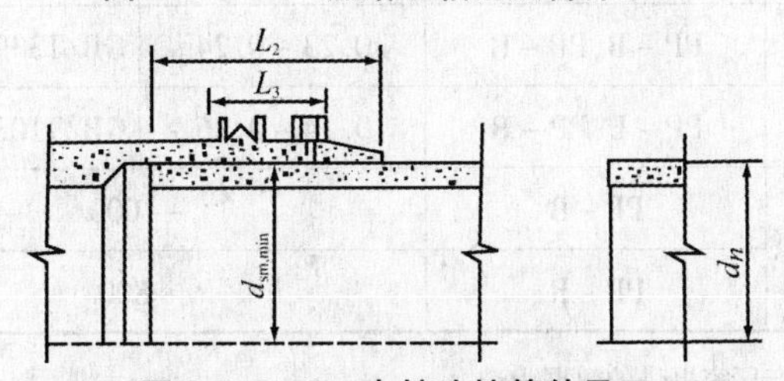

图 3.2.3-2　电熔连接管件承口

热熔承插管件承口尺寸与相应公称外径(mm)　表 3.2.3-1

公称外径 dn	最小承口长度 L_1	最小承插深度 L_2	承口的平均内径				最大不圆度	最小通径 D
			d_{sm1}		d_{sm2}			
			最小	最大	最小	最大		
20	14.5	11.0	18.8	19.3	19.0	19.5	0.6	13.0
25	16.0	12.5	23.5	24.1	23.8	24.4	0.7	18.0
32	18.1	14.6	30.4	31.0	30.7	31.3	0.7	25.0
40	20.5	17.0	38.3	38.9	38.7	39.3	0.7	31.0
50	23.5	20.0	48.3	48.9	48.7	49.3	0.8	39.0
63	27.4	23.9	61.1	61.7	61.6	62.2	0.8	49.0
75	31.0	27.5	71.9	72.7	73.2	74.0	1.0	58.2
90	35.5	32.0	86.4	87.4	87.8	88.8	1.2	69.8
110	41.5	38.0	105.8	106.8	107.3	108.5	1.4	85.4

注:表中的公称外径 dn 指与管件相连的管材的公称外径,承口壁厚不应小于相同规格管材的壁厚。

电熔连接管件承口尺寸与相应公称外径(mm)　表 3.2.3-2

公称外径 dn	熔合段最小内径 $d_{sm.min}$	熔合段最小长度 L_3	最小承插长度 L_2	
			最小	最大
20	20.1	10	20	37
25	25.1	10	20	40
32	32.1	10	20	44
40	40.1	10	20	49
50	50.1	10	20	55
63	63.2	11	23	63
75	75.2	12	25	70
90	90.2	13	28	79
110	110.3	15	32	85

注:表中的公称外径 dn 指与管件相连的管材的公称外径。

3.2.4 管材和管件的原材料特性和物理力学性能应符合表3.2.4-1和表3.2.4-2的规定。

管材和管件的原材料特性 **表3.2.4-1**

项目	材料	指标		试验方法
		管材	管件	
密度(g/cm³),20℃	PP-B,PP-R	0.89~0.91	GB/T1033-1986	
导热系数〔W/(m·℃)〕	PP-B,PP-R	0.23~0.24	GB/T3399-1982	
线膨胀系数〔mm/(m·℃)〕	PP-B,PP-R	0.14~0.16	GB/T1036-1989	
弹性模量(N/mm²),20m℃	PP-B	~1000		GB/T1040-1992
	PP-R	~800		

注:计算时弹性模量应根据生产厂家提供的数据为准。

管材和管件的物理力学性能 **表3.2.4-2**

项目	材料	试验参数			指标	试验方法
		试验温度(℃)	试验时间(h)	静液压应力(MPa)		
纵向回缩率	PP-B	150±2	*en*≤8mm;1 8mm<*en*≤16mm;2 *en*>16mm;2	-	<2%	GB/T6671-2001
	PP-R	135±2		-		
简支梁冲击试验	PP-B	0	-		破损率<10%	GB/T18743-2002
	PP-R	0				
静液压试验	PP-B	20	1	16.0	无破裂无渗漏	GB/T6111-2003
		95	22	3.4		
		95	165	3.0		
		95	1000	2.6		
		110	876	1.4		
	PP-R	20	1	16.0		
		95	22	4.2		
		95	165	3.8		
		95	1000	3.5		
		110	8760	1.9		

3.2.5 管材和管件的卫生性能应符合《生活饮用水输配水设备及防护材料的安全性评价标准》GB/T17219的规定。

3.2.6 管材和管件连接后应通过内压和热循环二项组合试验,其性能不得低于表3.2.6-1和表3.2.6-2的规定。

内压试验　表3.2.6-1

管系列	材料	试验温度(℃)	试验压力(MPa)	试验时间(h)	指标	试验方法
S5	PP-B	95	0.50	1000	无破裂 无渗漏	GB/T6111-2003PP-R
	PP-R	95	0.68	1000		
S4	PP-B	95	0.62	1000		
	PP-R	95	0.80	1000		
S3.2	PP-B	95	0.76	1000		
	PP-R	95	1.11	1000		
S2.5	PP-B	95	0.93	1000		
	PP-R	95	1.31	1000		
S2	PP-B	95	1.31	1000		
	PP-R	95	1.64	1000		

热循环试验　表3.2.6-2

材料	最高试验温度(℃)	最低试验温度(℃)	试验压力(MPa)	循环次数	指标	试验方法
PP-R	95	20	1.0	5000	无破裂 无渗漏	GB/Y18742.2-2002 附录A
PP-B						

本节产品质量要求中的基本内容是从国家产品标准中摘录的,便于选用者对管材、管件规格性能有个基本了解。工程中采用的产品不应低于国家标准规定的质量要求,这是确保给水工程质量的基础。

1　表3.2.2对公称外径*dn*20、*dn*25的壁厚规定最小为2.3mm,这是总结PP-R工程应用实践认识的。壁厚小于2.3mm,热熔连接质量不易掌握好。按照目前国内热熔连接技术、管壁厚小于2.3mm热熔时管材内壁较软,强度下降,插入配件时,当管材向内挤压,极易形成"木耳边",增大了管道的水头损失,施工质量很难保证。

2　系统的适应性和热循环试验,是要求管材和管件连接后的整体管道性能,符合长期使用要求。进行并通过这两项测试,这是衡量优质产品的试金石。

产品质量的检验:最直观的,一是外观质量,二是液压测定。

液压性能:包括静压试验(表3.2.4-2)和系统适应性试验(表3.2.6-1、表3.2.6-2)。

只有通过这两项性能测试,产品质量才能证明是好的,光做静压测试,未做系统适应性测试是不完全的,它不能证明提供的管道质量是合格、可靠的。

第四节　施　工　安　装

4.1　一般规定

4.1.1　施工安装管道前,应具备下列条件:

1　施工图纸及有关技术文件齐全,已进行图纸技术交底,施工要求明确;

2　施工方案和管材、管件、专用热(电)熔机具供应等施工条件具备;

3　施工人员已经过建筑给水聚丙烯管道安装的技术培训;

4　施工用她及材料贮放场地等临时设施和施工用水用电能满足施工需要。

4.1.2 提供的管材和管件应符合国家产品标准,并附有生产厂商的产品安装说明书和产品质量保证书。

4.1.3 不得使用有任何损坏迹象的管材、管件。如发现管道质量有异常,应在使用前进行技术鉴定或复检。管材、管件进入施工现场后应在同一批中抽样,进行外观、规格尺寸和配合公差等检查,如达不到规定的产品质量标准并与生产单位有异议时,应按聚丙烯管道国家标准规定,由仲裁单位进行仲裁。

因热熔连接,在操作时和其他连接方法不同,对于管道的加热时间,插入时的力度、深度都有一定要求,所以在管道安装前需对操作工人进行技术培训,掌握必须的操作要点,保证施工质量。

4.1.4 管道系统安装过程中的开口处应及时封堵,并应认真做好现场产品保护工作,如有损坏,应及时更换,不得隐藏。

本条分两方面强调了对管道的保护。1)对管道内的保护。即保证管道内的畅通。对于各种敷设方式在安装过程中暂时不施工的管道敞口处,特别是嵌墙或直埋建筑面层的暗管,应及时采取措施将其临时封堵,以免杂物掉人管道内,使管道堵塞,造成不必要的浪费。2)对管道外表的保护,塑料管不同于金属管。表面的损伤将直接影响管道的使用寿命。因此,要求管道系统安装过程中须认真做好现场保护工作,不准手推车、人员直接碾过。或践踏已经安装好的管道;在浇灌混凝土时,不许振动器具靠在已经安装好的管道上振捣混凝土,以免引起管道裂转或破损,为了确保给水聚丙烯管的使用寿命,养成按规范、文明施工的良好风气。

4.1.5 施工安装时应复核冷、热水管道压力等级(S系列)和管道种类。不同种类聚丙烯管道不得混合安装。管道标记应面向外侧。

工程中采用的冷、热水管道通常是两种压力等级不同的管材,因此施工中先要复核管道的使用场合,管道的压力等级(S系列),以免在施工时混淆。

4.1.6 在冬季施工时,应注意建筑给水聚丙烯管道的低温脆性的特点。

4.2 贮 运

4.2.1 搬运管材和管件时,应包装良好、小心轻放、避免油污,严禁剧烈撞击、与尖锐物品碰触和抛、摔、滚、拖。

4.2.2 管材和管件应存放在通风良好的库房或简易棚内,不得露天存放,防止阳光直射,注意防火安全,远离热源。

4.2.3 管材应水平堆放在平整的地上,管件应逐层码放整齐,堆置高度不得超过1.5m。

4.3 管道敷设

4.3.1 管道嵌墙暗敷宜配合土建预留凹槽,其尺寸设计无规定时,墙槽的深度为 $dn+(20\sim30)$ mm、宽度 $dn+(40\sim60)$ mm。水平槽较长或开槽深度超过墙厚的1/3时,应征得结构专业的同意。凹槽表面应平整,不得有尖角等突出物,管道应有固定措施;管道试压合格后,墙槽用M10级水泥砂浆填补密实。当热水支管直理时,其表面覆盖的M10砂浆层厚度不得少于20mm。

凹槽表面不得有尖角等突出物,以防止管道膨胀时表面划伤。嵌墙敷设的管道,其表面砂浆(包括粉刷)的厚度不宜小于20mm,否则由于管道热胀冷缩的因素,会造成墙面开裂,特别是热水管应严格掌握。

4.3.2 管道暗敷在地坪面层内时,应按设计图纸位置敷设。如现场施工有更改,应有图示记录。

管道直埋暗管应严格按图纸定位施工,因为住宅室内铺设木地板等较普遍,且管道表面的粉刷层厚度有限,如果不知道管道敷设位置,装修时很容易损坏管道。

4.3.3 管道安装时,不得有轴向扭曲,穿墙或穿楼板时,不宜强制校正。建筑给水聚丙烯管与其他金属管道平行敷设时应有一定的保护距离,其净距不宜小于100mm。

4.3.4 室内明装管道宜在土建粉饰完毕后进行,安装前应复核预留孔洞或预埋套管的位置的准确度。

4.3.5 管道穿越楼板时应设置套管,套管高出地面不应小于50mm,并有防水措施。管道穿越屋面时,应采取严格的防水措施。穿越前端应设固定支架。

管道穿越屋面前端设固定支架,目的是防止管道变形,造成穿越管道与套管间松动产生渗漏。一般防水要求处的防水措施,套管高出地面50mm即可;防水要求较高处的防水措施,如穿越屋面时,应设防水套管,或要求建筑采取防水措施。

4.3.6 管道穿墙壁时应配合土建设置套管。

管道穿墙设置套管,主要是防止管道伸缩时与墙壁磨擦造成的损伤。

4.3.7 支管与干管连接时,应采取伸缩变形的补偿措施,如图4.3.7所示。

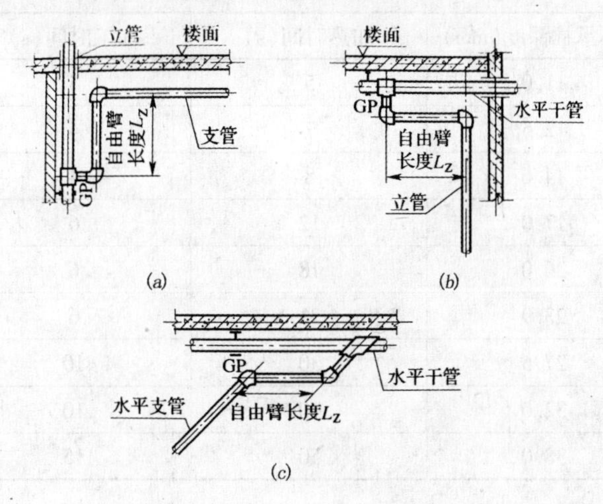

图4.3.7　补偿措施示意图

(*a*)立管与支管连接;(*b*)水平干管与立管连接;(*c*)水平干管与水平支管连接

4.3.8 直埋在地坪面层以及墙体内的管道,应在封蔽前做好试压和隐蔽工程的验收记录工作。

4.3.9 建筑物埋地引入管和室内埋地管敷设应符合下列要求:

1　室内地坪±0.000以下管道敷设宜分两步进行。先进行地坪±0.000以下至基础墙外壁段的敷设,待土建结构施工结束后,再进行户外连接管的敷设;

2　室内地坪以下管道敷设应在土建工程回填土夯实以后,重新开挖进行。不得在回填土之前或未经夯实的土层中敷设;

3　敷设管道的沟底应平整,不得有突出的尖硬物体。必要时敷设100mm厚的砂垫层;

4　埋地管道回填土时。管周回填土不得夹杂尖硬物直接与管壁接触。应先用砂土或颗粒径不大于12mm的土壤回填至管顶上侧300mm处,经夯实后方可回填原土,室内埋地管道的埋置深度不宜小于500mm;

5　管道出地坪处应设置套管,其高度应高出地坪100mm;

6　管道在穿基础墙时,应设置金属套管。穿地下室外墙时,应设防水套管。

4.4　管道连接

4.4.1 管材和管件之间,应采用热熔连接,专用热熔机具应由管材供应厂商提供或确认。安装部位狭窄处,采用电熔连接。直埋敷设的管道不得采用螺纹或法兰连接。

4.4.2 建筑给水聚丙烯管与金属管件或其他管材连接时应采用螺纹或法兰连接。

聚丙烯管与金属管的连接,有专用管件,一端可与聚丙烯管热熔连接另一端带金属嵌件,有内螺纹和外螺纹可与金属管螺纹连接,如需法兰连接时,也有专门的法兰连接件。

4.4.3 热熔连接应按下列步骤进行:

1 热熔机具接通电源,到达工作温度(260±10℃)指示灯亮后方能用于接管;

2 连接前管材端部宜去掉40~50mm,切割管材时,应使端面垂直于管轴线。管材切割宜使用管子剪或管道切割机,也可使用钢锯,切制后的管材断面应去除毛边和毛刺;

3 管材与管件连接端面应清洁、干燥、无油;

4 用卡尺和笔在管端测量并标绘出承插深度,承插深度不应小于表4.4.3的要求;

5 加热时间、加工时间及冷却时闻应按热熔机具生产厂家的要求进行。如无要求时,可参照表4.4.3;

热熔连接技术要求 表4.4.3

公称外径(mm)	最小承插深度(mm)	加热时间(s)	加工时间(s)	冷却时间(min)
20	.11.0	5	4	3
25	12.5	7	4	3
32	14.6	8	4	4
40	17.0	12	6	4
50	20.0	18	6	5
63	23.9	21	6	6
75	27.5	30	10	8
90	32.0	40	10	8
110	38.0	50	15	10

注:本表适用的环境温度为20℃。低于该环境温度,加热时间适当延长;若环境温度低于5℃,加热时间宜延长50%。

6 熔接弯头或三通时,接设计图纸要求,应注意其方向,在管件和管材的直线方向上,用辅助标志标出其位置;

7 连接时,无旋转地把管端导入加热套内,插入到所标志的深度,同时,无旋转地把管件推到加热头上,达到规定标志处;

8 达到加热时间后,立即把管材与管件从加热套写加热头上同时取下,迅速无旋转地直线均匀对插入到所标深度,使接头处形成均匀凸缘;

9 在规定的加工时间内,刚熔接好的接头还可校正,但不得旋转。

热熔连接时首先检查热熔工具是否完好,电网电压是否符合使用要求,加热头是否符合施工所需规格。施工环境温度低时,热熔管道加热时间应稍长使其熔合。插入时用力要适度,插入深度要达到规定要求,插入太深会造成管道断面减小,插入太浅会造成接口搭接太少,使接口强度降低。

4.4.4 当管道采用电熔连接时,应符合下列规定:

1 应保持电熔管件与管材的熔合部位不受潮;

2 电熔承插连接管材的连接端应切割垂直,并应用洁净棉布擦净管材和管件连接面上的污物,标出承插深度,刮除其表皮;

3 校直两对应的连接件,使其处于同一轴线上;

4 电熔连接机具与电熔管件的导线连通应正确。连接前,应检查通电加热的电压;

5 在熔合及冷却过程中,不得移动、转动电熔管件和熔合的管道,不得在连接件上施加任何外力;

6　电熔连接的标准加热时间应由生产厂家提供，并应随环境温度的不同而加以调整。电熔连接的加热时间与环境温度的关系应符合表4.4.4的规定。

电熔连接的加热时间与环境浊度的关系　**表4.4.4**

环境强度(℃)	加热时间(s)
-10	$t+12\%t$
0	$t+8\%t$
+10	$t+4\%t$
+20	标准加热时间 t
+30	$t-4\%t$
+40	$t-8\%t$
+50	$t-12\%t$

注：若电熔机具有温度自动补偿功能，则不需调整加热时间。

4.4.5　当管道采用法兰连接时，应符合下列规定：

1　法兰盘套在管道上；

2　聚丙烯法兰连接件与管道热熔连接步骤应符合第4.4.3条要求；

3　校直两对应的连接件，使连接的两片法兰垂直于管道中心线，表面相互平行；

4　法兰的衬垫、应符合《生活饮用水输配水设备及防护材料的安全性评价标准》GB/T17219的要求；

5　应使用相同规格的螺栓，安装方向一致。螺栓应对称紧固。坚固好的螺栓应露出螺母。螺栓螺帽应采用镀锌件。

6　连接管道的长度应精确，当坚固螺栓时，不应使管道产生轴向拉力；

7　法兰连接部位应设置支、吊架。

4.5　支、吊架安装

4.5.1　管道安装时应按不同管径和要求设置支、吊架，位置应准确，埋设应平整、牢固。

4.5.2　管卡与管道接触应紧密，但不得损伤管道表面。金属管卡与管道之间应采用塑料带或塑料或橡胶等隔垫。在金属管配件与建筑给水聚丙烯管道上时，管卡应设在金属管配件一端。

4.5.3　安装阀门、水表、浮球阀等给水附件应设固定支架。当固定支架设在管道上时，与给水附件的净距不宜大于100mm。

4.5.4　支、吊架管卡的最小尺寸应按管径确定。当公称外径不大于 *dn*50 时，管卡最小宽度为24mm；公称外径为 *dn*63 和 *dn*75 时，管卡最小宽度为28mm，公称外径为 *dn*90 和 *dn*110 时，管卡最小宽度为32mm。

4.5.5　立管和横管支、吊架的间距不得大于表4.5.5-1、表4.5.5-2的规定。当采用金属托板时，应为固定支架，其间距可加大35%，且金属托板与管道之间每隔300~350mm应有卡箍捆扎。

冷水管支、吊架最大间距(mm)　**表4.5.5-1**

公称外径 *dn*	20	25	32	40	50	63	75	90	110
横管	600	700	800	900	1000	1100	1200	1350	1550
立管	900	1000	1100	1300	1600	1800	2000	2200	2400

热水管支、吊架最大间距(mm) 表 4.5.5-2

公称外径 *dn*	20	25	32	40	50	63	75	90	110
横管	300	350	400	500	600	700	800	1200	1300
立管	400	450	520	650	780	910	1040	1560	1700

注:冷,热水管共用支、吊架时应根据水管支、吊架间距确定。直埋暗敷管道的支架间距可采用表中教值放大一倍的方法。

表 4.5.5-1 和表 4.5.5-2 是指管道的固定支架或活动支架的间距,若作为活动支架,可不考虑膨胀推力。采用金属托板时,其支架间距可放大 1/3,是依据对 PP-R 管道所做的金属托板试验推算。

对于直埋暗敷墙体的管道,为使水泥砂浆嵌实,作为粉刷前的固定,支架间距可适当放大及简化。

4.5.6 明敷管道的支、吊架作防膨胀的措施时,应按固定点要求施工。管道的备配水点、受力点以及穿墙支管节点处,应采取可靠的固定措施。

4.5.7 金属托板由镀锌钢板制成,托板内径同聚丙烯管道外径,弧度角为 186°~190°。金属托板的厚度可根据管道的规格确定:*dn*63 以下为 0.8mm,*dn*75~*dn*110 为 1.0mm。

4.6 试 压

4.6.1 冷水管试验压力,应为冷水管道系统设计压力的 1.5 倍,但不得小于 0.9MPa。

4.6.2 热水管试验压力,应为热水管道系统设计压力的 2.0 倍,但不得小于 1.2MPa。

第 4.6.1、4.6.2 条聚丙烯管道的冷水管系列最小为 S5,允许工作压力 0.6MPa,根据国家验收规范规定,试验压力为工作压力的 1.5 倍,所以最小试验压力不得小于 0.9MPa。热水管系列最小为 S3.2,考虑到试压时竟条件用热水进行,鉴于 S3.2 管系列允许压力为 1.0MPa,按规定试验压力为 1.5MPa,根据 PP-R 应用实践,本规范热水管试验压力为工作压力的 2.0 倍,定为 1.2MPa。这样既没有超出管道的承压能力,又能督促聚丙烯管道生产厂商严格按照行业标准投入生产,确保管遭的使用寿命和用户的利益。

4.6.3 管道水压试验应符合下列规定:

1 管道安装完毕,外观检查台格后,方可进行试压;

2 热熔或电熔连接的管道,水压试验应在连接 24h 后进行;

3 试压介质为常温清水。当管道系统较大时,可分层,分区试压;

4 试验压力按第 4.6.1 条和第 4.6.2 条的规定。管道压力试验过程见图 4.6.3,并应符合下列规定:

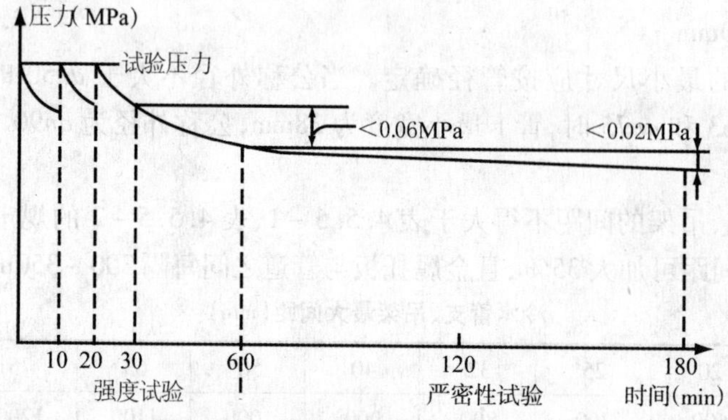

图 4.6.3 管道系统的压力试验示意图

1)强度试验(试验时间为 1h):

压力表应安装在管道系统的最低点。加压泵宜设在压力表附近；

管道内应充满清水，彻底排净管道内空气；

用加压泵将压力增至试验压力，然后每隔10min重新加压至试验压力，重复两次；

记录最后一次泵压10min及40min后的压力，它们的压差不得大于0.06MPa。

2）严密性试验（试验时间2h）：

试验应在强度试验合格后立即进行；

记录强度试验合格2h后的压力。此压力比强度试验结束时的压力下降不应超过0.02MPa。

管道系统试压分为强度试压和严密性试压两个步骤。强度试压时，冷水管和热水管分别按照1.5倍和2倍的最大工作压力试压，时间不少于1h压力表设在系统最低处；严密性试验时间为2h。压力降不超过0.02MPa。考虑到建筑给水聚丙烯管道的特性，对最低强度试验压力，冷水管规定不小于0.9MPa，热水管不小于1.2MPa。须注意的是：系统强度试压时，不包括用水附件，如水嘴、浮球网等，试压时这些带金属嵌件连接部位，可用耐压的塑料堵头临时封堵。还须注意装卸时，不要用力过猛，以免损伤螺纹配件，造成连接处渗漏。

4.6.4　直埋在地坪面层和墙体内的管道，试压工作应在面层浇捣或封堵前进行，达到试压要求后，土建方能继续施工。大型工程，管道度压工作可根据施工进度，分段进行。

4.6.5　寒冷地区冬季进行水压试验时，应采取有效防冻措施，试验完毕后应及时泄水。

4.7　清洗、消毒

4.7.1　给水管道系统的验收前，应进行能水冲洗。冲洗水流速不宜小于2m/s。冲洗时应不留死角，每个配水点龙头应打开，系统最低点应设放水口，清洗时间控制在冲洗出口处排水的水质与进水相当为止。

4.7.2　生活饮用水系统经冲洗后，可用含量不低于20mg/L的氯离子浓度的清洁水程泡24h。

管道消毒后，再用饮用水冲洗，并经卫生监督管理部门取样检验，水质符合现行的国家标准《生活饮用水卫生标准》后，方可交付使用。用于饮用净水管道系统，其水质还应符合《饮用净水水质标准》CJ94－1999的现行标准。

4.8　安　　全

4.8.1　管道连接使用热熔机具时，应遵守电器工具安全操作规程，注意防潮和脏物污染。

4.8.2　操作现场不得有明火，严禁对建筑给水聚丙烯管材进行明火烘弯。

4.8.3　建筑给承聚丙烯管道不得作为拉攀、吊架等使用。

4.8.4　直埋暗管封蔽后，需在墙面或地面标明暗管的位置和走向；严禁在管位处冲击或钉金属钉等尖锐物体。

第五节　检验与验收

5.1　一般规定

5.1.1　竣工验收时，应具备以下文件：

1　施工图、竣工图及设计变更文件；

2　管材、管件出厂的合格证书或检测报告；

3　管材、管件和质保资料现场验收记录；

4　隐蔽工程验收记录和中间试验记录；

5　水压试验和通水能力检验记录；

6 生活饮用水管道清洗和消毒记录,卫生监督管理部门出具的管道通水消毒合格报告;

7 工程质量事故处理记录;

8 工程质量检验评定记录。

5.1.2 管道安装应进行隐蔽验收。检验管槽平整度,有无尖角,压力等级应满足设计要求。对位于吊顶、管井内的管道,应检验设置克服膨胀变形的补偿措施。

5.1.3 明管安装验收时,支、吊架间距和型式应满足设计、施工规定。

5.2 试 压

5.2.1 暗敷管道在隐蔽之前,应进行水压试验。

5.2.2 试压资料评判应符合下列规定:

1 施工单位的水压试验资料,应满足设计要求;

2 隐蔽工程的暗管,应提供原始试压记录和见证人签字。

3 试压资料不全或不合规定,应在验收时重新试压;

4 原始试压资料齐全,并符合验收要求,可作为正式验收文件之一;

5 管道系统的水压试验应符合本规范第4.6节的规定。

5.3 验 收

5.3.1 竣工质量应符合设计要求和本规范的有关规定。

5.3.2 验收时还应包含下列内容:

1 管道支,吊架安装位置和牢固性;

2 管道变形的补偿措施的正确性;

3 保温材料厚度及其做法;

4 各类阀门及用水点启闭灵牺性及固宠的牢固性;

5 同时开放韵配水点的额定流量应达到设计要求数量;

6 坐标、标高和坡度的正确性;

7 连接点或接口的整洁、牢固和密封性;

8 管材、管件有无明显机械损伤。

思 考 题

一、简答题

1. 什么是无规共聚聚丙烯(PP-R)管道?

2. 无规共聚聚丙烯(PP-R)管道系统的在设计无特殊要求时,其设计工作压力为多少?

3. 什么是无规共聚聚丙烯(PP-R)管道热熔连接?

4. 什么是耐冲击共聚聚丙烯(PP-B)管道?

5. 无规共聚聚丙烯(PP-R)管道系统的管材和管件的外观质量进场时应检查哪些内容?

6. 无规共聚聚丙烯(PP-R)管道进场时,所提供的质量保证资料主要应包括哪些内容?

7. 无规共聚聚丙烯(PP-R)管道的管材和管件主要的原材料特性和物理力学性能指标有哪些?

8. 无规共聚聚丙烯(PP-R)管道嵌墙暗敷时凹槽和覆盖面层施工有什么要求?

9. PP-R给水管道系统的验收前冲洗有什么要求?

10. PP-R生活饮用水管道系统验收前对卫生方面有何要求?

二、论述题

1. 无规共聚聚丙烯(PP－R)管道在由建筑物埋地引入和室内埋地管敷设施工时应注意哪些施工要点?

2. 请简述无规共聚聚丙烯(PP－R)管道系统试压要点有哪些?

第五章　自动喷水灭火系统施工及验收

《自动喷水灭火系统施工及验收规范》为国家标准，编号为 GB50261 – 2005，自 2005 年 7 月 1 日起实施。规范重点介绍了供水设施、管网及系统的安装要求和系统试压、冲洗、调试及验收的具体做法。其中，有八条为强制性条文，必须严格执行，原《自动喷水灭火系统施工及验收规范》GB50261 – 96 同时废止。本章把该规范的有关内容进行详细的介绍，望广大质检员经过学习掌握。

第一节　总　　则

1.0.1　为保障自动喷水灭火系统（或简称系统）的施工质量和使用功能，减少火灾危害，保护人身和财产安全，制定本规范。

在自动喷水灭火系统的推广应用中，还存在一些亟待解决的问题，如工程施工、竣工验收、维护管理等影响自动喷水灭火系统功能的关键环节，目前还无章可循，致使一些已安装的系统不能处于正常的准工作状态，个别系统发生误动、火灾发生后灭火效果不佳，有的系统甚至未起作用，造成一些不必要的损失。从首次调查收集的国内 1985 年以来安装的自动喷水灭火系统建筑火灾案例看，23 起中，成功的 14 起，占 61%；不成功的 9 起，其中水源阀被关的 3 起、维护管理不善的 3 起、未设专用水源的 1 起、设计不符合规范要求和安装错误的 2 起。从灭火效果来看，与它本身应达到的目标距离还很大。国内已安装的自动喷水灭火系统的现状更令人担忧，从调查情况看，存在的问题还是相当严重的。某省对 394 幢高层建筑消防设施检查结果：23 幢合格，占 7.6%；42 幢基本合格，占 13.8%；水消防系统合格率约为 20%。某市对 83 幢高层建筑消防设施检查结果：全面符合消防要求的占 20%；其中消火栓系统合格率为 31.75%，自动喷水灭火系统合格率为 27.78%。此种状态，其他地区也较普遍存在，只是程度不同而已。火灾案例和调查发现的问题，究其原因，除一些属于产品质量和设计不符合规范要求外，大都属于系统工程施工质量不佳、竣工验收不严、维护管理差所致。主要表现在：

1　施工队伍素质差。工程质量难以确保系统功能，在施工中造成系统关键部件损伤的现象也时有发生。

2　竣工验收无统一的、科学的程序和标准。大多数工程验收是采用参观、听汇报、评议等一般做法，缺乏技术依据，故难以把好验收关。

3　维护管理差。大多数工程交付使用后，无维护管理制度，更谈不上日常维护管理，有的虽有管理人员，但大多数不懂专业，既发现不了隐患，更谈不上排除隐患和故障。

该规范的编制，为施工、使用单位和消防机构提供了一本科学的、统一的技术标准；为解决自动喷水灭火系统应用中存在的问题，确保系统功能，使其在保护人身和财产安全中发挥更大作用，具有重要的意义。

1.0.2　本规范适用于工业与民用建筑中设置的自动喷水灭火系统的施工、验收及维护管理。

本条规定了本规范的适用范围。其适用范围与国家标准《自动喷水灭火系统设计规范》GB 50084 规定基本一致，不同的是，本规范未强调不适用范围，主要考虑了以下几方面的因素。

本规范是一本专业技术规范，主要对自动喷水灭火系统工程施工、竣工验收、维护管理三个主要环节中的技术要求和工作程序做了规定，不涉及使用场所等问题。

自动喷水灭火系统是一门较成熟的技术，用于不同场所的主要系统类型，其结构、性能特点、使用要求已经定型，短期内不会有大的变化；规范编制中根据目前应用的系统类型的结构特点、工作原理归纳分类，既掌握了其共同点又突出了个性，就工程施工、竣工验收、维护管理中对系统功能影响较大的主要技术问题都做了明确规定，实施时，对同一类型系统来讲，不同应用场所对其效果没有多大影响，只要按本规范执行；就能确保系统功能，达到预期目的。就目前掌握的资料，尚无必要和依据对其不适用范围做明确规定。

1.0.3　自动喷水灭火系统的施工、验收及维护管理，除执行本规范的规定外，尚应符合国家现行的有关标准、规范的规定。

本条阐明本规范是与国家标准《自动喷水灭火系统设计规范》GB 50084 配套的一本专业技术法规，在建筑物或构筑物设置自动喷水灭火系统，其系统工程施工、竣工验收、维护管理应按本规范执行。至于系统设计应按国家标准《自动喷水灭火系统设计规范》GB 50084 执行；相关问题还应按国家标准《建筑设计防火规范》GBJ16、《高层民用建筑设计防火规范》GB 50045、《汽车库、修车库、停车场设计防火规范》GB 50067、《人民防空工程设计防火规范》GB 50098 等有关规范执行。另外，由于自动喷水灭火系统组件中应用其他定型产品较多，如消防水泵、报警控制装置等，在本规范制定中是针对整个系统的功能而统一考虑的，与专业规范相比，只是原则性要求，因而在执行中，遇到问题，还应按国家现行标准及规范，如国家标准《工业金属管道工程施工及验收规范》GB 50235、《火灾自动报警系统施工验收规范》GB 50166、《机械设备安装工程施工及验收通用规范》GB 50231、《压缩机、风机、泵安装工程施工及验收规范》GB 50275 等专业规范执行。

1.0.4　本次修订的主要内容包括：

1　在编写格式、技术内容要求及各种记录表格上与国家标准《建筑工程施工质量验收统一标准》GB 50300 协调一致：如工程项目划分为分部、子分部、分项；施工项目划分为主控项目、一般项目，项目检验方法，建设、施工、监理单位在施工质量验收工作中的职责和组织程序等；

2　增加了自动喷水灭火系统工程质量合格判定标准和工程质量缺陷划分等级的规定。

3　拟定了本规范强制性条文。

4　采用新技术、推广新产品，增加了多功能水泵控制阀、倒流防止器的安装、调试和维护要求。

5　对一些在实施中反映不符合国情和工程实际的个别条款进行了修订。

第二节　术　语

2.0.1　准工作状态 condition of standing by

自动喷水灭火系统性能及使用条件符合有关技术要求，处于发生火灾时能立即动作、喷水灭火的状态。

2.0.2　系统组件 system components

组成自动喷水灭火系统的喷头、报警阀组、压力开关、水流指示器、消防水泵、稳压装置等专用产品的统称。

2.0.3　监测及报警控制装置 equipments for supervisery and alarm control services

对自动喷水灭火系统的压力、水位、水流、阀门开闭状态进行监控，并能发出控制信号和报警信号的装置。

2.0.4　稳压泵 pressure maintenance pumps

能使自动喷水灭火系统在准工作状态的压力保持在设计工作压力范围内的一种专用水泵。

2.0.5 喷头防护罩 sprinkler guards and shields

保护喷头在使用中免遭机械性损伤,但不影响喷头动作、喷水灭火性能的一种专用罩。

2.0.6 末端试水装置 end water - test equipments

安装在系统管网或分区管网的末端,检验系统启动、报警及联动等功能的装置。

2.0.7 消防水泵 fire pump

是指专用消防水泵或达到国家标准《消防泵性能要求和试验方法》GB 6245 的普通清水泵。

第三节 基本规定

3.1 质量管理

3.1.1 自动喷水灭火系统的分部、分项工程应按本规范附录A划分。

3.1.2 自动喷水灭火系统的施工必须由具有相应等级资质的施工队伍承担。

强制性条文,根据消防工程的特殊性,对系统施工队伍的资质要求及其管理问题作统一的规定是必要的。施工队伍的素质是确保工程施工质量的关键,这是不言而喻的。强调专业培训、考核合格是资质审查的基本条件,要求从事自动喷水灭火系统工程施工的技术人员、上岗技术工人必须经过培训,掌握系统的结构、作用原理、关键组件的性能和结构特点、施工程序及施工中应注意的问题等专业知识,这样才能确保系统的安装、调试质量,保证系统正常可靠地运行。

3.1.3 系统施工应按设计要求编写施工方案。施工现场应具有必要的施工技术标准、健全的施工质量管理体系和工程质量检验制度,并应按本规范附录B的要求填写有关记录。

施工方案对指导工程施工和提高施工质量,明确质量验收标准很有效,同时监理或建设单位审查利于互相遵守。另外,按照《建设工程质量管理条例》的精神,结合《建筑工程施工质量验收统一标准》GB 50300 的要求,应该抓好施工企业对项目质量的管理,所以施工单位应有技术标准和工程质量检测仪器、设备,实现过程控制。

3.1.4 自动喷水灭火系统施工前应具备下列条件:

1 平面图、系统图(展开系统原理图)、施工详图等图纸及说明书、设备表、材料表等技术文件应齐全;

2 设计单位应向施工、建设、监理单位进行技术交底;

3 系统组件、管件及其他设备、材料,应能保证正常施工;

4 施工现场及施工中使用的水、电、气应满足施工要求,并应保证连续施工。

本条规定了系统施工前应具备的技术、物质条件。拟定本条时,参考了国家标准《建筑给水排水及采暖工程施工质量验收规范》GB 50242 和《工业金属管道工程施工及验收规范》GB 50235 的相关内容,总结了国内近年来一些消防工程公司在施工过程中的一些实际做法和经验教训,进行了全面的综合分析。这些规定是施工前应具备的基本条件。还规定了施工图及其他技术文件应齐全,这是施工前必备的首要条件。条文中其他有关技术文件没有列出相关名称,主要考虑到目前各地做法和要求尚难以统一,这些文件包括:产品明细表、施工程序、施工技术要求、工程质量检验制度等,现在作原则性的规定有利于执行。技术交底过去未引起足够的重视,有的做了也不太严格、仔细,施工质量得不到保证,本条规定向监理(建设)单位技术交底,便于对施工过程进行监督,保证施工质量。施工的物质准确充分、场地条件具备,与其他工程协调得好,可以避免一些影响工程质量的问题发生。

3.1.5 自动喷水灭火系统工程的施工,应按照批准的工程设计文件和施工技术标准进行施工。

为保证工程质量,强调施工单位无权任意修改设计图纸,应按批准的工程设计文件和施工技术标准施工。

3.1.6 自动喷水灭火系统工程的施工过程质量控制，应按下列规定进行：

1 各工序应按施工技术标准进行质量控制，每道工序完成后，应进行检查，检查合格后方可进行下道工序；

2 相关各专业工种之间应进行交接检验，并经监理工程师签证后方可进行下道工序；

3 安装工程完工后，施工单位应按相关专业调试规定进行调试；

4 调试完工后，施工单位应向建设单位提供质量控制资料和各类施工过程质量检查记录；

5 施工过程质量检查组织应由监理工程师组织施工单位人员组成；

6 施工过程质量检查记录应按规范的要求填写。

目前，很多施工单位不能严格执行上述各条要求，导致工程存在各种质量问题。本条较具体的规定了系统施工过程质量控制的主要方面。一是按施工技术标准控制每道工序的质量；二是施工单位每道工序完成后除了自检、专职质量检查员检查外，还强调了工序交接检查，上道工序还应满足下道工序的施工条件和要求；同样相关专业工序之间也应进行中间交接检验，使各工序和各相关专业之间形成一个有机的整体；三是工程完工后应进行调试，调试应按自动喷水灭火系统的调试规定进行。

3.1.7 自动喷水灭火系统质量控制资料按本规范附录D的要求填写。

3.1.8 自动喷水灭火系统施工前，应对系统组件、管件及其他设备、材料进行现场检查，检查不合格者不得使用。

对系统组件、管件及其他设备、材料进行现场检查，对提高工程质量是非常必要的，检查不合格者不得使用是确保工程质量的重要环节，故在此加以要求。

3.1.9 分部工程质量验收应由建设单位项目负责人组织施工单位项目负责人、监理工程师和设计单位项目负责人等进行，并按本规范附录E的要求填写自动喷水灭火系统工程验收记录。

对分部工程质量验收的人员加以明确，便于操作。同时提出了填写工程验收记录的要求。

3.2 材料、设备管理

3.2.1 自动喷水灭火系统施工前应对采用的系统组件、管件及其他设备、材料进行现场检查，并应符合下列要求：

1 系统组件、管件及其他设备、材料，应符合设计要求和国家现行有关标准的规定，并应具有出厂合格证或质量认证书。

检查数量：全数检查。检查方法：检查相关资料。

2 喷头、报警阀组、压力开关、水流指示器、消防水泵、水泵接合器等系统主要组件，应经国家消防产品质量监督检验中心检测合格；稳压泵、自动排气阀、信号阀、多功能水泵控制阀、止回阀、泄压阀、减压阀、蝶阀、闸阀、压力表等，应经相应国家产品质量监督检验中心检测合格。

检查数量：全数检查。检查方法：检查相关资料。

从近十年系统应用的实际情况看，自动喷水灭火系统产品生产厂家存在送检取证的质量与实际生产销售的产品质量不一致，劣质产品流行，个别厂家甚至买合格产品去送检，以及个别用户因考虑经济或其他原因而随意更换设计选用产品等现象屡有发生，因产品质量问题而造成系统误喷、误动作，影响到系统的可靠性和灭火效果。因此，系统选用的各种组件和材料到达施工现场后，施工单位和建设单位还应主动认真地进行检查验收，把隐患消灭在安装前，这样做对确保系统功能是至关重要的。

对系统选用的一般组件和材料，如各种阀门、压力表、加速器、空气压缩机、管材管件及稳压泵、消防气压给水设备等供水设施提出了一般性的质量保证要求和规定，现场应检查其产品是否与设计选用的规格、型号及生产厂家相符,各种技术资料、出厂合格证等是否齐全。

把消防水泵、稳压泵、水泵接合器列入系统组件,并把近年来在不少系统工程中设计采用的自动排气阀、信号阀、多功能水泵控制阀、止回阀、减压阀、泄压阀等配件也列入了质量监督的内容。主要是根据应用中的自动喷水灭火系统的总体、合理的结构,并根据这些产品在系统中的作用两方面因素来确定的。

消防水泵、水泵接合器是给自动喷水灭火系统提供灭火剂——水的设备,稳压泵是保持系统在准工作状态下符合设计水压要求的专用设备,把它们列为系统组件并规定相应要求是合理的。这里应特别强调的是,消防水泵一是指专用消防水泵,二是指达到国家标准《消防泵性能要求和试验方法》GB 6245 要求的普通清水泵。过去没有引起消防界的重视,一贯的认为和做法是普通清水泵就可以作消防水泵,错误认识必须纠正。消防水泵在性能上特别强调的是它的可靠性和稳定性及启动的灵敏性。消防水泵一般是平时备而不用,一旦使用场所发生火灾,它就应灵敏启动,并快速达到额定工作压力和流量要求的工作状态。国内外的自动喷水灭火系统工程,因为供水不能达到要求而致使系统在火灾时不起作用或灭火效果不佳的教训很多。

3.2.2 管材、管件应进行现场外观检查,并应符合下列要求:

1 镀锌钢管应为内外壁热镀锌钢管,钢管内外表面的镀锌层不得有脱落、锈蚀等现象;钢管的内外径应符合现行国家标准《低压流体输送用焊接钢管》GB/T 3091 或现行国家标准《输送液体用无缝钢管》GB/T 8163 的规定;

2 表面应无裂纹、缩孔、夹渣、折叠和重皮;

3 螺纹密封面应完整、无损伤、无毛刺;

4 非金属密封垫片应质地柔韧、无老化变质或分层现象,表面应无折损、皱纹等缺陷;

5 法兰密封面应完整光洁,不得有毛刺及径向沟槽;螺纹法兰的螺纹应完整、无损伤。

检查数量:全数检查。检查方法:观察和尺量检查。

本条系参考国家标准《工业金属管道工程施工及验收规范》GB 50235 有关条文改写。该规范中的管材及管件的检验一章,涉及的是高、中、低压及各种材质的管材、管件的检验,而自动喷水灭火系统涉及的只是低压,且大多是镀锌钢管,故根据自动喷水灭火系统的基本要求,结合国家标准《工业金属管道工程施工及验收规范》GB 50235 的有关规定,对系统选用的管材、管件提出了一般性的现场检查要求。

3.2.3 喷头的现场检验应符合下列要求:

1 喷头的商标、型号、公称动作温度、响应时间指数(RTI)、制造厂及生产日期等标志应齐全;

2 喷头的型号、规格等应符合设计要求;

3 喷头外观应无加工缺陷和机械损伤;

4 喷头螺纹密封面应无伤痕、毛刺、缺丝或断丝现象;

5 闭式喷头应进行密封性能试验,以无渗漏、无损伤为合格。试验数量宜从每批中抽查 1%,但不得少于 5 只,试验压力应为 3.0MPa;保压时间不得少于 3min。当两只及两只以上不合格时,不得使用该批喷头。当仅有一只不合格时,应再抽查 2%,但不得少于 10 只,并重新进行密封性能试验;当仍有不合格时,亦不得使用该批喷头。

检查数量:抽查符合本条第 5 款的规定。

检查方法:观察检查及在专用试验装置上测试,主要测试设备有试压泵、压力表、秒表。

强制性条文。多年来喷头的实际生产、应用表明,由于生产厂家在喷头出厂前未严格进行密封性能等基本项目的检测试验或因运输过程的振动碰撞等原因造成的隐患,致使喷头安装后漏水或系统充水后热敏元件破裂造成误喷等不良后果,为避免这类现象发生,要求施工单位除对喷头进行外观检查外,还应对喷头做一项最重要最基本的密封性能试验。其试验方法按国家标准《自

动喷水灭火系统 第1部分:洒水喷头》GB 5135.1 的规定,喷头在一定的升压速率条件下,能承受3.0MPa 静水压 3min,无渗漏。为便于施工单位执行,本条未对升压速率作规定,仅要求喷头能承受3.0MPa 静水压 3min,在喷头密封件处无渗漏即为合格。条文中"每批"是指同制造厂、同规格、同型号、同时到货的同批产品。

3.2.4 阀门及其附件的现场检验应符合下列要求:

1 阀门的商标、型号、规格等标志应齐全,阀门的型号、规格应符合设计要求;

2 阀门及其附件应配备齐全,不得有加工缺陷和机械损伤;

3 报警阀除应有商标、型号、规格等标志外,尚应有水流方向的永久性标志;

4 报警阀和控制阀的阀瓣及操作机构应动作灵活、无卡涩现象,阀体内应清洁、无异物堵塞;

5 水力警铃的铃锤应转动灵活、无阻滞现象;传动轴密封性能好,不得有渗漏水现象。

6 报警阀应进行渗漏试验。试验压力应为额定工作压力的2倍,保压时间不应小于5min。阀瓣处应无渗漏。

检查数量:全数检查。

检查方法:观察检查及在专用试验装置上测试,主要测试设备有试压泵、压力表、秒表。

阀门及其附件,尤其是报警阀门及其附件在施工现场的检验作出了规定。阀门及其附件系指报警阀、水源控制阀、止回阀、信号阀、排气阀、闸阀、电磁阀、泄压阀以及水力警铃、延迟器、水流指示器、压力开关、压力表等,为了保证这些零配件的安装质量,施工前必须按标准逐一检查,对其中的重要组件报警阀及其附件,因为由厂家配套供应,且零配件很多,施工单位安装前除检查其配套齐全和合格证明材料外,还应逐个进行渗漏试验,以保证报警阀安装后的基本性能。试验方法按照国家标准《自动喷水灭火系统 第2部分:湿式报警阀、延迟器、水力警铃》GB 5135.2 的规定,除阀门进、出水口外,堵住阀门其余各开口,阀瓣关闭,充水排除空气后,在阀瓣系统侧加2倍额定工作压力的静水压,保持5min,根据置于阀下面的纸是否有湿痕来判断是否渗漏,无渗漏为合格。

3.2.5 压力开关、水流指示器、自动排气阀、减压阀、泄压阀、多功能水泵控制阀、止回阀、信号阀、水泵接合器及水位、气压、阀门限位等自动监测装置应有清晰的铭牌、安全操作指示标志和产品说明书;水流指示器、水泵接合器、减压阀、止回阀、过滤器、泄压阀、多功能水泵控制阀尚应有水流方向的永久性标志;安装前应进行主要功能检查。

检查数量:全数检查。

检查方法:观察检查及在专用试验装置上测试,主要测试设备有试压泵、压力表、秒表。

本条是根据近年来在系统工程中进一步完善了系统的结构,采用了不少有利于确保系统功能的新产品、新技术;认真分析了收集到的技术资料和各地公安消防部门、工程设计和工程建设应用单位的意见,对系统使用的自动监测装置和电动报警装置提出了现场的检查要求。这些装置包括自动监测水池水箱的水位。干式喷水灭火系统的最高、最低气压,预作用喷水灭火系统的最低气压,水源控制阀门的开闭状况以及系统动作后压力开关、水流指示器、自动排气阀、减压阀、多功能水泵控制阀、止回阀、信号阀、水泵接合器的动作信号等,所有监测及报警信号均汇集在建筑物的消防控制室内,为了安装后不致发生故障或者发生故障时便于查找,施工前应检查水流指示器、水泵接合器、多功能水泵控制阀、减压阀、止回阀这些装置的各种标志,并进行主要功能检查,不合格者不得安装使用。

第四节　供水设施安装与施工

4.1　一般规定

4.1.1 消防水泵、消防水箱、消防水池、消防气压给水设备、消防水泵接合器等供水设施及其附属管道的安装,应清除其内部污垢和杂物。安装中断时,其敞口处应封闭。

本条主要对消防水泵、水箱、水池、气压给水设备、水泵接合器等几类供水设施的安装作出了具体的要求和规定,目前自动喷水灭火系统主要采用这几类供水方式。

由于施工现场的复杂性,浮土、麻绳、水泥块、铁块等杂物非常容易进入管道和设备中。因此自动喷水灭火系统的施工要求更高,更应注意清洁施工,杜绝杂物进入系统。例如某设计研究院曾在某厂做雨淋系统灭火强度试验,试验现场管道发生严重堵塞,使用了150t水冲洗,都冲洗不净。最后只好重新拆装,发现石块、焊渣等物卡在管道拐弯处、变径处,造成水流明显不畅。因此本条强调安装中断时敞口处应做临时封闭,以防杂物进入未安装完毕的管道与设备中。

4.1.2 消防供水设施应采取安全可靠的防护措施,其安装位置应便于日常操作和维护管理。

本条对消防供水设施的防护措施和安装位置提出了要求。在实际工程中存在消防泵泵轴未加防护罩等不安全因素;水泵房没有排水设施或排水设施排水能力有限、通风条件不好等因素,这些因素对于供水设施的操作和维护都有影响。

4.1.3 消防供水管直接与市政供水管、生活供水管连接时,连接处应安装倒流防止器。

为了防止消防用水污染生活用水,消防用水直接与市政或生活供水连接时,应安装倒流防止器。倒流防止器分为不带过滤器的倒流防止器和带过滤器的倒流防止器,前者由进水止回阀、出水止回阀和泄水阀三部分组成,后者由带过滤装置的进水止回阀、出水止回阀和泄水阀三部分组成。倒流防止器上有特定的弹簧锁定机构,泄水阀的“进气－排水”结构可以预防背压倒流和虹吸倒流污染。

4.1.4 供水设施安装时,环境温度不应低于5℃;当环境温度低于5℃时,应采取防冻措施。

本条对供水设施安装时的环境温度作了规定,其目的是为了确保安装质量、防止意外损伤。供水设施安装一般要进行焊接和试水,若环境温度低于5℃,又未采取保护措施,由于温度剧变、物质体态变化而产生的应力极易造成设备损伤。

4.2 消防水泵安装

主控项目

4.2.1 消防水泵的规格、型号应符合设计要求,并应有产品合格证和安装使用说明书。

检查数量:全数检查。检查方法:对照图纸观察检查。

本条对消防水泵安装前的要求作出了规定。为确保施工单位和建设单位正确选用设计中选用的产品,避免不合格产品进入自动喷水灭火系统,设备安装和验收时注意检验产品合格证和安装使用说明书及其产品质量是非常必要的。

4.2.2 消防水泵的安装,应符合现行国家标准《机械设备安装工程施工及验收通用规范》GB 50231、《压缩机、风机、泵安装工程施工及验收规范》GB 50275的有关规定。

检查数量:全数检查。检查方法:尺量和观察检查。

本条规定的消防水泵安装要求,是直接采用现行国家标准《机械设备安装工程施工及验收通用规范》GB 50231、《压缩机、风机、泵安装工程施工及验收规范》GB 50275的有关规定。

4.2.3 吸水管及其附件的安装应符合下列要求:

1 吸水管上应设过滤器,并应安装在控制阀后。

2 吸水管上的控制阀应在消防水泵固定于基础上之后再进行安装,其直径不应小于消防水泵吸水口直径,且不应采用没有可靠锁定装置的蝶阀,蝶阀应采用沟槽式或法兰式蝶阀。

检查数量:全数检查。检查方法:观察检查。

3 当消防水泵和消防水池位于独立的两个基础上且相互为刚性连接时,吸水管上应加设柔性连接管。

检查数量:全数检查。检查方法:观察检查。

4　吸水管水平管段上不应有气囊和漏气现象。变径连接时,应采用偏心异径管件并应采用管顶平接。

检查数量:全数检查。检查方法:观察检查。

本条对吸水管及其附件安装提出了要求。不应采用没有可靠锁定装置的蝶阀,其理由是一般蝶阀的结构,阀瓣开、关是用涡杆传动,在使用中受振动时,阀瓣容易变位,改变其规定位置,带来不良后果。美国 NFPA13 也有相关规定。本次修订,考虑到蝶阀在国内工程中应用较多,且有诸如体积小、占用空间位置小、美观等特点,只要克服其原结构不能锁定的问题,有可靠锁定装置的蝶阀,用于自动喷水灭火系统应允许。本条修订是符合国情的。关于蝶阀的选用,从目前已做好的工程反馈回来的情况看,对夹式蝶阀在管道充满水后存在很难开闭甚至无法开闭的情况,这与对夹式蝶阀的构造有关,可能给系统造成隐患,故不允许使用对夹式蝶阀。

消防水泵吸水管的正确安装是消防水泵正常运行的根本保证。吸水管上应安装过滤器,避免杂物进入水泵。同时该过滤器应便于清洗,确保消防水泵的正常供水。

吸水管上安装控制阀是便于消防水泵的维修。先固定消防水泵,然后再安装控制阀门,以避免消防水泵承受应力。

当消防水泵和消防水池位于独立基础上时,由于沉降不均匀,可能造成消防水泵吸水管受内应力,最终应力加在消防水泵上,将会造成消防水泵损坏。最简单的解决方法是加一段柔性连接管。

消防水泵吸水管安装若有倒坡现象则会产生气囊,采用大小头与消防水泵吸水口连接,如果是同心大小头,则在吸水管上部有倒坡现象存在。异径管的大小头上部会存留从水中析出的气体,因此应采用偏心异径管,且要求吸水管的上部保持平接(见图 4.2.3)。

图 4.2.3　柔性连接管及偏心异径管

美国 NFPA20 第 2.9.6 条也明确规定:吸水管应当精心敷设,以免出现漏气和气囊现象,其中任何一种现象均可严重影响消防水泵的运转。

4.2.4　消防水泵的出水管上应安装止回阀、控制阀和压力表,或安装控制阀、多功能水泵控制阀和压力表;系统的总出水管上还应安装压力表和泄压阀;安装压力表时应加设缓冲装置。压力表和缓冲装置之间应安装旋塞;压力表量程应为工作压力的 2~2.5 倍。

检查数量:全数检查。检查方法:观察检查。

消防水泵组的总出水管上强调安装泄压阀,主要考虑了自动喷水灭火系统在日常维护管理中,消防水泵启停和系统试验较频繁,经常发生非正常承压,没有泄压阀很容易造成管道崩裂现象。例如某高层建筑,高压自动喷水灭火系统的消防水泵扬程达 125m,在安装调试阶段开泵前没有将回水阀打开,结果造成系统底部的钢制管件崩裂。

压力表的缓冲装置可以是缓冲弯管,或者是微孔缓冲水囊等方式,既可保护压力表,也可使压力表指针稳定。

多功能水泵控制阀具有水力自动控制、启泵时缓开、停泵时先快闭后缓闭的特点,兼有水泵出口处水锤消除器、闸(蝶)阀、止回阀三种产品的功能,有利于消防水泵自动启动和供水系统安全;多功能水泵控制阀结构性能应符合《多功能水泵控制阀》CJ/T 167 的规定,它是一种新型两阶段关闭的阀门,现实际工程中应用很多。

4.3 消防水箱安装和消防水池施工

主控项目

4.3.1 消防水池、消防水箱的施工和安装,应符合现行国家标准《给水排水构筑物施工及验收规范》GBJ 141、《建筑给水排水及采暖工程施工质量验收规范》GB 50242 的有关规定。

检查数量:全数检查。检查方法:尺量和观察检查。

4.3.2 钢筋混凝土消防水池或消防水箱的进水管、出水管应加设防水套管,对有振动的管道应加设柔性接头。组合式消防水池或消防水箱的进水管、出水管接头宜采用法兰连接,采用其他连接时应做防锈处理。

检查数量:全数检查。检查方法:观察检查。

消防水备而不用,尤其是消防专用水箱,水存的时间长了,水质会慢慢变坏,增加杂质。除锈、防腐做得不好,会加速水中的电化学反应,最终造成水箱锈损,因此本条作了相应的规定。

消防水泵吸水管安装若有倒坡现象则会产生气囊,采用大小头与消防水泵吸水口连接,如果是同心大小头,则在吸水管上部有倒坡现象存在。异径管的大小头上部会存留从水中析出的气体,因此应采用偏心异径管,且要求吸水管的上部保持平接。美国 NFPA20 第 2.9.6 条也明确规定:吸水管应当精心敷设,以免出现漏气和气囊现象,其中任何一种现象均可严重影响消防水泵的运转。

一般项目

4.3.3 消防水箱、消防水池的容积、安装位置应符合设计要求。安装时,池(箱)外壁与建筑本体结构墙面或其他池壁之间的净距,应满足施工或装配的需要。无管道的侧面,净距不宜小于0.7m;安装有管道的侧面,净距不宜小于1.0m,且管道外壁与建筑本体墙面之间的通道宽度不宜小于0.6m;设有人孔的池顶,顶板面与上面建筑本体板底的净空不应小于0.8m。

检查数量:全数检查。检查方法:对照图纸,尺量检查。

消防水池、消防水箱安装完毕后应有供检修用的通道,通道的宽度与现行国家标准《建筑给水排水设计规范》GB 50015 一致。日常的维护管理需要有良好的工作环境。本条提出的水池(箱)间的主要通道、四周的检修通道是保证维护管理工作顺利进行的基本要求。

4.3.4 消防水池、消防水箱的溢流管、泄水管不得与生产或生活用水的排水系统直接相连,应采用间接排水方式。

检查数量:全数检查。检查方法:观察检查。

目的要确保储水不被污染。以前发现有的施工单位将溢流管、泄水管汇集后,没有采取任何隔离措施直接与排水管连接。现在,有些使用单位为使地面不湿,用软管一端连接溢流管、泄水管,另一端直接插入地漏。这些做法都是不正确的,正确的施工是将溢流管、泄水管排出的水先直接排至水箱间地面,再通过地面的地漏将水排走。

4.4 消防气压给水设备和稳压泵安装

主控项目

4.4.1　消防气压给水设备的气压罐，其容积、气压、水位及工作压力应符合设计要求。

检查数量：全数检查。检查方法：对照图纸，观察检查。

4.4.2　消防气压给水设备安装位置、进水管及出水管方向应符合设计要求；出水管上应设止回阀，安装时其四周应设检修通道，其宽度不宜小于0.7m，消防气压给水设备顶部至楼板或梁底的距离不宜小于0.6m。

检查数量：全数检查。检查方法：对照图纸，尺量和观察检查。

一般项目

4.4.3　消防气压给水设备上的安全阀、压力表、泄水管、水位指示器、压力控制仪表等的安装应符合产品使用说明书的要求。

检查数量：全数检查。检查方法：对照图纸，观察检查。

4.4.4　稳压泵的规格、型号应符合设计要求，并应有产品合格证和安装使用说明书。

检查数量：全数检查。检查方法：对照图纸，观察检查。

4.4.5　稳压泵的安装，应符合现行国家标准《机械设备安装工程施工及验收通用规范》GB 50231、《压缩机、风机、泵安装工程施工及验收规范》GB 50275 的有关规定。

检查数量：全数检查。检查方法：尺量和观察检查。

本节对消防气压给水设备和稳压泵的安装要求作了规定。消防气压给水设备作为一种提供压力水的设备在我国经历了数十年的发展和使用，特别是近十年来经过研究和改进，日趋成熟和完善。产品标准已制定、发布、实施，一般生产该类设备的厂家都是整体装配完毕，调试合格后再出厂，因此在设备的安装过程中，只要不发生碰撞且进水管、出水管、充气管的标高、管径等符合设计要求，其安装质量是能够保证的。

对稳压泵安装前的要求作出了规定，主要为确保施工单位和建设单位正确选用设计中选用的产品，避免不合格产品进入自动喷水灭火系统，设备安装和验收时注意检验产品合格证和安装使用说明书及其产品质量是非常必要的。而且要求稳压泵安装直接采用现行国家标准《机械设备安装工程施工及验收通用规范》GB 50231、《压缩机、风机、泵安装工程施工及验收规范》GB 50275 的有关规定。

4.5　消防水泵接合器安装

主控项目

4.5.1　组装式消防水泵接合器的安装，应按接口、本体、联接管、止回阀、安全阀、放空管、控制阀的顺序进行，止回阀的安装方向应使消防用水能从消防水泵接合器进入系统；整体式消防水泵接合器的安装，按其使用安装说明书进行。

检查数量：全数检查。检查方法：观察检查。

本条规定主要强调消防水泵接合器的安装顺序，尤其重要的是止回阀的安装方向一定要保证水通过接合器进入系统。

规范编制组曾在北京地区调研，据北京市消防局火调处、战训处介绍，发现数例将消防水泵接合器中的止回阀装反，造成无法向系统内补水的事例。主要原因是安装人员和基层的管理人员不清楚消防水泵接合器的作用造成的。因此强调安装顺序和方向是很有必要的。

随着消防水泵接合器新产品的不断涌现且被采纳，此条文不完全适用于现阶段各种产品的使用,增加"整体结构的消防水泵接合器"的安装要求。

4.5.2 消防水泵接合器的安装应符合下列规定:

1 应安装在便于消防车接近的人行道或非机动车行驶地段,距室外消火栓或消防水池的距离宜为15~40m。

检查数量:全数检查。检查方法:观察检查。

2 自动喷水灭火系统的消防水泵接合器应设置与消火栓系统的消防水泵接合器区别的永久性固定标志,并有分区标志。

检查数量:全数检查。检查方法:观察检查。

3 地下消防水泵接合器应采用铸有"消防水泵接合器"标志的铸铁井盖,并在附近设置指示其位置的永久性固定标志。

检查数量:全数检查。检查方法:观察检查。

4 墙壁消防水泵接合器的安装应符合设计要求。设计无要求时,其安装高度距地面宜为0.7m;与墙面上的门、窗、孔、洞的净距离不应小于2.0m,且不应安装在玻璃幕墙下方。

检查数量:全数检查。检查方法:观察检查和尺量检查。

消防水泵接合器主要是消防队在火灾发生时向系统补充水用的。火灾发生后,十万火急,由于没有明显的类别和区域标志,关键时刻找不到或消防车无法靠近消防水泵接合器,不能及时准确补水,造成不必要的损失,这种实际教训是很多的,失去了设置消防水泵接合器的作用。

墙壁消防水泵接合器安装位置不宜低于0.7m是考虑消防队员将水龙带对接消防水泵接合器口时便于操作提出的,位置过低,不利于紧急情况下的对接。国家标准图集《消防水泵接合器安装》99S203中,墙壁式消防水泵接合器离地距离为0.7m,设计中多按此预留孔洞,本次修订将原来规定的1.1m改为0.7m是为了协调统一。

为与国家标准《建筑设计防火规范》GB500 16相关条文适应,消防水泵接合器与门、窗、孔、洞保持不小于2.0m的距离。主要从两点考虑:一是火灾发生时消防队员能靠近对接,避免火舌从洞孔处燎伤队员;二是避免消防水龙带被烧坏而失去作用。

4.5.3 地下消防水泵接合器的安装,应使进水口与井盖底面的距离不大于0.4m,且不应小于井盖的半径。

检查数量:全数检查。检查方法:尺量检查。

地下消防水泵接合器接口在井下,太低不利于对接,太高不利于防冻。0.4m的距离适合1.65m身高的队员俯身后单臂操作对接。太低了则要到井下对接,不利于火场抢时间的要求。冰冻线低于0.4m的地区可由设计人员选用双层防冻室外阀门井井盖。

一般项目

4.5.4 地下消防水泵接合器井的砌筑应有防水和排水措施。

检查数量:全数检查。检查方法:观察检查。

阀门井应有防水和排水设施是为了防止井内长期灌满水,阀体锈蚀严重,无法使用。目前,很多单位施工时不考虑防水和排水措施,直接影响了阀门的使用寿命。

第五节 管网及系统组件安装

5.1 管网安装

主控项目

5.1.1 管网采用钢管时,其材质应符合现行国家标准《输送流体用无缝钢管》GB/T 8163、《低压流体输送用焊接钢管》GB/T 3091 的要求。当使用铜管、不锈钢管等其他管材时,应符合相应技术标准的要求。

检查数量:全数检查。检查方法:查验材料质量合格证明文件、性能检测报告,尺量、观察检查。

本条对系统管网选用的钢管材质作了明确的规定,是根据国内在工程施工时因管材随意选用,造成质量问题而提出的。

随着人民生活水平的提高,有的自动喷水灭火系统工程中使用了铜管、不锈钢管等其他管材,它们的性能指标、安装使用要求应符合相应技术标准的要求,在注中加以说明。

5.1.2 管道连接后不应减小过水横断面面积。热镀锌钢管安装应采用螺纹、沟槽式管件或法兰连接。

检查数量:抽查 20%,且不得少于 5 处。检查方法:观察检查。

本条规定主要研究了国内外自动喷水灭火系统管网连接技术的现状及发展趋势、规范实施后各地反映出的系统施工管网安装中出现的问题、国内新管件开发应用情况等,同时考虑了与设计规范内容保持一致。管网安装是自动喷水灭火系统工程施工中,工作量最大,也是工程质量最容易出现问题和存在隐患的环节。管网安装质量的好坏,将直接影响系统功能和系统使用寿命。对管道连接方法的规定,是从确保管网安装质量、延长使用寿命出发,在充分考虑国内施工队伍素质、国内管件质量、货源状况的基础上,尽量提高要求。

取消焊接,不仅是因为焊接直接破坏了镀锌管的镀锌层,加速了管道锈蚀;而且是不少工程采用焊接,不能保证安装质量要求,隐患不少,为确保系统施工质量必须取消焊接连接方法。本规定增加了沟槽式管件连接方法,沟槽式管件是我国 1998 年开发成功并及时投放市场的新型管件,它具有强度高、安装维护方便等特点,适合用于自动喷水灭火系统管道连接。

5.1.3 管网安装前应校直管道,并清除管道内部的杂物;在具有腐蚀性的场所,安装前应按设计要求对管道、管件等进行防腐处理;安装时应随时清除管道内部的杂物。

检查数量:抽查 20%,且不得少于 5 处。检查方法:观察检查和用水平尺检查。

本条对管网安装前应对其主要材料管道进行校直和净化处理作了规定。

管网是自动喷火灭火系统的重要组成部分,同时管网安装也是整个系统安装工程中工作量最大、较容易出问题的环节,返修也是较繁杂的部分。因而在安装时应采取行之有效的技术措施,确保安装质量,这是施工中非常重要的环节。本条规定的目的是要确保管网安装质量。未经校直的管道,既不能保证加工质量和连接强度,同时连成管网后也会影响其他组件的安装质量,管网造型布局既困难也不美观,所以管道在安装前应校直。在自动喷水灭火系统安装工程中因未做净化处理而致使管网堵塞的事例是很多的,因此规定在管网安装前应清除管材、管件内的杂物。

管道的防腐工作,一般工程是在管网安装完毕且试压冲洗合格后进行,但在具有腐蚀性物质的场所,对管道的抗腐蚀能力要求较高,安装前应按设计要求对管材、管件进行防腐处理,增强管网的防腐蚀能力,确保系统寿命。

5.1.4 沟槽式管件连接应符合下列要求:

1 选用的沟槽式管件应符合《沟槽式管接头》CJ/T 156 的要求,其材质应为球墨铸铁,并符合现行国家标准《球墨铸铁件》GB/T 1348 的要求;橡胶密封圈的材质应为 EPDN(三元乙丙胶),并符合《金属管道系统快速管接头的性能要求和试验方法》ISO 6182－12 的要求。

2 沟槽式管件连接时,其管道连接沟槽和开孔应用专用滚槽机和开孔机加工,并应做防腐处理;连接前应检查沟槽和孔洞尺寸,加工质量应符合技术要求;沟槽、孔洞处不得有毛刺、破损性裂纹和脏物。

检查数量:抽查 20%,且不得少于 5 处。检查方法:观察和尺量检查。

3 橡胶密封圈应无破损和变形。

检查数量:抽查20%,且不得少于5处。检查方法:观察检查。

4 沟槽式管件的凸边应卡进沟槽后再紧固螺栓,两边应同时紧固,紧固时发现橡胶圈起皱应更换新橡胶圈。

检查数量:抽查20%,且不得少于5处。检查方法:观察检查。

5 机械三通连接时,应检查机械三通与孔洞的间隙,各部位应均匀,然后再紧固到位;机械三通开孔间距不应小于500mm,机械四通开孔间距不应小于1000mm;机械三通、机械四通连接时支管的口径应满足表5.1.4的规定。

采用支管接头(机械三通、机械四通)时支管的最大允许管径(mm) **表5.1.4**

主管直径		50	65	80	100	125	150	200	250
支管直径 *DN*	机械三通	25	40	40	65	80	100	100	100
	机械四通	–	32	40	50	65	80	100	100

检查数量:抽查20%,且不得少于5处。检查方法:观察检查和尺量检查。

6 配水干管(立管)与配水管(水平管)连接,应采用沟槽式管件,不应采用机械三通。

检查数量:抽查20%,且不得少于5处。检查方法:观察检查。

7 埋地的沟槽式管件的螺栓、螺帽应做防腐处理。水泵房内的埋地管道连接应采用挠性接头。

检查数量:全数检查。检查方法:观察检查或局部解剖检查。

沟槽式管件连接是管道连接的一种新型连接技术,过去在外资企业的自动喷水灭火工程中引进国外产品已开始应用。我国1998年开发成功沟槽式管件,很快在工程中被采用。把该种连接技术写入规范,是因为该种连接方式具有施工、维修方便,强度密封性能好、美观等优点;工程造价与法兰连接相当。

沟槽式管件连接施工时的技术要求,主要是参考生产厂家提供的技术资料和总结工程施工操作中的经验教训的基础上提出的。沟槽式管件连接施工时,管道的沟槽和开孔应用专用的滚槽机、开孔机进行加工,应按生产厂家提供的数据,检查沟槽和孔口尺寸是否符合要求,并清除加工部位的毛刺和异物,以免影响连接后的密封性能,或造成密封圈损伤等隐患。若加工部位出现破损性裂纹,应切掉重新加工沟槽,以确保管道连接质量。加工沟槽发现管内外镀锌层损伤,如开裂、掉皮等现象,这与管道材质、镀锌质量和滚槽速度有关,发现此类现象可采用冷喷锌罐进行喷锌处理。

机械三通、机械四通连接时,干管和支管的口径应有限制的规定,如不限制开孔尺寸,会影响干管强度,导致管道弯曲变形或离位。

5.1.5 螺纹连接应符合下列要求:

1 管道宜采用机械切割,切割面不得有飞边、毛刺;管道螺纹密封面应符合现行国家标准《普通螺纹基本尺寸要求》GB 196、《普通螺纹公差与配合》GB 197、《管路旋入端用普通螺纹尺寸系列》GB/T 1414 的有关规定。

2 当管道变径时,宜采用异径接头;在管道弯头处不宜采用补芯,当需要采用补芯时,三通上可用1个,四通上不应超过2个;公称直径大于50mm的管道不宜采用活接头。

检查数量:全数检查。检查方法:观察检查。

3 螺纹连接的密封填料应均匀附着在管道的螺纹部分;拧紧螺纹时,不得将填料挤入管道内;连接后,应将连接处外部清理干净。

检查数量:抽查20%,且不得少于5处。检查方法:观察检查。

本条对系统管网连接的要求中首先强调为确保其连接强度和管网密封性能,在管道切割和螺纹加工时应符合的技术要求。施工时必须按程序严格要求、检验,达到有关标准后,方可进行连接,以保证连接质量和减少返工。其次是对采用变径管件和使用密封填料时提出的技术要求,其目的是要确保管网连接后不至于增大系统管网阻力和造成堵塞。

5.1.6 法兰连接可采用焊接法兰或螺纹法兰。焊接法兰焊接处应做防腐处理,并宜重新镀锌后再连接。焊接应符合现行国家标准《工业金属管道工程施工及验收规范》GB 50235、《现场设备、工业管道焊接工程施工及验收规范》GB 50236 的有关规定。螺纹法兰连接应预测对接位置,清除外露密封填料后再紧固、连接。

检查数量:抽查 20%,且不得少于 5 处。检查方法:观察检查。

本条修订特别强调的是焊接法兰连接。焊接法兰连接,焊接后要求必须重新镀锌或采用其他有效防锈蚀的措施,法兰连接推荐采用螺纹法兰;焊接后应重新镀锌再连接,因焊接时破坏了镀锌钢管的镀锌层,如不再镀锌或采取其他有效防腐措施进行处理,必然会造成加速焊接处的腐蚀进程,影响连接强度和寿命。螺纹法兰连接,要求预测对接位置,是因为螺纹紧固后,工程施工经验证明,一旦改变其紧固状态,其密封处,密封性将受到影响,大都在连接后,因密封性能达不到要求而返工。

一般项目

5.1.7 管道的安装位置应符合设计要求。当设计无要求时,管道的中心线与梁、柱、楼板等的最小距离应符合表 5.1.7 的规定。

管道的中心线与梁、柱、楼板的最小距离　　表 5.1.7

公称直径(mm)	25	32	40	50	70	80	100	125	150	200
距离(mm)	40	40	50	60	70	80	100	125	150	200

检查数量:抽查 20%,且不得少于 5 处。检查方法:尺量检查。

本条规定是为了便于系统管道安装、维修方便而提出的基本要求,其具体数据与国家标准《自动喷水灭火系统设计规范》GB 50084 相关条文说明中列举的相同。

5.1.8 管道支架、吊架、防晃支架的安装应符合下列要求:

1　管道应固定牢固;管道支架或吊架之间的距离不应大于表 5.1.8 的规定。

管道支架或吊架之间的距离　　表 5.1.8

公称直径(mm)	25	32	40	50	70	80	100	125	150	200	250	300
距离(m)	3.5	4.0	5.0	6.0	6.0	6.0	6.5	7.0	8.0	9.5	11.0	12.0

检查数量:抽查 20%,且不得少于 5 处。检查方法:尺量检查。

2　管道支架、吊架、防晃支架的型式、材质、加工尺寸及焊接质量等,应符合设计要求和国家现行有关标准的规定。

3　管道支架、吊架的安装位置不应妨碍喷头的喷水效果;管道支架、吊架与喷头之间的距离不宜小于 300mm;与末端喷头之间的距离不宜大于 750mm。

检查数量:抽查 20%,且不得少于 5 处。检查方法:尺量检查。

4　配水支管上每一直管段、相邻两喷头之间的管段设置的吊架均不宜少于 1 个,吊架的间距不宜大于 3.6m。

检查数量:抽查 20%,且不得少于 5 处。

检查方法:观察检查和尺量检查。

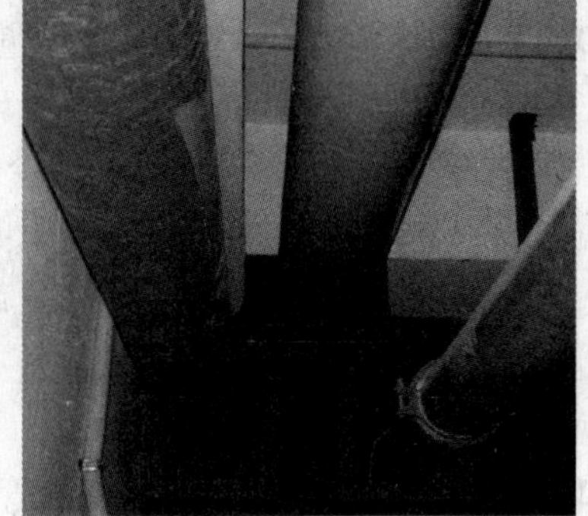

图 5.1.8　防晃支架

5 当管道的公称直径等于或大于50mm时,每段配水干管或配水管设置防晃支架不应少于1个(见图5.1.8),且防晃支架的间距不宜大于15m;当管道改变方向时,应增设防晃支架。

检查数量:全数检查。检查方法:观察检查和尺量检查。

6 竖直安装的配水干管除中间用管卡固定外,还应在其始端和终端设防晃支架或采用管卡固定,其安装位置距地面或楼面的距离宜为1.5~1.8m。

检查数量:全数检查。检查方法:观察检查和尺量检查。

对管道的支架、吊架、防晃支架安装有关要求的规定,主要目的是为了确保管网的强度,使其在受外界机械冲撞和自身水力冲击时也不至于损伤;同时强调了其安装位置不得妨碍喷头布水而影响灭火效果。本规定中的技术数据与国家标准《自动喷水灭火系统设计规范》GB 50084条文说明中推荐的数据要求相同,其他的一些规定参考了NFPA13等有关技术资料。

第5款管道设置防晃支架的距离是参考现行国家标准《通风与空调工程施工质量验收规范》GB 50243的有关规定。

5.1.9 管道穿过建筑物的变形缝时,应采取抗变形措施(见图5.1.9)。穿过墙体或楼板时应加设套管,套管长度不得小于墙体厚度;穿过楼板的套管其顶部应高出装饰地面20mm;穿过卫生间或厨房楼板的套管,其顶部应高出装饰地面50mm,且套管底部应与楼板底面相,平。套管与管道的间隙应采用不燃材料填塞密实。

检查数量:抽查20%,且不得少于5处。

检查方法:观察检查和尺量检查。

本条规定主要是为了防止在使用中管网不至于因建筑物结构的正常变化而遭到破坏,同时为了检修方便,参考了国家标准《工业金属管道工程施工及验收规范》GB 50235相关条文的规定。

图5.1.9 管道穿过建筑物变形缝处的抗变形措施

5.1.10 管道横向安装宜设0.002~0.005的坡度,且应坡向排水管;当局部区域难以利用排水管将水排净时,应采取相应的排水措施。当喷头数量小于或等于5只时,可在管道低凹处加设堵头;当喷头数量大于5只时,宜装设带阀门的排水管。

检查数量:全数检查。检查方法:观察检查,水平尺和尺量检查。

本条规定考虑了干式、雨淋等系统动作后应尽量排净管中的余水,以防冰冻致使管网遭到破坏。对其他系统来说日久需检修或更换组件时,也需排净管网中余水,以利于工作。

5.1.11 配水干管、配水管应做红色或红色环圈标志。红色环圈标志,宽度不应小于20mm,间隔不宜大于4m,在一个独立的单元内环圈不宜少于2处。

检查数量:抽查20%,且不得少于5处。检查方法:观察检查和尺量检查。

本条规定的目的是为了便于识别自动喷水灭火系统的供水管道,着红色与消防器材色标规定相一致。在安装自动喷水灭火系统的场所,往往是各种用途的管道排在一起,且多而复杂,为便于检查、维护,作出易于辩识的规定是必要的。规定红圈的最小间距和环圈宽度是防止个别工地仅做极少的红圈,达不到标识效果。

5.1.12 管网在安装中断时,应将管道的敞口封闭。

检查数量:全数检查。检查方法:观察检查。

本条规定主要目的是为了防止安装时异物进入管道、堵塞管网的情况发生。

5.2　喷头安装

主控项目

5.2.1　喷头安装应在系统试压、冲洗合格后进行。

检查数量：全数检查。检查方法：检查系统试压、冲洗记录表。

强制性条文，本条对喷头安装的前提条件作了规定。其目的一是为了保护喷头，二是为防止异物堵塞喷头，影响喷头喷水灭火效果。根据国外资料和国内调研情况，自动喷水灭火系统失败的原因中，管网输水不畅和喷头被堵塞占有一定比例，主要是由于施工中管网冲洗不净或是冲洗管网时杂物进入已安装喷头的管件部位造成的。为防止上述情况发生，喷头的安装应在管网试压、冲洗合格后进行。

5.2.2　喷头安装时，不得对喷头进行拆装、改动，并严禁给喷头附加任何装饰性涂层。

检查数量：全数检查。检查方法：观察检查。

强制性条文，对喷头安装时应注意的几个问题提出了要求，目的是为了防止在安装过程中对喷头造成损伤，影响其性能。喷头是自动喷水灭火系统的关键组件，生产厂家按照国标要求经过严格的检验合格后方可出厂供用户使用，因此安装时不得随意拆装、改动。编制组在调研中发现，不少使用单位为了装修方便，给喷头刷漆和喷涂料，这是绝对不允许的。这样做一方面是被覆物将影响喷头的感温动作性能，使其灵敏度降低；另一方面如被覆物属油漆之类，干后牢固地附在释放机构部位还将影响喷头的开启，其后果是相当严重的。上海某饭店曾对被覆后的喷头进行过动作温度试验，结果喷头的动作温度比额定的高20℃左右，个别喷头还不能启动。同时发现有的喷头易熔元件熔掉后，喷头却不能开启，因此严禁给喷头附加任何涂层。

5.2.3　喷头安装应使用专用扳手，严禁利用喷头的框架施拧；喷头的框架、溅水盘产生变形或释放原件损伤时，应采用规格、型号相同的喷头更换（喷头见图5.2.3）。

图5.2.3　喷头

检查数量：全数检查。检查方法：观察检查。

强制性条文，安装喷头应使用厂家提供的专用扳手，可避免喷头安装时遭受损伤，既方便又可靠。国内工程中曾多次发现安装喷头利用其框架拧紧和把喷头框架做支撑架，悬挂其他物品，造成喷头损伤，发生误喷，本规范严禁这样做是非常必要的。安装中发现框架或溅水盘变形、释放元件损伤的，必须更换同规格、同型号的新喷头，因为这些元件是喷头的关键性支撑件和功能件，变形、损伤后，尽管其表面检查发现不了大问题，但实际上喷头总体结构已造成了损伤，留下了隐患。

5.2.4　安装在易受机械损伤处的喷头，应加设喷头防护罩。

检查数量：全数检查。检查方法：观察检查。

本条规定是为了防止在某些使用场所因正常的运行操作而造成喷头的机械性损伤，在这些场所安装的喷头应加设防护罩。喷头防护罩是由厂家生产的专用产品，而不是施工单位或用户随意制作的。喷头防护罩应符合既保护喷头不遭受机械损伤，又不能影响喷头感温动作和喷水灭火效果的技术要求。

5.2.5　喷头安装时，溅水盘与吊顶、门、窗、洞口或障碍物的距离应符合设计要求。

检查数量：抽查20%，且不得少于5处。检查方法：对照图纸，尺量检查。

本条规定的目的是安装喷头要确保其设计要求的保护功能。

5.2.6　安装前检查喷头的型号、规格、使用场所应符合设计要求。

检查数量:全数检查。检查方法:对照图纸,观察检查。

本条规定的目的是要保证喷头的型号、规格、安装场所满足设计要求。

一般项目

5.2.7 当喷头的公称直径小于10mm时,应在配水干管或配水管上安装过滤器。

检查数量:全数检查。检查方法:观察检查。

本条规定的目的是为了防止水中的杂物堵塞喷头,影响喷头喷水灭火效果。目前小口径喷头在我国还用得很少,小口径低水压的产品很有开发和推广应用价值,有关方面将积极开展这方面的研究工作。

5.2.8 当喷头溅水盘高于附近梁底或高于宽度小于1.2m的通风管道、排管、桥架腹面时,喷头溅水盘高于梁底、通风管道、排管、桥架腹面的最大垂直距离应符合表5.2.8-1~表5.2.8-7的规定(见图5.2.8)。

检查数量:全数检查。检查方法:尺量检查。

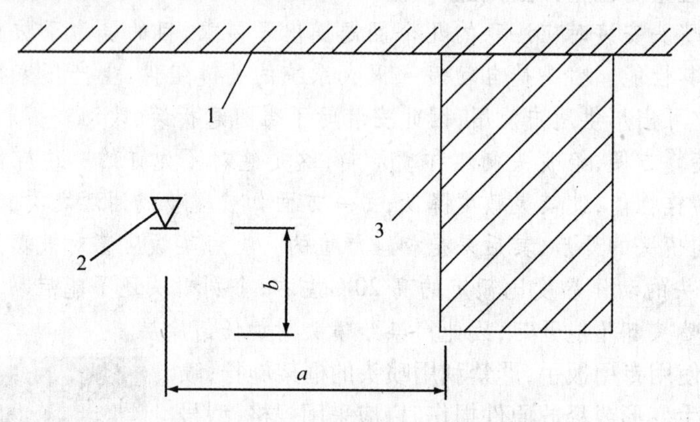

图5.2.8 喷头与梁等障碍物的距离

1—天花板或屋顶;2—喷头;3—障碍物

喷头溅水盘高于梁底、通风管道腹面的最大垂直距离(直立与下垂喷头) 表5.2.8-1

喷头与梁、通风管道、排管、桥架的水平距离 a(mm)	喷头溅水盘高于梁底、通风管道、排管、桥架腹面的最大垂直距离 b(mm)
$a<300$	0
$300\leqslant a<600$	90
$600\leqslant a<900$	190
$900\leqslant a<1200$	300
$1200\leqslant a<1500$	420
$a\geqslant1500$	460

喷头溅水盘高于梁底、通风管道腹面的最大垂直距离(边墙型喷头,与障碍物平行) 表5.2.8-2

喷头与梁、通风管道、排管、桥架的水平距离 a(mm)	喷头溅水盘高于梁底、通风管道、排管、桥架腹面的最大垂直距离 b(mm)
$a<150$	25
$150\leqslant a<450$	80
$450\leqslant a<750$	150
$750\leqslant a<1050$	200

续表

喷头与梁、通风管道、排管、桥架的水平距离 a(mm)	喷头溅水盘高于梁底、通风管道、排管、桥架腹面的最大垂直距离 b(mm)
$1050 \leqslant a < 1350$	250
$1350 \leqslant a < 1650$	320
$1650 \leqslant a < 1950$	380
$1950 \leqslant a < 2250$	440
$a \geqslant 1500$	460

喷头溅水盘高于梁底、通风管道腹面的最大垂直距离(边墙型喷头,与障碍物垂直) 表 5.2.8-3

喷头与梁、通风管道、排管、桥架的水平距离 a(mm)	喷头溅水盘高于梁底、通风管道、排管、桥架腹面的最大垂直距离 b(mm)
$a < 1200$	不允许
$1200 \leqslant a < 1500$	25
$1500 \leqslant a < 1800$	80
$1800 \leqslant a < 2100$	150
$2100 \leqslant a < 2400$	230
$a \geqslant 2400$	360

喷头溅水盘高于梁底、通风管道腹面的最大垂直距离(扩大覆盖面直立与下垂喷头) 表 5.2.8-4

喷头与梁、通风管道、排管、桥架的水平距离 a(mm)	喷头溅水盘高于梁底、通风管道、排管、桥架腹面的最大垂直距离 b(mm)
$a < 450$	0
$450 \leqslant a < 900$	25
$900 \leqslant a < 1350$	125
$1350 \leqslant a < 1800$	180
$1800 \leqslant a < 2250$	280
$a \geqslant 2250$	360

喷头溅水盘高于梁底、通风管道腹面的最大垂直距离(扩大覆盖面边墙型喷头) 表 5.2.8-5

喷头与梁、通风管道、排管、桥架的水平距离 a(mm)	喷头溅水盘高于梁底、通风管道、排管、桥架腹面的最大垂直距离 b(mm)
$a < 2440$	不允许
$2440 \leqslant a < 3050$	25
$3050 \leqslant a < 3350$	50
$3350 \leqslant a < 3660$	75
$3660 \leqslant a < 3960$	100

续表

喷头与梁、通风管道、排管、桥架的水平距离 a(mm)	喷头溅水盘高于梁底、通风管道、排管、桥架腹面的最大垂直距离 b(mm)
$3960 \leqslant a < 4270$	150
$4270 \leqslant a < 4570$	180
$4570 \leqslant a < 4880$	230
$4880 \leqslant a < 5180$	280
$a \geqslant 5180$	360

喷头溅水盘高于梁底、通风管道腹面的最大垂直距离(大水滴喷头)　　表 5.2.8-6

喷头与梁、通风管道、排管、桥架的水平距离 a(mm)	喷头溅水盘高于梁底、通风管道、排管、桥架腹面的最大垂直距离 b(mm)
$a < 300$	0
$300 \leqslant a < 600$	80
$600 \leqslant a < 900$	200
$900 \leqslant a < 1200$	300
$1200 \leqslant a < 1500$	460
$1500 \leqslant a < 1800$	660
$a \geqslant 1800$	790

喷头溅水盘高于梁底、通风管道腹面的最大垂直距离(ESFR 喷头)　　表 5.2.8-7

喷头与梁、通风管道、排管、桥架的水平距离 a(mm)	喷头溅水盘高于梁底、通风管道、排管、桥架腹面的最大垂直距离 b(mm)
$a < 300$	0
$300 \leqslant a < 600$	80
$600 \leqslant a < 900$	200
$900 \leqslant a < 1200$	300
$1200 \leqslant a < 1500$	460
$1500 \leqslant a < 1800$	660
$a \geqslant 1800$	790

5.2.9 当梁、通风管道、排管、桥架宽度大于 1.2m 时,增设的喷头应安装在其腹面以下部位(见图 5.2.9)。

图 5.2.9　安装在通风管道下的喷头

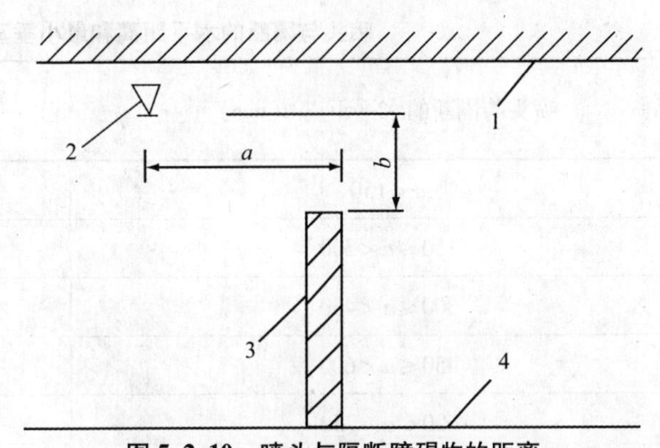

图 5.2.10　喷头与隔断障碍物的距离

1—顶棚或屋顶;2—喷头;3—障碍物;4—地板

检查数量:全数检查。检查方法:观察检查。

5.2.10　当喷头安装在不到顶的隔断附近时,喷头与隔断的水平距离和最小垂直距离应符合表 5.2.10－1～表 5.2.10－3 的规定(见图 5.2.10)。

检查数量:全数检查。检查方法:尺量检查。

第 5.2.8～5.2.10 条表中数据采用了 NFPA13(2002 年版)相关条文的规定,分别适用于不同类型的喷头。当喷头靠近梁、通风管道、排管、桥架、不到顶的隔断安装时,应尽量减小这些障碍物对其喷水灭火效果的影响。这些情况是近年来工程上经常遇到的较普遍的问题,过去解决这些问题的方式也是五花八门,实际上是施工单位各行其便,其后果是不好的,将影响喷水灭火效果,造成不必要的损失。

喷头与隔断的水平距离和最小垂直距离(直立与下垂喷头)　表 5.2.10－1

喷头与隔断的水平距离 a(mm)	喷头与隔断的最小垂直距离 b(mm)
$a<150$	75
$150\leqslant a<300$	150
$300\leqslant a<450$	240
$450\leqslant a<600$	320
$600\leqslant a<750$	390
$a\geqslant 750$	460

喷头与隔断的水平距离和最小垂直距离(扩大覆盖面喷头)　表 5.2.10－2

喷头与隔断的水平距离 a(mm)	喷头与隔断的最小垂直距离 b(mm)
$a<150$	80
$150\leqslant a<300$	150
$300\leqslant a<450$	240
$450\leqslant a<600$	320
$600\leqslant a<750$	390
$a\geqslant 750$	460

喷头与隔断的水平距离和最小垂直距离(大水滴喷头)　　表 5.2.10－3

喷头与隔断的水平距离 a(mm)	喷头与隔断的最小垂直距离 b(mm)
$a<150$	40
$150\leqslant a<300$	80
$300\leqslant a<450$	100
$450\leqslant a<600$	130
$600\leqslant a<750$	140
$750\leqslant a<900$	150

5.3 报警阀组安装

主控项目

5.3.1 报警阀组的安装应在供水管网试压、冲洗合格后进行。安装时应先安装水源控制阀、报警阀,然后进行报警阀辅助管道的连接。水源控制阀、报警阀与配水干管的连接,应使水流方向一致。报警阀组安装的位置应符合设计要求;当设计无要求时,报警阀组应安装在便于操作的明显位置,距室内地面高度宜为1.2m;两侧与墙的距离不应小于0.5m;正面与墙的距离不应小于1.2m;报警阀组凸出部位之间的距离不应小于0.5m。安装报警阀组的室内地面应有排水设施。

检查数量:全数检查。检查方法:检查系统试压、冲洗记录表,观察检查和尺量检查。

本条对报警阀组的安装程序、安装条件和安装位置提出了要求,作了明确规定。

报警阀组是自动喷水灭火系统的关键组件之一,它在系统中起着启动系统、确保灭火用水畅通、发出报警信号的关键作用。过去不少工程在施工时出现报警阀与水源控制阀位置随意调换、报警阀方向与水源水流方向装反、辅助管道紊乱等情况,其结果使报警阀组不能工作、系统调试困难,使系统不能发挥作用。对安装位置的要求,主要是根据报警阀组的工作特点,便于操作和便于维修的原则而作出的规定。因为常用的自动喷水灭火系统在启动喷水灭火后,一般要由保卫人员在确认火灾被扑灭后关闭水源控制阀,以防止后继水害发生。有的工程为了施工方便而不择位置,将报警阀组安装在不易寻找和操作不便的位置,发生火灾后既不易及时得到报警信号,灭火后又不利于断水和维修检查,其教训是深刻的。本条规定还强调了在安装报警阀组的室内应采取相应的排水措施,主要是因为系统功能检查、检修需较大量放水而提出的。放水能及时排走既便于工作,也可保护报警阀组的电器或其他组件因环境潮湿而造成不必要的损害。

5.3.2 报警阀组附件的安装应符合下列要求:

1　压力表应安装在报警阀上便于观测的位置。

检查数量:全数检查。检查方法:观察检查。

2　排水管和试验阀应安装在便于操作的位置。

检查数量:全数检查。检查方法:观察检查。

3　水源控制阀安装应便于操作,且应有明显开闭标志和可靠的锁定设施。

检查数量:全数检查。检查方法:观察检查。

4　在报警阀与管网之间的供水干管上,应安装由控制阀、检测供水压力、流量用的仪表及排水管道组成的系统流量压力检测装置,其过水能力应与系统过水能力一致;干式报警阀组、雨淋报警阀组应安装检测时水流不进入系统管网的信号控制阀门。

检查数量：全数检查。检查方法：观察检查。

本条对报警阀组的附件安装要求作了规定，这里所指的附件是各种报警阀均需的通用附件。压力表是报警阀组必须安装的测试仪表，它的作用是监测水源和系统水压，安装时除要确保密封外，主要要求其安装位置应便于观测，系统管理维护人员能随时方便地观测水源和系统的工作压力是否符合要求。排水管和试验阀是自动喷水灭火系统检修、检测系统主要报警装置功能是否正常的两种常用附件，其安装位置应便于操作，以保证日常检修、试验工作的正常进行。水源控制阀是控制喷水灭火系统供水的开、关阀，安装时既要确保操作方便，又要有开、闭位置的明显标志，它的开启位置是决定系统在喷水灭火时消防用水能否畅通，从而满足要求的关键。在系统调试合格后，系统处于准工作状态时，水源控制阀应处于全开的常开状态，为防止意外和人为关闭控制阀的情况发生，水源控制阀必须设置可靠的锁定装置将其锁定在常开位置；同时还宜设置指示信号设施与消防控制中心或保卫值班室连通，一旦水源控制阀被关闭应及时发出报警信号，值班人员应及时检查原因并使其处于正常状态。在实际应用中，各地曾多次发生因水源控制阀被关闭，当火灾发生时，系统的喷头和控制设备全部正常启动，但管网无水，系统不能发挥灭火功能而造成较大损失，此类事故是应当杜绝的。本规范实施几年来，各地反映较多的问题是，不少工程由于没有设计和安装调试、检测用的阀门和管路，系统调试和检测无法进行。遇到此类工程，一般都是利用末端试水装置进行试验，利用试验结果进行推理式判断，无法测得科学实际的技术数据。这里应指出的是，消防界人士十余年来对末端试水装置存在着夸大其功能的认识误区，普遍认为通过末端试水装置可以检测系统动作功能、系统供水能力、最不利点喷头的压力等，这是造成一般不设计调试、检测试验管道及阀门的一个主要原因。末端试水装置，至今没有统一的标准结构和设计技术要求，设计、安装单位的习惯经验做法是其结构由阀门、压力表、流量测试仪表（标准放水口或流量计）和管道组成（见图 5.3.2－1），管道一般是用管径为 25mm、32mm、40mm 的镀锌钢管。开启末端试水装置进行试验时，测试得到的压力和流量数据，只是在测试位置处的流量和压力数据，并没有经验公式能利用此数据科学推算出系统供水能力（压力、流量），更不能判断系统的最不利点压力是否符合设计要求。末端试水装置的真正功能是检验系统启动、报警和利用系统启动后的特性参数组成联动控制装置等的功能是否正常。为使系统调试、检测、消防水泵启动运行试验能按规范要求进行，必须在系统中安装检测试验装置，检测试验装置的结构及安装如图 5.3.2－2。当自动喷水灭火系统为湿式系统时，检测试验装置后的系统主干管上的控制阀不需要安装，即图 5.3.2－2 中紧挨 FS 的控制阀。

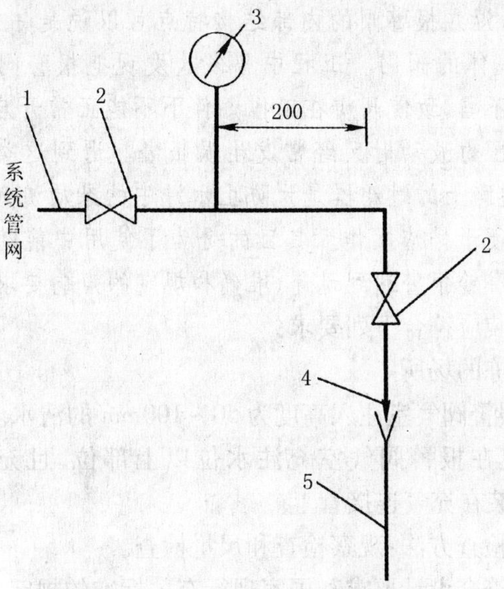

图 5.3.2－1　末端试水装置示意图

1—与系统连接管道；2—控制阀；3—压力表；4—标准放水口；5—排水管道

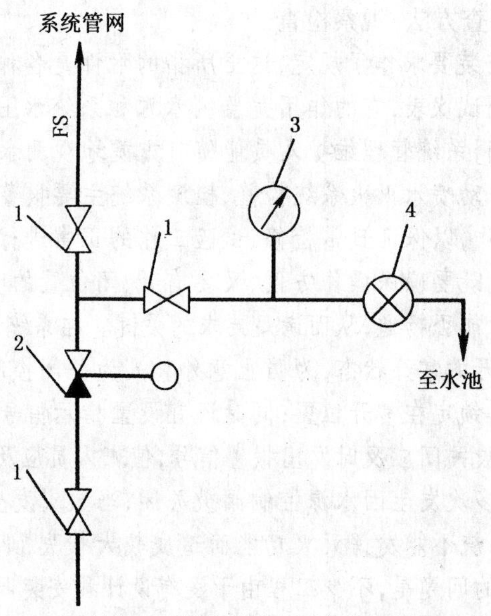

图 5.3.2-2 系统调试、检测消防水泵启动运行试验装置示意图

1—控制阀(信号阀);2—报警阀组;3—压力表;4—流量计

5.3.3 湿式报警阀组的安装应符合下列要求:

1 应使报警阀前后的管道中能顺利充满水;压力波动时,水力警铃不应发生误报警。

检查数量:全数检查。检查方法:观察检查和开启阀门以小于一个喷头的流量放水。

2 报警水流通路上的过滤器应安装在延迟器前,且便于排渣操作的位置。

检查数量:全数检查。检查方法:观察检查。

本条对湿式报警阀组的安装要求作了规定。

湿式报警阀组是自动喷水湿式灭火系统两大关键组件之一。湿式灭火系统因为结构简单、灭火成功率高、成本低、维护简便等优点,是应用最广泛的一种。国外资料报道,湿式系统的应用约占所有自动喷水灭火系统的85%以上;据调查,我国近年来湿式系统的应用约在95%以上。湿式系统应用如此广泛,确保其安装质量就更加重要。湿式系统在准工作状态时,其报警阀前后管道中均应充满设计要求的压力水,能否顺利充满水,而且在水源压力波动时不发生误报警,是湿式报警阀安装的最基本的要求。湿式报警阀的内部结构特点可以说是一个止回阀和一个在阀瓣开启时能报警的两种作用合为一体的阀门。工程中曾多次发现把报警阀方向装反,辅助功能管件乱装,安装位置及安装时操作不当,致使阀瓣在工作条件下不能正常开启和严密关闭等情况,调试时既不能顺利充满水,使用中压力波动时又经常发生误报警。遇到这类情况,必须经过重装、调整,使其达到要求。报警水流通路上的过滤器是为防止水源中的杂质流入水力警铃堵塞报警进水口,其位置应装在延迟器前,且便于排渣操作。其目的是为了使用中能随时方便地排出沉积渣子,以减小水流阻力,有利于水力警铃报警达到迅速、准确和规定的声响要求。

5.3.4 干式报警阀组的安装应符合下列要求:

1 应安装在不发生冰冻的场所。

2 安装完成后,应向报警阀气室注入高度为50~100mm的清水。

3 充气连接管接口应在报警阀气室充注水位以上部位,且充气连接管的直径不应小于15mm;止回阀、截止阀应安装在充气连接管上。

检查数量:全数检查。检查方法:观察检查和尺量检查。

4 气源设备的安装应符合设计要求和国家现行有关标准的规定。

5 安全排气阀应安装在气源与报警阀之间,且应靠近报警阀。

检查数量:全数检查。检查方法:观察检查。

6　加速器应安装在靠近报警阀的位置,且应有防止水进入加速器的措施。

检查数量:全数检查。检查方法:观察检查。

7　低气压预报警装置应安装在配水干管一侧。

检查数量:全数检查。检查方法:观察检查。

8　下列部位应安装压力表:

1)报警阀充水一侧和充气一侧;

2)空气压缩机的气泵和储气罐上;

3)加速器上。

检查数量:全数检查。检查方法:观察检查。

9　管网充气压力应符合设计要求。

本条对干式报警阀组的安装要求作了规定。这些规定主要参考了NFPA13自动喷水灭火系统的相关要求,并结合国内实际制定的。

对干式报警阀组安装场所的要求。干式报警阀组是自动喷水干式灭火系统的主要组件,干式灭火系统适用环境温度低于4℃和高于70℃的场所,低温时系统使用场所可能发生冰冻,因此干式报警阀组应安装在不发生冰冻的场所。主要是因为干式报警阀组处于伺服状态时,水源侧的管网内是充满水的,另外干式阀系统侧即气室,为确保其气密性一般也充有设计要求的密封用水。如干式阀的安装场所发生冰冻,干式阀充水部位就可能发生冰冻,尤其是干式阀气室一侧的密封用水较易发生冰冻,轻者影响阀门的开启,严重的则可能使干式阀遭到破坏。

为了确保干式阀的密封性,也可防止因水压波动,水源一侧的压力水进入气室。规定最低高度,主要是确保密封性的下限,其最高水位线不得影响干式阀(差压式)的动作灵敏度。

本条还对干式系统管网内充气的气源、气源设备、充气连接管道等的安装提出了要求。充气管应在充注水位以上部位接入,其目的是要尽量减少充入管网中气体的湿度,另外也是为了防止充入管网中的气体所含水分凝聚后,堵住充气口。充气管道直径和,止回阀、截止阀安装位置要求的目的是在尽量减小充气阻力、满足充气速度要求的前提下,尽可能采用较小管径以便于安装。阀门位置要求,主要是为便于调节控制充气速度和充气压力,防止意外。安装止回阀的目的是稳定、保持管网内的气压,减小充气冲击。

加速器的作用,是火灾发生时干式系统喷头动作后,应尽快排出管网中的气体,使干式阀尽快动作,水源水顺利、快速地进入供水管网喷水灭火。其安装位置应靠近干式阀,可加快干式阀的启动速度,并应注意防止水进入加速器,以免影响其功能。

低气压预报警装置的作用是在充气管网内气压接近最低压力值时发出报警信号,提醒管理人员及时给管网充气,否则管网空气气压再下降将可能使干式阀开启,水源的压力水进入管网,这种情况在干式系统处于准工作状态时,保护场所未发生火灾的情况下是绝不允许发生的,如发生此种情况必须采取有效的排水措施,将管网内水排出至干式阀气室侧预充密封水位,否则将可能发生冰冻和不能给管网充气,使干式系统不能处于正常的准工作状态,发生火灾时不能及时动作喷水灭火,造成不必要的损失。

本条还对干式报警阀组上安装压力表的部位作了规定。这些规定是根据干式报警阀组的结构特点,工作条件要求,应对其水源水压、管网内气压、气源气压等进行观测而提出的。各部位压力值符合设计要求与否,是检查判定干式报警阀组是否处于准工作状态和正常的工作状态的主要技术参数。

5.3.5　雨淋阀组的安装应符合下列要求:

1　雨淋阀组可采用电动开启、传动管开启或手动开启,开启控制装置的安装应安全可靠。水传动管的安装应符合湿式系统有关要求。

2 预作用系统雨淋阀组后的管道若需充气,其安装应按干式报警阀组有关要求进行。

3 雨淋阀组的观测仪表和操作阀门的安装位置应符合设计要求,并应便于观测和操作。

检查数量:全数检查。检查方法:观察检查。

4 雨淋阀组手动开启装置的安装位置应符合设计要求,且在发生火灾时应能安全开启和便于操作。

检查数量:全数检查。检查方法:对照图纸观察检查和开启阀门检查。

5 压力表应安装在雨淋阀的水源一侧。

检查数量:全数检查。检查方法:观察检查。

本条对雨淋阀组的安装作了规定。雨淋阀组是雨淋系统、喷雾系统、水幕系统、预作用系统的重要组件。雨淋阀组的安装质量,是这些系统在发生火灾时能否正常启动发挥作用的关键,施工中应极其重视。

本条规定主要是针对组成预作用系统的雨淋报警阀组。预作用系统平时在雨淋阀以后的系统管网中可以充一定压力的压缩空气或其他惰性气体,也可以是空管,这主要由设计和使用部门根据使用现场条件来确定。对要求充气的,雨淋阀组的准工作状态条件和启动原理与干式报警阀组基本相同,其安装要求按干式报警阀组要求即可保证质量。

雨淋阀组组成的雨淋系统、喷雾系统等一般都是用在火灾危险较大、发生火灾后蔓延速度快及其他有特殊要求的场所。一旦使用场所发生火灾则要求启动速度愈快愈好,因此传导管网的安装质量是确保雨淋阀安全可靠开启的关键。雨淋阀的开启方式一般采用电动、传导管启动、手动几种。电动启动一般是用电磁阀或电动阀作启动执行元件,由火灾报警控制器控制自动启动或手动直接控制启动;传导管启动是用闭式喷头或其他可探测火警的简易结构装置作执行元件启动阀门;手动控制可用电磁阀、电动阀和快开阀作启动执行元件,由操作者控制启动。利用何种执行元件,根据保护场所情况由设计决定。上述几种启动方式的执行元件与雨淋阀门启动室连接,均是用内充设计要求压力水的传导管,尤其是传导管启动方式和机械式的手动启动,其传导管一般较长,布置也较复杂,其准工作状态近似于湿式系统管网状态,安装要求按湿式系统要求是可行的。

本条规定还考虑在使用场所发生火灾后,雨淋阀应操作方便、开启顺利并保障操作者安全。过去有些场所安装手动装置时,对安装位置的问题未引起重视,随意安装。当使用场所发生火灾后,由于操作不便或人员无法接近而不能及时顺利开启雨淋阀启动系统扑灭火灾,结果造成不必要的财产损失和人员伤亡。因此本规范规定雨淋阀组手动装置安装应达到操作方便和火灾时操作人员能安全操作的要求。

5.4 其他组件安装

主控项目

5.4.1 水流指示器的安装应符合下列要求:

1 水流指示器的安装应在管道试压和冲洗合格后进行,水流指示器的规格、型号应符合设计要求。

检查数量:全数检查。检查方法:对照图纸观察检查和检查管道试压和冲洗记录。

2 水流指示器应使电器元件部位竖直安装在水平管道上侧,其动作方向应和水流方向一致;安装后的水流指示器浆片、膜片应动作灵活,不应与管壁发生碰擦。

检查数量:全数检查。检查方法:观察检查和开启阀门放水检查。

本条对水流指示器的安装程序、安装位置、安装技术要求等作了明确规定。

水流指示器是一种由管网内水流作用启动、能发出电讯号的组件,常用于湿式灭火系统中,作电报警设施和区域报警用。

本条规定水流指示器安装应在管道试压、冲洗合格后进行,是为避免试压和冲洗对水流指示器动作机构造成损伤,影响功能。其规格应与安装管道匹配,因为水流指示器安装在系统的供水管网内的管道上,避免水流管道出现通水面积突变而增大阻力和出现气囊等不利现象发生。

水流指示器的作用原理目前主要是采用浆片或膜片感知水流的作用力而带动传动轴动作,开启信号机构发出讯号。为提高灵敏度,其动作机构的传动部位设计制作要求较高。所以在安装时要求电器元件部位水平向上安装在水平管段上,防止管道凝结水滴入电器部位,造成损坏。

5.4.2　控制阀的规格、型号和安装位置均应符合设计要求;安装方向应正确,控制阀内应清洁、无堵塞、无渗漏;主要控制阀应加设启闭标志;隐蔽处的控制阀应在明显处设有指示其位置的标志。

检查数量:全数检查。检查方法:观察检查。

本条对自动喷水灭火系统中所使用的各种控制阀门的安装要求作了规定。

控制阀门的规格、型号和安装位置应严格按设计要求,安装方向正确,安装后的阀门应处于要求的正常工作位置状态。特别强调了主控制阀应设置启闭标志,便于随时检查控制阀是否处于要求的启闭位置,以防意外。对安装在隐蔽处的控制阀,应在外部做指示其位置的标志,以便需要开、关此阀时,能及时准确地找出其位置,做应急操作。在以往的工程中,忽视了这个问题,尤其是有些要求较高和系统控制面积又较大的场所,为了美观,系统安装后,装修时将阀门封闭在隐蔽处,发生火灾或其他事故后,需及时关闭阀门,因未做标志,花很多时间也找不到阀门位置,结果造成不必要的损失。今后在施工中,必须对此引起高度重视。

5.4.3　压力开关应竖直安装在通往水力警铃的管道上,且不应在安装中拆装改动。管网上的压力控制装置的安装应符合设计要求。

检查数量:全数检查。检查方法:观察检查。

本条对压力开关和压力控制装置的安装位置作了规定。压力开关是自动喷水灭火系统中常采用的一种较简便的能发出电信号的组件。常与水力警铃配合使用,互为补充,在感知喷水灭火系统启动后,水力报警的水流压力启动发出报警信号。系统除利用它发出电讯号报警外,也可利用它与时间继电器组成消防泵自动启动装置。安装时除严格按使用说明书要求外,应防止随意拆装,以免影响其性能。其安装形式无论现场情况如何都应竖直安装在水力报警水流通路的管道上,应尽量靠近报警阀,以利于启动。

同时,压力开关控制稳压泵、电接点压力表控制消防气压给水设备时,这些压力控制装置的安装应符合设计的要求。

5.4.4　水力警铃应安装在公共通道或值班室附近的外墙上,且应安装检修、测试用的阀门。水力警铃和报警阀的连接应采用热镀锌钢管,当镀锌钢管的公称直径为20mm时,其长度不宜大于20m;安装后的水力警铃启动时,警铃声强度应不小于70dB。

检查数量:全数检查。

检查方法:观察检查、尺量检查和开启阀门放水,水力警铃启动后检查压力表的数值。

本条对水力警铃的安装位置、辅助设施的设置、传导管道的材质、公称直径、长度等作了规定。

水力警铃是各种类型的自动喷水灭火系统均需配备的通用组件。它是一种在使用中不受外界条件限制和影响,当使用场所发生火灾、自动喷水灭火系统启动后,能及时发出声响报警的安全可靠的报警装置。水力警铃安装总的要求是:保证系统启动后能及时发出设计要求的声强强度的声响报警,其报警能及时被值班人员或保护场所内其他人员发现,平时能够检测水力报警装置功能是否正常。本条规定内容和要求与设计规范是一致的,考虑到水力警铃的重要作用和通用性,本规范再作明确规定,利于执行和保证安装质量。

5.4.5 末端试水装置和试水阀的安装位置应便于检查、试验,并应有相应排水能力的排水设施。

检查数量:全数检查。检查方法:观察检查。

末端试水装置是自动喷水灭火系统使用中可检测系统总体功能的一种简易可行的检测试验装置。在湿式、预作用系统中均要求设置。末端试水装置一般由连接管、压力表、控制阀及排水管组成,有条件的也可采用远传压力、流量测试装置和电磁阀组成。总的安装要求是便于检查、试验,检测结果可靠。

关于末端试水装置处应安装排水装置的规定,是根据目前国内相当部分工程施工时,因没安装排水装置,使用时无法操作,有的甚至连位置都找不到,形同虚设。因此作出此规定。

一般项目

5.4.6 信号阀应安装在水流指示器前的管道上,与水流指示器之间的距离不宜小于300mm。

检查数量:全数检查。检查方法:观察检查和尺量检查。

本条规定主要是针对自动喷水灭火系统区域控制中同时使用信号阀和水流指示器而言的,这些要求是为了便于检查两种组件的工作情况和便于维修与更换。

5.4.7 排气阀的安装应在系统管网试压和冲洗合格后进行;排气阀应安装在配水干管顶部、配水管的末端,且应确保无渗漏。

检查数量:全数检查。检查方法:观察检查和检查管道试压及冲洗记录。

本条对自动排气阀的安装要求作了规定。自动排气阀是湿式系统上设置的能自动排出管网内气体的专用产品。在湿式系统调试充水过程中,管网内的气体将被自然驱压到最高点,自动排气阀能自动将这些气体排出,当充满水后,该阀会自动关闭。因其排气孔较小、阀塞等零件较精密,为防止损坏和堵塞,自动排气阀应在系统管网冲洗、试压合格后安装,其安装位置应是管网内气体最后集聚处。

5.4.8 节流管和减压孔板的安装应符合设计要求。

检查数量:全数检查。检查方法:对照图纸观察检查和尺量检查。

减压孔板和节流装置是使自动喷水灭火系统某一局部水压符合规范要求而常采用的压力调节设施。目前国内外已开发了应用方便、性能可靠的自动减压阀,其作用与减压孔板和节流装置相同,安装设置要求与设计规范规定是一致的。

5.4.9 压力开关、信号阀、水流指示器的引出线应用防水套管锁定。

检查数量:全数检查。检查方法:观察检查。

本条规定是为了防止压力开关、信号阀、水流指示器的引出线进水,影响其性能。

5.4.10 减压阀的安装应符合下列要求:

1 减压阀安装应在供水管网试压、冲洗合格后进行。

检查数量:全数检查。检查方法:检查管道试压和冲洗记录。

2 减压阀安装前应检查:其规格型号应与设计相符;阀外控制管路及导向阀各连接件不应有松动;外观应无机械损伤,并应清除阀内异物。

检查数量:全数检查。检查方法:对照图纸观察检查和手扳检查。

3 减压阀水流方向应与供水管网水流方向一致。

检查数量:全数检查。检查方法:观察检查。

4 应在进水侧安装过滤器,并宜在其前后安装控制阀。

检查数量:全数检查。检查方法:观察检查。

5 可调式减压阀宜水平安装,阀盖应向上。

检查数量:全数检查。检查方法:观察检查。

6　比例式减压阀宜垂直安装；当水平安装时，单呼吸孔减压阀其孔口应向下，双呼吸孔减压阀其孔口应呈水平位置。

检查数量：全数检查。检查方法：观察检查。

7　安装自身不带压力表的减压阀时，应在其前后相邻部位安装压力表。

检查数量：全数检查。检查方法：观察检查。

本条对可调式减压阀、比例式减压阀的安装程序和安装技术要求作了具体规定。改革开放以来，我国基本建设发展很快，近年来，各种高层、多功能式的建筑愈来愈多，为满足这些建筑对给排水系统的需求，给排水领域的新产品开发速度很快，尤其是专用阀门，如减压阀、新型泄压阀和止回阀等。这些新产品开发成功后，很快在工程中得到推广应用。在自动喷水灭火系统工程中也已采用，纳入规范是适应国内技术发展和工程需要的。

本条规定，减压阀安装应在系统供水管网试压、冲洗合格后进行，主要是为防止冲洗时对减压阀内部结构造成损伤，同时避免管道中杂物堵塞阀门，影响其功能。对减压阀在安装前应作的主要技术准备工作提出了要求。其目的是防止把不符合设计要求和自身存在质量隐患的阀门安装在系统中，避免工程返工，消除隐患。

减压阀的性能要求水流方向是不能变的。比例式减压阀，如果水流方向改变了，则把减压变成了升压；可调式减压阀如果水流方向反了，则不能工作，减压阀变成了止回阀。因此安装时，应严格按减压阀指示的方向安装。并要求在减压阀进水侧安装过滤网，防止管网中杂物流进减压阀内，堵塞减压阀先导阀通路，或者沉积于减压阀内活动件上，影响其动作，造成减压阀失灵。减压阀前后安装控制阀，主要是便于维修和更换减压阀，在维修、更换减压阀时，减少系统排水时间和停水影响范围。

可调式减压阀的导阀、阀门前后压力表均在阀门阀盖一侧，为便于调试、检修和观察压力情况，安装时阀盖应向上。

比例式减压阀的阀芯为柱体活塞式结构，工作时定位密封是靠阀芯外套的橡胶密封圈与阀体密封的。垂直安装时，阀芯与阀体密封接触面和受力较均匀，有利于确保其工作性能的可靠性和延长使用寿命。如水平安装，其阀芯与阀体中由于重力的原因，易造成下部接触较紧，增加摩擦阻力，影响其减压效果和使用寿命。当水平安装时，单呼吸孔应向下，双呼吸孔应成水平，主要是防止外界杂物堵塞呼吸孔，影响其性能。

安装压力表，主要为了调试时能检查减压阀的减压效果，使用中可随时检查供水压力，减压阀减压后的压力是否符合设计要求，即减压阀工作状态是否正常。

5.4.11　多功能水泵控制阀的安装应符合下列要求：

1　安装应在供水管网试压、冲洗合格后进行。

检查数量：全数检查。检查方法：检查管道试压和冲洗记录。

2　在安装前应检查：其规格型号应与设计相符；主阀各部件应完好；紧固件应齐全，无松动；各连接管路应完好，接头紧固；外观应无机械损伤，并应清除阀内异物。

检查数量：全数检查。检查方法：对照图纸观察检查和手扳检查。

3　水流方向应与供水管网水流方向一致。

检查数量：全数检查。检查方法：观察检查。

4　出口安装其他控制阀时应保持一定间距，以便于维修和管理。

检查数量：全数检查。检查方法：观察检查。

5　宜水平安装，且阀盖向上。

检查数量：全数检查。检查方法：观察检查。

6　安装自身不带压力表的多功能水泵控制阀时，应在其前后相邻部位安装压力表。

检查数量:全数检查。检查方法:观察检查。

7 进口端不宜安装柔性接头。

检查数量:全数检查。检查方法:观察检查。

本条对多功能水泵控制阀的安装程序和安装技术要求作了具体规定。

本条规定多功能水泵控制阀安装应在系统供水管网试压、冲洗合格后进行,主要是为防止冲洗时对多功能水泵控制阀内部结构造成损伤,同时避免管道中杂物堵塞阀门,影响其功能。对多功能水泵控制阀在安装前应作的主要技术准备工作提出了要求。其目的是防止把不符合设计要求和自身存在质量隐患的阀门安装在系统中,避免工程返工,消除隐患。

多功能水泵控制阀的性能要求水流方向是不能变的,因此安装时,应严格按多功能水泵控制阀指示的方向安装。

为便于调试、检修和观察压力情况,多功能水泵控制阀在安装时阀盖宜向上。

5.4.12 倒流防止器的安装应符合下列要求:

1 应在管道冲洗合格以后进行。

检查数量:全数检查。检查方法:检查管道试压和冲洗记录。

2 不应在倒流防止器的进口前安装过滤器或者使用带过滤器的倒流防止器。

检查数量:全数检查。检查方法:观察检查。

3 宜安装在水平位置,当竖直安装时,排水口应配备专用弯头。倒流防止器宜安装在便于调试和维护的位置。

检查数量:全数检查。检查方法:观察检查。

4 倒流防止器两端应分别安装闸阀,而且至少有一端应安装挠性接头。

检查数量:全数检查。检查方法:观察检查。

5 倒流防止器上的泄水阀不宜反向安装,泄水阀应采取间接排水方式,其排水管不应直接与排水管(沟)连接。

检查数量:全数检查。检查方法:观察检查。

6 安装完毕后,首次启动使用时,应关闭出水闸阀,缓慢打开进水闸阀,待阀腔充满水后,缓慢打开出水闸阀。

检查数量:全数检查。检查方法:观察检查。

本条对倒流防止器的安装作了规定。管道冲洗以后安装可以减少不必要的麻烦。用在消防管网上的倒流防止器进口前不允许使用过滤器或者使用带过滤器的倒流防止器,是因为过滤器的网眼可能被水中的杂质堵塞而引起紧急情况下的供水中断。安装在水平位置,以便于泄放水顺利排干,必要时也允许竖直安装,但要求排水口配备专用弯头。倒流防止器上的泄水阀一般不允许反向安装,如果需要,应由有资质的技术工人完成,而且还应该保证合适的调试、维修的空间。安装完毕初步启动使用时,为了防止剧烈动作时的O形圈移位和内部组件的损伤,应按一定的步骤进行。

第六节 系统试压和冲洗

6.1 一般规定

6.1.1 管网安装完毕后,应对其进行强度试验、严密性试验和冲洗。

检查数量:全数检查。检查方法:检查强度试验、严密性试验、冲洗记录表。

强制性条文,强度试验实际是对系统管网的整体结构、所有接口、承载管架等进行的一种超负荷考验。而严密性试验则是对系统管网渗漏程度的测试。实践表明,这两种试验都是必不可少的，也是评定其工程质量和系统功能的重要依据。管网冲洗，是防止系统投入使用后发生堵塞的重要技术措施之一。

6.1.2　强度试验和严密性试验宜用水进行。干式喷水灭火系统、预作用喷水灭火系统应做水压试验和气压试验。

检查数量：全数检查。检查方法：检查水压试验和气压试验记录表。

水压试验简单易行，效果稳定可信。对于干式、干湿式和预作用系统来讲，投入运行后，既要长期承受带压气体的作用，火灾期间又要转换成临时高压水系统，由于水与空气或氮气的特性差异很大，所以只做一种介质的试验，不能代表另一种试验的结果。

在冰冻季节期间，对水压试验应慎重处理，这是为了防止水在管网内结冰而引起爆管事故。

6.1.3　系统试压完成后，应及时拆除所有临时盲板及试验用的管道，并应与记录核对无误，且应按本规范附录C表C.0.2的格式填写记录。

检查数量：全数检查。检查方法：观察检查。

无遗漏地拆除所有临时盲板，是确保系统能正常投入使用所必须做到的。但当前不少施工单位往往忽视这项工作，结果带来严重后患，故强调必须与原来记录的盲板数量核对无误。按附录表C.0.2填写自动喷水灭火系统试压记录表，这是必须具备的交工验收资料内容之一。

6.1.4　管网冲洗应在试压合格后分段进行。冲洗顺序应先室外，后室内；先地下，后地上；室内部分的冲洗应按配水干管、配水管、配水支管的顺序进行。

检查数量：全数检查。检查方法：观察检查。

系统管网的冲洗工作如能按照此合理的程序进行，即可保证已被冲洗合格的管段，不致因对后面管段的冲洗而再次被弄脏或堵塞。室内部分的冲洗顺序，实际上是使冲洗水流方向与系统灭火时水流方向一致，可确保其冲洗的可靠性。

6.1.5　系统试压前应具备下列条件：

1　埋地管道的位置及管道基础、支墩等经复查应符合设计要求。

检查数量：全数检查。检查方法：对照图纸，观察、尺量检查。

2　试压用的压力表不应少于2只，精度不应低于1.5级，量程应为试验压力值的1.5～2倍。

检查数量：全数检查。检查方法：观察检查。

3　试压冲洗方案已经批准。

4　对不能参与试压的设备、仪表、阀门及附件应加以隔离或拆除；加设的临时盲板应具有突出于法兰的边耳，且应做明显标志，并记录临时盲板的数量。

检查数量：全数检查。检查方法：观察检查。

如果在试压合格后又发现埋地管道的坐标、标高、坡度及管道基础、支墩不符合设计要求而需要返工，势必造成返修完成后的再次试验，这是应该避免也是可以避免的。在整个试压过程中，管道改变方向、分出支管部位和末端处所承受的推力约为其正常工作状况时的1.5倍，故必须达到设计要求才行。

对试压用压力表的精度、量程和数量的要求，系根据国家标准《工业金属管道工程施工及验收规范》GB 50235的有关规定而定。

先编制出考虑周到、切实可行的试压冲洗方案，并经施工单位技术负责人审批，可以避免试压过程中的盲目性和随意性。试压包括分段试验和系统试验，后者应在系统冲洗合格后进行。系统的冲洗应分段进行，事前的准备工作和事后的收尾工作，都必须有条不紊地进行，以防止任何疏忽大意而留下隐患。对不能参与试压的设备、仪表、阀门及附件应加以隔离或拆除，使其免遭损伤。要求在试压前记录下所加设的临时盲板数量，是为了避免在系统复位时，因遗忘而留下少数临时盲板，从而给系统的冲洗带来麻烦，一旦投入使用，其灭火效果更是无法保证。

6.1.6 系统试压过程中,当出现泄漏时,应停止试压,并应放空管网中的试验介质;消除缺陷后,重新再试。

带压进行修理,既无法保证返修质量,又可能造成部件损坏或发生人身安全事故及造成水害,这在任何管道工程的施工中都是绝对禁止的。

6.1.7 管网冲洗宜用水进行。冲洗前,应对系统的仪表采取保护措施。

检查数量:全数检查。检查方法:观察检查。

水冲洗简单易行,费用低、效果好。系统的仪表若参与冲洗,往往会使其密封性遭到破坏或杂物沉积影响其性能。

6.1.8 冲洗前,应对管道支架、吊架进行检查,必要时应采取加固措施。

检查数量:全数检查。检查方法:观察、手扳检查。

水冲洗时,冲洗水流速度可高达3m/s,对管网改变方向、引出分支管部位、管道末端等处,将会产生较大的推力,若支架、吊架的牢固性欠佳,即会使管道产生较大的位移、变形,甚至断裂。

6.1.9 对不能经受冲洗的设备和冲洗后可能存留脏物、杂物的管段,应进行清理。

检查数量:全数检查。检查方法:观察检查。

若不对这些设备和管段采取有效的方法清洗,系统复位后,该部分所残存的污物便会污染整个管网,并可能在局部造成堵塞,使系统部分或完全丧失灭火功能。

6.1.10 冲洗直径大于100mm的管道时,应对其死角和底部进行敲打,但不得损伤管道。

冲洗大直径管道时,对死角和底部应进行敲打,目的是震松死角处和管道底部的杂质及沉淀物,使它们在高速水流的冲刷下呈漂浮状态而被带出管道。

6.1.11 管网冲洗合格后,应按本规范附录C表C.0.3的要求填写记录。

这是对系统管网的冲洗质量进行复查,检验评定其工程质量,也是工程交工验收所必须具备的资料之一,同时应避免冲洗合格后的管道再造成污染。

6.1.12 水压试验和水冲洗宜采用生活用水进行,不得使用海水或含有腐蚀性化学物质的水。

检查数量:全数检查。检查方法:观察检查。

规定采用符合生活用水标准的水进行冲洗,可以保证被冲洗管道的内壁不致遭受污染和腐蚀。

6.2 水压试验

主控项目

6.2.1 当系统设计工作压力等于或小于1.0MPa时,水压强度试验压力应为设计工作压力的1.5倍,并不应低于1.4MPa;当系统设计工作压力大于1.0MPa时,水压强度试验压力应为该工作压力加0.4MPa。

检查数量:全数检查。检查方法:观察检查。

参照美国标准NFPA13相关条文,并结合现行国家规范的有关条文,规定出对系统水压强度试验压力值和试验时间的要求,以保证系统在实际灭火过程中能承受国家标准《自动喷水灭火系统设计规范》GB 50084中规定的10m/s最大流速和1.20MPa最大工作压力。

6.2.2 水压强度试验的测试点应设在系统管网的最低点。对管网注水时,应将管网内的空气排净,并应缓慢升压;达到试验压力后,稳压30min后,管网应无泄漏、无变形,且压力降不应大于0.05MPa。

检查数量:全数检查。检查方法:观察检查。

测试点选在系统管网的低点,可客观地验证其承压能力;若设在系统高点,则无形中提高了试验压力值,这样往往会使系统管网局部受损,造成试压失败。检查判定方法采用目测,简单易行,也是其他国家现行规范常用的方法。

6.2.3　水压严密性试验应在水压强度试验和管网冲洗合格后进行。试验压力应为设计工作压力,稳压24h应无泄漏。

检查数量:全数检查。检查方法:观察检查。

参照国家标准《工业金属管道工程施工及验收规范》GB 50235 有关条文和美国标准 NFPA13 中的有关条文。已投入工作的一些系统表明,绝对无泄漏的系统是不存在的,但只要室内安装喷头的管网不出现任何明显渗漏,其他部位不超过正常漏水率,即可保证其正常的运行功能。

一般项目

6.2.4　水压试验时环境温度不宜低于5℃,当低于5℃时,水压试验应采取防冻措施。

检查数量:全数检查。检查方法:用温度计检查。

环境温度低于5℃时,试压效果不好,如果没有防冻措施,便有可能在试压过程中发生冰冻,试验介质就会因体积膨胀而造成爆管事故。

6.2.5　自动喷水灭火系统的水源干管、进户管和室内埋地管道,应在回填前单独或与系统一起进行水压强度试验和水压严密性试验。

检查数量:全数检查。检查方法:观察和检查水压强度试验及水压严密性试验记录。

参照美国标准 NFPA13 相关条文改写而成。系统的水源干管、进户管和室内地下管道,均为系统的重要组成部分,其承压能力、严密性均应与系统的地上管网等同,而此项工作常被忽视或遗忘,故需作出明确规定。

6.3　气压试验

主控项目

6.3.1　气压严密性试验压力应为0.28MPa,且稳压24h,压力降不应大于0.01MPa。

检查数量:全数检查。检查方法:观察检查。

本条参照美国标准 NFPA13 的相关规定。要求系统经历24h的气压考验,因漏气而出现的压力下降不超过0.01MPa,这样才能使系统为保持正常气压而不需要频繁地启动空气压缩机组。

一般项目

6.3.2　气压试验的介质宜采用空气或氮气。

检查数量:全数检查。检查方法:观察检查。

空气或氮气作试验介质,既经济、方便,又安全可靠,且不会产生不良后果。实际施工现场大都采用压缩空气作试验介质。因氮气价格便宜,对金属管道内壁可起到保护作用,故对湿度较大的地区来说,采用氮气作试验介质,也是防止管道内壁锈蚀的有效措施。

6.4　冲　　洗

主控项目

6.4.1　管网冲洗的水流流速、流量不应小于系统设计的水流流速、流量;管网冲洗宜分区、分段进行;水平管网冲洗时,其排水管位置应低于配水支管。

检查数量:全数检查。检查方法:使用流量计和观察检查。

水冲洗是自动喷水灭火系统工程施工中的一个重要工序,是防止系统堵塞、确保系统灭火效率的措施之一。本规范制定和实施过程对水冲洗的方法和技术条件曾多次组织专题研讨、论证。原条文参照美国NFPA13标准规定的水冲洗的水流流速不宜小于3m/s及相应流量。据调查,在规范实施中,实际工程基本上没有按此要求操作,其主要原因是现场条件不允许,搞专门的冲洗供水系统难度较大;一般工程均按系统设计流量进行冲洗,按此条件冲洗清出杂物合格后的系统,是能确保系统在应用中供水管网畅通,不发生堵塞。水压气动冲洗法因专用设备未上市,也未采用。本次修订该条规定应按系统的设计流量进行冲洗,是科学的,符合国内实际且便于实施。

6.4.2 管网冲洗的水流方向应与灭火时管网的水流方向一致。

检查数量:全数检查。检查方法:观察检查。

明确水冲洗的水流方向,有利于确保整个系统的冲洗效果和质量,同时对安排被冲洗管段的顺序也较为方便。

6.4.3 管网冲洗应连续进行。当出口处水的颜色、透明度与入口处水的颜色、透明度基本一致时,冲洗方可结束。

检查数量:全数检查。检查方法:观察检查。

与现行国家标准《工业金属管道工程施工及验收规范》GB 50235中对管道水冲洗的结果要求和检验方法完全相同。

一般项目

6.4.4 管网冲洗宜设临时专用排水管道,其排放应畅通和安全。排水管道的截面面积不得小于被冲洗管道截面面积的60%。

检查数量:全数检查。检查方法:观察和尺量、试水检查。

从系统中排出的冲洗用水,应该及时而顺畅地进入临时专用排水管道,而不应造成任何水害。临时专用排水管道可以现场临时安装,也可采用消火栓水龙带作为临时专用排水管道。本条还对排放管道的截面面积有一定要求,这种要求与目前我国工业管道冲洗的相应要求是一致的。

6.4.5 管网的地上管道与地下管道连接前,应在配水干管底部加设堵头后,对地下管道进行冲洗。

检查数量:全数检查。检查方法:观察检查。

6.4.6 管网冲洗结束后,应将管网内的水排除干净,必要时可采用压缩空气吹干。

检查数量:全数检查。检查方法:观察检查。

系统冲洗合格后,及时将存水排净,有利于保护冲洗成果。如系统需经长时间才能投入使用,则应用压缩空气将其管壁吹干,并加以封闭,这样可以避免管内生锈或再次遭受污染。

第七节 系统调试

7.1 一般规定

7.1.1 系统调试应在系统施工完成后进行。

只有在系统已按照设计要求全部安装完毕、工序检验合格后,才可能全面、有效地进行各项调试工作。

7.1.2 系统调试应具备下列条件:

1 消防水池、消防水箱已储存设计要求的水量;

2 系统供电正常;

3　消防气压给水设备的水位、气压符合设计要求；

4　湿式喷水灭火系统管网内已充满水；干式、预作用喷水灭火系统管网内的气压符合设计要求；阀门均无泄漏；

5　与系统配套的火灾自动报警系统处于工作状态。

系统调试的基本条件，要求系统的水源、电源、气源均按设计要求投入运行，这样才能使系统真正进入准工作状态，在此条件下，对系统进行调试所取得的结果，才是真正有代表性和可信的。

7.2　调试内容和要求

主控项目

7.2.1　系统调试应包括下列内容：

1　水源测试；

2　消防水泵调试；

3　稳压泵调试；

4　报警阀调试；

5　排水设施调试；

6　联动试验。

系统调试内容是根据系统正常工作条件、关键组件性能、系统性能等来确定的。本条规定系统调试的内容：水源的充足可靠与否，直接影响系统灭火功能；消防水泵对临时高压管网来讲，是扑灭火灾时的主要供水设施；报警阀为系统的关键组成部件，其动作的准确、灵敏与否，直接关系到灭火的成功率；排水装置是保证系统运行和进行试验时不致产生水害的设施；联动试验实为系统与火灾自动报警系统的联锁动作试验，它可反映出系统各组成部件之间是否协调和配套。

7.2.2　水源测试应符合下列要求：

1　按设计要求核实消防水箱、消防水池的容积，消防水箱设置高度应符合设计要求；消防储水应有不作它用的技术措施。

检查数量：全数检查。检查方法：对照图纸观察和尺量检查。

消防水箱、消防水池为系统常备供水设施。消防水箱始终保持系统投入灭火初期10min的用水量，消防水池储存系统总的用水量，二者都是十分关键和重要的。对消防水箱还应考虑到它的容积、高度和保证消防储水量的技术措施等，故应做全面核实。

2　按设计要求核实消防水泵接合器的数量和供水能力，并通过移动式消防水泵做供水试验进行验证。

检查数量：全数检查。检查方法：观察检查和进行通水试验。

消防水泵接合器是系统在火灾时供水设备发生故障，不能保证供给消防用水时的临时供水设施。特别是在室内消防水泵的电源遭到破坏或被保护建筑物已形成大面积火灾，灭火用水不足时，其作用更显得突出，故应通过试验来验证消防水泵接合器的供水能力。

7.2.3　消防水泵调试应符合下列要求：

1　以自动或手动方式启动消防水泵时，消防水泵应在30s内投入正常运行。

检查数量：全数检查。检查方法：用秒表检查。

2　以备用电源切换方式或备用泵切换启动消防水泵时，消防水泵应在30s内投入正常运行。

检查数量：全数检查。检查方法：用秒表检查。

本条是参照国家标准《消防泵性能要求和试验方法》GB 6245中5.10条消防泵组的性能要求拟定的。电动机启动的消防泵系指电源接通后的时间；柴油机启动系指柴油机运行后的时间。主要技术参数为消防泵投入正常运行的时间,试验装置比产品标准延长了10s,投入正常运行时间延长10s,主要是考虑实际工程中,消防水泵接入系统的状态与标准试验装置存在一定差距,如连接管路较长和安装设备较多;其次是调试时操作人员的熟练程度等因素都可能对泵的启动时间造成延时的具体情况。本着既考虑工程实际可适当延时,又应尽可能缩短延时时间的宗旨拟定的。对消防泵投入正常运行的时间严格要求,是出于确保系统的灭火效率。

消防泵启动时间是指从电源接通到消防泵达到额定工况的时间,应为30s。通过试验研究,30s启动消防水泵的时间是可行的。

7.2.4 稳压泵应按设计要求进行调试。当达到设计启动条件时,稳压泵应立即启动;当达到系统设计压力时,稳压泵应自动停止运行;当消防主泵启动时,稳压泵应停止运行。

检查数量:全数检查。检查方法:观察检查。

稳压泵的功能是使系统能保持准工作状态时的正常水压。美国标准NFPA20相关条文规定:稳压泵的额定流量,应当大于系统正常的漏水率,泵的出口压力应当是维护系统所需的压力,故它应随着系统压力变化而自动开启和停车。本条规定是根据稳压泵的基本功能提出的要求。

7.2.5 报警阀调试应符合下列要求:

1 湿式报警阀调试时,在试水装置处放水,当湿式报警阀进口水压大于0.14MPa、放水流量大于1L/s时,报警阀应及时启动;带延迟器的水力警铃应在5~90s内发出报警铃声,不带延迟器的水力警铃应在15s内发出报警铃声;压力开关应及时动作,并反馈信号。

检查数量:全数检查。检查方法:使用压力表、流量计、秒表和观察检查。

2 干式报警阀调试时,开启系统试验阀,报警阀的启动时间、启动点压力、水流到试验装置出口所需时间,均应符合设计要求。

检查数量:全数检查。检查方法:使用压力表、流量计、秒表、声强计和观察检查。

3 雨淋阀调试宜利用检测、试验管道进行。自动和手动方式启动的雨淋阀,应在15s之内启动;公称直径大于200mm的雨淋阀调试时,应在60s之内启动。雨淋阀调试时,当报警水压为0.05MPa,水力警铃应发出报警铃声。

检查数量:全数检查。检查方法:使用压力表、流量计、秒表、声强计和观察检查。

本条是对报警阀调试提出的要求。

第1、2款报警阀的功能是接通水源、启动水力警铃报警、防止系统管网的水倒流。按照本条具体规定进行试验,即可分别有效地验证湿式、干式报警阀及其附件的功能是否符合设计和施工规范要求。

第3款主要对雨淋阀作出规定,雨淋阀的调试要求是参照产品标准《自动喷水灭火系统 第5部分:雨淋报警阀》GB 5135的规定拟定的。本规范制定时,用雨淋阀组成的雨淋系统、预作用系统、水喷雾和水幕系统应用还较少,加之没有产品标准,雨淋阀产品也比较单一,拟定要求依据不足。规范发布实施几年来,雨淋阀的发展和应用迅速增加,在工程中也积累了不少经验和教训。

一般项目

7.2.6 调试过程中,系统排出的水应通过排水设施全部排走。

检查数量:全数检查。检查方法:观察检查。

对西南地区成渝两地及全国其他地区的调查结果表明,在设计、安装和维护管理上,忽视系统排水装置的情况较为普遍。已投入使用的系统,有的试水装置被封闭在天棚内,根本未与排水装置接通,有的报警阀处的放水阀也未与排水系统相接,因而根本无法开展对系统的常规试验或放空。现作出明确规定,以引起有关部门充分重视。

7.2.7 联动试验应符合下列要求,并按本规范附录C表C.0.4的要求进行记录。

1　湿式系统的联动试验,启动1只喷头或以0.94~1.5L/s的流量从末端试水装置处放水时,水流指示器、报警阀、压力开关、水力警铃和消防水泵等应及时动作,并发出相应的信号。

检查数量:全数检查。

检查方法:打开阀门放水,使用流量计和观察检查。

2　预作用系统、雨淋系统、水幕系统的联动试验,可采用专用测试仪表或其他方式,对火灾自动报警系统的各种探测器输入模拟火灾信号,火灾自动报警控制器应发出声光报警信号并启动自动喷水灭火系统;采用传动管启动的雨淋系统、水幕系统联动试验时,启动1只喷头,雨淋阀打开,压力开关动作,水泵启动。

检查数量:全数检查。检查方法:观察检查。

3　干式系统的联动试验,启动1只喷头或模拟1只喷头的排气量排气,报警阀应及时启动,压力开关、水力警铃动作并发出相应信号。

检查数量:全数检查。检查方法:观察检查。

本条是对自动喷水灭火系统联动试验的要求。

第1款是对湿式自动喷水灭火系统联动试验时,各相关部分动作情况的基本要求。当1只喷头启动或从末端试水装置处放水时,水流指示器应有信号返回消防控制中心,湿式报警阀应打开,水力警铃发出报警铃声,压力开关动作,启动消防水泵并向消防控制中心发出火警信号。

第2款是对预作用、雨淋、水幕自动喷水灭火系统联动试验时,各相关部分动作情况的基本要求。当采用专用测试仪表或其他方式,对火灾探测器输入模拟信号,火灾报警控制器应能发出信号,并打开雨淋阀,水力警铃发出报警铃声,压力开关动作,启动消防水泵。

当雨淋、水幕自动喷水灭火系统采用传动管启动时,打开末端试水装置(湿式控制)或开启1只喷头(干式控制)后,雨淋阀开启,水力警铃发出报警铃声,压力开关动作,启动消防水泵。

第3款是对干式自动喷水灭火系统联动试验时,各相关部分动作情况的基本要求。当1只喷头启动或从末端试水装置处排气时,干式报警阀应打开,水力警铃发出报警铃声,压力开关动作,启动消防水泵并向消防控制中心发出火警信号。

通过上述试验,可验证火灾自动报警系统与本系统投入灭火时的联锁功能,并可较直观地显示两个系统的部件和整体的灵敏度与可靠性是否达到设计要求。

第八节　系统验收

8.0.1　系统竣工后,必须进行工程验收,验收不合格不得投入使用。

强制性条文,本条对自动喷水灭火系统工程验收及要求作了明确规定。

竣工验收是自动喷水灭火系统工程交付使用前的一项重要技术工作。近年来,不少地区已制定了工程竣工验收暂行办法或规定,但各自做法不一,标准更不统一,验收的具体要求不明确,验收工作应如何进行、依据什么评定工程质量等问题较为突出,对验收的工程是否达到了设计功能要求,能否投入正常使用等重大问题心中无数,失去了验收的作用。鉴于上述情况,为确保系统功能,把好竣工验收关,强调工程竣工后必须进行竣工验收,验收不合格不得投入使用。切实做到投资建设的系统能充分起到扑灭火灾、保护人身和财产安全的作用。自动喷水灭火系统施工安装完毕后,应对系统的供水、水源、管网、喷头布置及功能等进行检查和试验,以保证喷水灭火系统正式投入使用后安全可靠,达到减少火灾危害、保护人身和财产安全的目的。我国已安装的自动喷水灭火系统中,或多或少地存在问题。如:有些系统水源不可靠,电源只有一个,管网管径不合理,无末端试水装置,向下安装的喷头带短管很长,备用电源切换不可靠等。这些问题的存在,如不及时采取措施,一旦发生火灾,灭火系统又不能起到及时控火、灭火的作用,反而贻误战机,造成损失,而且将使人们对这一灭火系统产生疑问。所以,自动喷水灭火系统施工安装后,必须进行检查试验,验收合格后才能投入使用。

8.0.2 自动喷水灭火系统工程验收应按本规范附录E的要求填写。

本条对自动喷水灭火系统工程施工及验收所需要的各种表格及其使用作了基本规定。

8.0.3 系统验收时,施工单位应提供下列资料:

1 竣工验收申请报告、设计变更通知书、竣工图;

2 工程质量事故处理报告;

3 施工现场质量管理检查记录;

4 自动喷水灭火系统施工过程质量管理检查记录;

5 自动喷水灭火系统质量控制检查资料。

本条规定的系统竣工验收应提供的文件也是系统投入使用后的存档材料,以便今后对系统进行检修、改造等用,并要求有专人负责维护管理。

8.0.4 系统供水水源的检查验收应符合下列要求:

1 应检查室外给水管网的进水管管径及供水能力,并应检查消防水箱和消防水池容量,均应符合设计要求。

2 当采用天然水源作系统的供水水源时,其水量、水质应符合设计要求,并应检查枯水期最低水位时确保消防用水的技术措施。

检查数量:全数检查。检查方法:对照设计资料观察检查。

本条对系统供水水源进行检查验收的要求作了规定。因为自动喷水灭火系统灭火不成功的因素中,供水中断是主要因素之一,所以这一条对三种水源情况既提出了要求,又要实际检查是否符合设计和施工验收规范中关于水源的规定,特别是利用天然水源作为系统水源时,除水量应符合设计要求外,水质必须无杂质、无腐蚀性,以防堵塞管道、喷头,腐蚀管道,即水质应符合工业用水的要求。对于个别地方,用露天水池或河水作临时水源时,为防止杂质进入消防水泵和管网,影响喷头布水,需在水源进入消防水泵前的吸水口处,设有自动除渣功能的固液分离装置,而不能用格栅除渣,因格栅被杂质堵塞后,易造成水源中断。如成都某宾馆的消防水池是露天水池,池中有水草等杂质,消防水泵启动后,因水泵吸水量大,杂质很快将格栅堵死,消防水泵因进水口无水,达不到灭火目的。

8.0.5 消防泵房的验收应符合下列要求:

1 消防泵房的建筑防火要求应符合相应的建筑设计防火规范的规定。

2 消防泵房设置的应急照明、安全出口应符合设计要求。

3 备用电源、自动切换装置的设置应符合设计要求。

检查数量:全数检查。检查方法:对照图纸观察检查。

在自动喷水灭火系统工程竣工验收时,有不少系统消防泵房设在地下室,且出口不便,又未设放水阀和排水措施,一旦安全阀损坏,泵房有被水淹没的危险。另外,对泵进行启动试验时,有些系统未设放水阀,不好进行试验,有些将试水阀和出水口均设在地下泵房内,无法进行试验。本条规定的主要目的是防止以上情况出现。

8.0.6 消防水泵验收应符合下列要求:

1 工作泵、备用泵、吸水管、出水管及出水管上的泄压阀、水锤消除设施、止回阀、信号阀等的规格、型号、数量,应符合设计要求;吸水管、出水管上的控制阀应锁定在常开位置,并有明显标记。

检查数量:全数检查。检查方法:对照图纸观察检查。

2 消防水泵应采用自灌式引水或其他可靠的引水措施。

检查数量:全数检查。检查方法:观察和尺量检查。

3　分别开启系统中的每一个末端试水装置和试水阀，水流指示器、压力开关等信号装置的功能均符合设计要求。

4　打开消防水泵出水管上试水阀，当采用主电源启动消防水泵时，消防水泵应启动正常；关掉主电源，主、备电源应能正常切换。

检查数量：全数检查。检查方法：观察检查。

5　消防水泵停泵时，水锤消除设施后的压力不应超过水泵出口额定压力的1.3～1.5倍。

检查数量：全数检查。检查方法：在阀门出口用压力表检查。

6　对消防气压给水设备，当系统气压下降到设计最低压力时，通过压力变化信号应启动稳压泵。

检查数量：全数检查。检查方法：使用压力表，观察检查。

7　消防水泵启动控制应置于自动启动档。

检查数量：全数检查。检查方法：观察检查。

本条验收的目的是检验消防水泵的动力可靠程度。即通过系统动作信号装置，如压力开关按键等能否启动消防泵，主、备电源切换及启动是否安全可靠。对消火栓箱启动按钮能否直接启动消防水泵的问题，应以确保安全为前提。一般情况下，消火栓箱按钮用24V电源。通过消火栓箱按钮直接启动消防水泵。无控制中心的系统用220V电源。通过消火栓箱按钮直接启动消防水泵时，应有防水、保护罩等安全措施。

对设有气压给水设备稳压的系统，要设定一个压力下限，即在下限压力下，喷水灭火系统最不利点的压力、流量能达到设计要求，当气压给水设备压力下降到设计最低压力时，应能及时启动消防水泵。

8.0.7　报警阀组的验收应符合下列要求：

1　报警阀组的各组件应符合产品标准要求。

检查数量：全数检查。检查方法：观察检查。

2　打开系统流量压力检测装置放水阀，测试的流量、压力应符合设计要求。

检查数量：全数检查。检查方法：使用流量计、压力表观察检查。

3　水力警铃的设置位置应正确。测试时，水力警铃喷嘴处压力不应小于0.05MPa，且距水力警铃3m远处警铃声声强不应小于70dB；

检查数量：全数检查。检查方法：打开阀门放水，使用压力表、声级计和尺量检查。

4　打开手动试水阀或电磁阀时，雨淋阀组动作应可靠。

5　控制阀均应锁定在常开位置。

检查数量：全数检查。检查方法：观察检查。

6　与空气压缩机或火灾自动报警系统的联动控制，应符合设计要求。

报警阀组是自动喷水灭火系统的关键组件，验收中常见的问题是控制阀安装位置不符合设计要求，不便操作，有些控制阀无试水口和试水排水措施，无法检测报警阀处压力、流量及警铃动作情况。对于使用闸阀又无锁定装置，有些闸阀处于半关闭状态，这是很危险的。所以要求使用闸阀时需有锁定装置，否则应使用信号阀代替闸阀。另外，干式系统和预作用系统等，还需检验空气压缩机与控制阀、报警系统与控制阀的联动是否可靠。

警铃设置位置，应靠近报警阀，使人们容易听到铃声。距警铃3m处，水力警铃喷嘴处压力不小于0.05 MPa时，其警铃声强度应不小于70dB。

8.0.8　管网验收应符合下列要求：

1　管道的材质、管径、接头、连接方式及采取的防腐、防冻措施，应符合设计规范及设计要求。

2　管网排水坡度及辅助排水设施，应符合本规范第5.1.10条的规定。

检查方法:水平尺和尺量检查。

3 系统中的末端试水装置、试水阀、排气阀应符合设计要求。

4 管网不同部位安装的报警阀组、闸阀、止回阀、电磁阀、信号阀、水流指示器、减压孔板、节流管、减压阀、柔性接头、排水管、排气阀、泄压阀等,均应符合设计要求;

检查数量:报警阀组、压力开关、止回阀、减压阀、泄压阀、电磁阀全数检查,合格率应为100%;闸阀、信号阀、水流指示器、减压孔板、节流管、柔性接头、排气阀等抽查设计数量的30%,且均不少于5个,合格率应为100%。

检查方法:对照图纸观察检查。

5 干式喷水灭火系统管网容积不大于2900L时,系统允许的最大充水时间不应大于3min;如干式喷水灭火系统管道充水时间不大于1min,系统管网容积允许大于2900L。

预作用喷水灭火系统的管道充水时间不应大于1min。

检查数量:全数检查。检查方法:通水试验,用秒表检查。

6 报警阀后的管道上不应安装其他用途的支管或水龙头。

检查数量:全数检查。检查方法:观察检查。

7 配水支管、配水管、配水干管设置的支架、吊架和防晃支架,应符合本规范第5.1.8条的规定。

检查数量:抽查20%,且不得少于5处。检查方法:观察检查,尺量检查。

系统管网检查验收内容,是针对已安装的喷水灭火系统通常存在的问题而提出的。如有些系统用的管径、接头不合规定,甚至管网未支撑固定等;有的系统处于有腐蚀气体的环境中而无防腐措施;有的系统冬天最低气温低于4℃也无保温防冻措施,致使喷头爆裂;有的系统没有排水坡度,或有坡度而坡向不合理;有的系统末端排水管用$\phi15$的管子;比较多的系统每层末端没有设试水装置;有的系统分区配水干管上没有设信号阀,而有的闸阀处于关闭或半关闭状态;有些系统最末端最上部没有设排气阀,往往在试水时产生强烈晃动甚至拉坏管网支架,充水调试难以达到要求;有些系统的支架、吊架、防晃支架设置不合理、不牢固,试水时易被损坏;有的系统上接消火栓或接洗手水龙头等。这些问题,看起来不是什么严重问题,但会影响系统控火、灭火功能,严重的可能造成系统在关键时不能发挥作用,形同虚设。本条作出的7款验收内容,主要是防止以上问题发生,而特别强调要进行逐项验收。

第5款是根据美国标准《自动喷水灭火系统安装标准》NFPA13(2002版)的相关内容进行修订的。其7.2.3.1条规定"一个干式阀控制的系统容积应不超过750gal(2839L)。"7.2.3.2条规定"凡从系统维持常气压,并完全开启测试点起,输水到达系统测试点的时间不超过60s时,管道体积允许超过7.2.3.1的要求。"在条文说明中有"当750gal(2839L)的体积限制不超过时,就不要求60s的输水时间限制。容积小于750gal(2839L)的某些干式系统,到测试点的输水时间达3min被认为是可接受的。"根据上述内容,我们规定了干式系统的验收要求。

预作用系统的验收要求同样是参考了《自动喷水灭火系统安装标准》NFPA 13(2002年版)7.3.2.2条的规定。

8.0.9 喷头验收应符合下列要求:

1 喷头设置场所、规格、型号、公称动作温度、响应时间指数(RTI)应符合设计要求。

检查数量:抽查设计喷头数量10%,总数不少于40个,合格率应为100%。

检查方法:对照图纸尺量检查。

2 喷头安装间距,喷头与楼板、墙、梁等障碍物的距离应符合设计要求。

检查数量:抽查设计喷头数量5%,总数不少于20个,距离偏差±15mm,合格率不小于95%时为合格。

检验方法:对照图纸尺量检查。

3　有腐蚀性气体的环境和有冰冻危险场所安装的喷头,应采取防护措施。

检查数量:全数检查。检查方法:观察检查。

4　有碰撞危险场所安装的喷头应加设防护罩。

检查数量:全数检查。检查方法:观察检查。

5　各种不同规格的喷头均应有一定数量的备用品,其数量不应小于安装总数的1%,且每种备用喷头不应少于10个。

自动喷水灭火系统最常见的违规问题是喷头布水被挡,特别是进行施工设计时,没有考虑喷头布置和装修的协调,致使不少喷头在装修施工后被遮挡或影响喷头布水,所以验收时必须检查喷头布置情况。对有吊顶的房间,因配水支管在闷顶内,三通以下接喷头时中间要加短管,如短管不超过15cm,则系统试验和换水时,短管中水也不能更换。但当短管太长时,不仅会使杂质在短管中沉积,而且形成较多死水,所以三通以下接短管时要求不宜大于15cm,最好三通以下直接接喷头。实在不能满足要求时,支管靠近顶棚布置,三通下接15cm短管,喷头可安装在顶棚贴近处。有些支管布置离顶棚较远,短管超过15cm,可采用带短管的专用喷头,即干式喷头,使水不能进入短管,喷头动作后,短管才充水,这样,就不会形成死水和杂质沉积。有腐蚀介质的场所应用经防腐处理的喷头或玻璃球喷头;有装饰要求的地方,可选用半隐蔽或隐蔽型装饰效果好的喷头;有碰撞危险场所的喷头,加设防护罩。

喷头的动作温度以喷头公称动作温度来表示,该温度一般高于喷头使用环境的最高温度30℃左右,这是多年实际使用和试验研究得出的经验数据。

本规定采用与国家标准《自动喷水灭火系统设计规范》GB 50084相同的备品数量。再强调要求,是要突出此点的重要性,系统投入运行后一定要这样做。

本条强调了喷头验收时的检验数量,是参考了现行国家标准《计数抽样检验程序》GB/T 2828的相关规定。

8.0.10　水泵接合器数量及进水管位置应符合设计要求,消防水泵接合器应进行充水试验,且系统最不利点的压力、流量应符合设计要求。

检查数量:全数检查。检查方法:使用流量计、压力表和观察检查。

凡设有消防水泵接合器的地方均应进行充水试验,以防止回阀方向装错。另外,通过试验,检验通过水泵接合器供水的具体技术参数,使末端试水装置测出的流量、压力达到设计要求,以确保系统在发生火灾时,需利用消防水泵接合器供水时,能达到控火、灭火目的。验收时,还应检验消防水泵接合器数量及位置是否正确,使用是否方便。

8.0.11　系统流量、压力的验收,应通过系统流量压力检测装置进行放水试验,系统流量、压力应符合设计要求。

检查数量:全数检查。检查方法:观察检查。

本条对系统的检测试验装置进行了规定。从末端试水装置的结构和功能来分析,通过末端试水装置进行放水试验,只能检验系统启动功能、报警功能及相应联动装置是否处于正常状态,而不能测试和判断系统的流量、压力是否符合要求,此目的只有通过检测试验装置才能达到。

8.0.12　应进行系统模拟灭火功能试验,且应符合下列要求:

1　报警阀动作,水力警铃应鸣响。

检查数量:全数检查。检查方法:观察检查。

2　水流指示器动作,应有反馈信号显示。

检查数量:全数检查。检查方法:观察检查。

3　压力开关动作,应启动消防水泵及与其联动的相关设备,并应有反馈信号显示。

检查数量:全数检查。检查方法:观察检查。

4 电磁阀打开,雨淋阀应开启,并应有反馈信号显示。

检查数量:全数检查。检查方法:观察检查。

5 消防水泵启动后,应有反馈信号显示。

检查数量:全数检查。检查方法:观察检查。

6 加速器动作后,应有反馈信号显示。

检查数量:全数检查。检查方法:观察检查。

7 其他消防联动控制设备启动后,应有反馈信号显示。

检查数量:全数检查。检查方法:观察检查。

本条是对全系统进行实测,以验证系统各部分功能。

8.0.13 系统工程质量验收判定条件:

1 系统工程质量缺陷应按本规范附录F要求划分为:严重缺陷项(A),重缺陷项(B),轻缺陷项(C)。

2 系统验收合格判定应为:$A=0$,且$B\leqslant2$,且$B+C\leqslant6$为合格,否则为不合格。

强制性条文,本条是根据本规范实施多年来,消防监督部门、消防工程公司、建设方在实践中总结出的经验,为满足消防监督、消防工程质量验收的需要而制定的。参照建筑工程质量验收标准、产品标准,把工程中不符合相关标准规定的项目,依据对自动喷水灭火系统的主要功能"喷水灭火"影响程度划分为严重缺陷项、重缺陷项、轻缺陷项三类;根据各类缺陷项统计数量,对系统主要功能影响程度,以及国内自动喷水灭火系统施工过程中的实际情况等,综合考虑几方面因素来确定工程合格判定条件。

合格判定条件的确定是根据《钢结构防火涂料》GB 14907、《电缆防火涂料通用技术条件》GA 181等产品标准的判定原则而确定的。严重缺陷不合格项不允许出现,重缺陷不合格项允许出现10%,轻缺陷不合格项允许出现20%,据此得到自动喷水灭火系统合格判定条件。

第九节 维护管理

9.0.1 自动喷水灭火系统应具有管理、检测、维护规程,并应保证系统处于准工作状态。维护管理工作,应按本规范附录G的要求进行。

维护管理是自动喷水灭火系统能否正常发挥作用的关键环节。灭火设施必须在平时的精心维护管理下才能发挥良好的作用。我国已有多起特大火灾事故发生在安装有自动喷水灭火系统的建筑物内,由于系统不符合要求或施工安装完毕投入使用后,没有进行日常维护管理和试验,以致发生火灾时,事故扩大,人员伤亡,损失严重。

9.0.2 维护管理人员应经过消防专业培训,应熟悉自动喷水灭火系统的原理、性能和操作维护规程。

自动喷水灭火系统组成的部件较多,系统比较复杂,每个部件的作用和应处于的状态及如何检验、测试都需要具有对系统作用原理了解和熟悉的专业人员来操作、管理。因此为提高维护管理人员的素质,承担这项工作的维护管理人员应当经专业培训,持证上岗。

9.0.3 每年应对水源的供水能力进行一次测定。

水源的水量、水压有无保证,是自动喷水灭火系统能否起到应有作用的关键。由于市政建设的发展,单位建筑的增加,用水量变化等等,水源的供水能力也会有变化。因此,每年应对水源的供水能力测定一次,以便不能达到要求时,及时采取必要的补救措施。

9.0.4 消防水泵或内燃机驱动的消防水泵应每月启动运转一次。当消防水泵为自动控制启动时，应每月模拟自动控制的条件启动运转一次。

消防水泵是供给消防用水的关键设备，必须定期进行试运转，保证发生火灾时启动灵活、不卡壳，电源或内燃机驱动正常，自动启动或电源切换及时无故障。本条试运转间隔时间系参考英、美规范和喜来登集团旅馆系统消防管理指南规定的。

9.0.5　电磁阀应每月检查并应作启动试验，动作失常时应及时更换。

本条是为保证系统启动的可靠性。电磁阀是启动系统的执行元件，所以每月对电磁阀进行检查、试验，必要时及时更换。

9.0.6　每个季度应对系统所有的末端试水阀和报警阀旁的放水试验阀进行一次放水试验，检查系统启动、报警功能以及出水情况是否正常。

9.0.7　系统上所有的控制阀门均应采用铅封或锁链固定在开启或规定的状态。每月应对铅封、锁链进行一次检查，当有破坏或损坏时应及时修理更换。

9.0.8　室外阀门井中，进水管上的控制阀门应每个季度检查一次，核实其处于全开启状态。

第9.0.6～9.0.8条消防给水管路必须保持畅通，报警控制阀在发生火灾时必须及时打开，系统中所配置的阀门都必须处于规定状态。对阀门编号和用标牌标注可以方便检查管理。

9.0.9　自动喷水灭火系统发生故障，需停水进行修理前，应向主管值班人员报告，取得维护负责人的同意，并临场监督，加强防范措施后方能动工。

自动喷水灭火系统的水源供水不应间断。关闭总阀断水后忘记再打开，以致发生火灾时无水，而造成重大损失，在国内外火灾事故中均已发生过。因此，停水修理时，必须向主管人员报告，并应有应急措施和有人临场监督，修理完毕应立即恢复供水。在修理过程中，万一发生火灾，也能及时采取紧急措施。

9.0.10　维护管理人员每天应对水源控制阀、报警阀组进行外观检查，并应保证系统处于无故障状态。

在发生火灾时，自动喷水灭火系统能否及时发挥应有的作用和它的每个部件是否处于正确状态有关，任何应处于开启状态的阀门被关闭，给水水源的压力达不到所需压力等等，都会使系统失效，造成重大损失，由于这种情况在自动喷水灭火系统失效的事故中最多，因此应当每天进行巡视。

9.0.11　消防水池、消防水箱及消防气压给水设备应每月检查一次，并应检查其消防储备水位及消防气压给水设备的气体压力。同时，应采取措施保证消防用水不作它用，并应每月对该措施进行检查，发现故障应及时进行处理。

对消防储备水应保证充足、可靠，应有平时不被它用的措施，应每月进行检查。

9.0.12　消防水池、消防水箱、消防气压给水设备内的水，应根据当地环境、气候条件不定期更换。

消防专用蓄水池或水箱中的水，由于未发生火灾或不进行消防演习试验而长期不动用，成为“死水”，特别在南方气温高、湿度大的地区，微生物和细菌容易繁殖，需要不定期换水。换水时应通知当地消防监督部门，做好此期间万一发生火灾而水箱、水池无水，需要采用其他灭火措施的准备。

9.0.13　寒冷季节，消防储水设备的任何部位均不得结冰。每天应检查设置储水设备的房间，保持室温不低于5℃。

本条规定的目的，是要确保消防储水设备的任何部位在寒冷季节均不得结冰，以保证灭火时用水，维护管理人员每天应进行检查。

9.0.14　每年应对消防储水设备进行检查，修补缺损和重新油漆。

本条规定是为了保证消防储水设备经常处于正常完好状态。

9.0.15　钢板消防水箱和消防气压给水设备的玻璃水位计，两端的角阀在不进行水位观察时应关闭。

消防水箱、消防气压给水设备所配置的玻璃水位计，由于受外力易于碰碎，造成消防储水流失或形成水害，因此在观察过水位后，应将水位计两端的角阀关闭。

9.0.16 消防水泵接合器的接口及附件应每月检查一次，并应保证接口完好、无渗漏、闷盖齐全。

9.0.17 每月应利用末端试水装置对水流指示器进行试验。

9.0.18 每月应对喷头进行一次外观及备用数量检查，发现有不正常的喷头应及时更换；当喷头上有异物时应及时清除。更换或安装喷头均应使用专用扳手。

洒水喷头是系统喷水灭火的功能件，应使每个喷头随时都处于正常状态，所以应当每月检查，更换发现问题的喷头。由于喷头的轭臂宽于底座，在安装、拆卸、拧紧或拧下喷头时，利用轭臂的力矩大于利用底座，安装维修人员会误认为这样省力，但喷头设计是不允许利用底座、轭臂来作扭拧支点的，应当利用方形底座作为拆卸的支点，生产喷头的厂家应提供专用配套的扳手，不至于拧坏喷头轭臂。

9.0.19 建筑物、构筑物的使用性质或贮存物安放位置、堆存高度的改变，影响到系统功能而需要进行修改时，应重新进行设计。

建筑物、构筑物使用性质的改变是常有的事，而且多层、高层综合性大楼的修建，也为各租赁使用单位提供方便。因此，必须强调因建、构筑物使用性质改变而影响到自动喷水灭火系统功能时，如需要提高等级或修改，应重新进行设计。

思考题

一、简答题

1. 简述自动喷水灭火系统工程施工过程质量控制的规定。
2. 自动喷水灭火系统工程管材、管件现场外观检查的要求。
3. 喷头现场检验的要求。
4. 自动喷水灭火系统工程阀门及其附件现场检验的要求。
5. 消防水泵的吸水管及其附件的安装要求。
6. 自动喷水灭火系统工程管道支架、吊架、防晃支架的安装要求。
7. 自动喷水灭火系统工程减压阀的安装要求。
8. 自动喷水灭火系统工程系统试压前应具备哪些条件？
9. 自动喷水灭火系统工程系统调试的条件及内容。
10. 自动喷水灭火系统工程验收时，施工单位应提供哪些资料？
11. 自动喷水灭火系统工程模拟灭火功能试验的要求。

二、论述题

1.《自动喷水灭火系统施工及验收规范》制定的目的、原因？
2. 喷头的安装要求及原因。
3. 为什么自动喷水灭火系统工程竣工后要进行验收，不合格不得投入使用。

附录A　自动喷水灭火系统分部、分项工程划分

自动喷水灭火系统的分部、分项工程可按表A划分。

自动喷水灭火系统分部、分项工程划分　　表A

分部工程	序号	子分部工程	分项工程
自动喷水灭火系统	1	供水设施安装与施工	消防水泵和稳压泵安装、消防水箱安装和消防水池施工、消防气压给水设备安装、消防水泵接合器安装
	2	管网及系统组件安装	管网安装、喷头安装、报警阀组安装、其他组件安装
	3	系统试压和冲洗	水压试验、气压试验、冲洗
	4	系统调试	水源测试、消防水泵调试、稳压泵调试、报警阀组调试、排水装置调试、联动试验

附录B　施工现场质量管理检查记录

施工现场质量管理检查记录应由施工单位质量检查员按表B填写，监理工程师进行检查，并做出检查结论。

施工现场质量管理检查记录　　表B

<table>
<tr><td>工程名称</td><td colspan="4"></td></tr>
<tr><td>建设单位</td><td colspan="2"></td><td>监理单位</td><td></td></tr>
<tr><td>设计单位</td><td colspan="2"></td><td>项目负责人</td><td></td></tr>
<tr><td>施工单位</td><td colspan="2"></td><td>施工许可证</td><td></td></tr>
<tr><td>序号</td><td colspan="2">项　目</td><td colspan="2">内　容</td></tr>
<tr><td>1</td><td colspan="2">现场质量管理制度</td><td colspan="2"></td></tr>
<tr><td>2</td><td colspan="2">质量责任制</td><td colspan="2"></td></tr>
<tr><td>3</td><td colspan="2">主要专业工种人员操作上岗证书</td><td colspan="2"></td></tr>
<tr><td>4</td><td colspan="2">施工图审查情况</td><td colspan="2"></td></tr>
<tr><td>5</td><td colspan="2">施工组织设计、施工方案及审批</td><td colspan="2"></td></tr>
<tr><td>6</td><td colspan="2">施工技术标准</td><td colspan="2"></td></tr>
<tr><td>7</td><td colspan="2">工程质量检验制度</td><td colspan="2"></td></tr>
<tr><td>8</td><td colspan="2">现场材料、设备管理</td><td colspan="2"></td></tr>
<tr><td>9</td><td colspan="2">其他</td><td colspan="2"></td></tr>
<tr><td>10</td><td colspan="2"></td><td colspan="2"></td></tr>
<tr><td>结论</td><td>施工单位项目负责人：
（签章）
年　月　日</td><td colspan="2">监理工程师：
（签章）
年　月　日</td><td>建设单位项目负责人：
（签章）
年　月　日</td></tr>
</table>

附录C　自动喷水灭火系统施工过程质量检查记录

C.0.1　自动喷水灭火系统施工过程质量检查记录应由施工单位质量检查员按表C.0.1填写,监理工程师进行检查,并做出检查结论。

自动喷水灭火系统施工过程质量检查记录　　　　表C.0.1

工程名称		施工单位	
施工执行规范名称及编号		监理单位	
子分部工程名称		分项工程名称	
项　目	《规范》章节条款	施工单位检查评定记录	监理单位验收记录
结论	施工单位项目负责人: (签章) 年　月　日	监理工程师(建设单位项目负责人): (签章) 年　月　日	

C.0.2 自动喷水灭火系统试压记录应由施工单位质量检查员填写，监理工程师（建设单位项目负责人）组织施工单位项目负责人等进行验收，并按表C.0.2填写。

自动喷水灭火系统试压记录 表C.0.2

工程名称						建设单位					
施工单位						监理单位					
管段号	材质	设计工作压力（MPa）	温度（℃）	强度试验				严密性试验			
				介质	压力（MPa）	时间（min）	结论意见	介质	压力（MPa）	时间（min）	结论意见
参加单位	施工单位项目负责人： （签章） 年 月 日				监理工程师： （签章） 年 月 日			建设单位项目负责人： （签章） 年 月 日			

C.0.3　自动喷水灭火系统管网冲洗记录应由施工单位质量检查员填写,监理工程师(建设单位项目负责人)组织施工单位项目负责人等进行验收,并按表 C.0.3 填写。

自动喷水灭火系统管网冲洗记录　　　　**表 C.0.3**

工程名称				建设单位			
施工单位				监理单位			
管段号	材质	冲　洗					论意见
		介质	压力(MPa)	流速(m/s)	流量(L/s)	冲洗次数	
参加单位	施工单位项目负责人: (签章) 年　月　日			监理工程师: (签章) 年　月　日		建设单位项目负责人: (签章) 年　月　日	

C.0.4　自动喷水灭火系统联动试验记录应由施工单位质量检查员填写，监理工程师（建设单位项目负责人）组织施工单位项目负责人等进行验收，并按表C.0.4填写。

自动喷水灭火系统联动试验记录　　表C.0.4

<table>
<tr><td>工程名称</td><td colspan="2"></td><td>建设单位</td><td colspan="2"></td></tr>
<tr><td>施工单位</td><td colspan="2"></td><td>监理单位</td><td colspan="2"></td></tr>
<tr><td rowspan="2">系统类型</td><td rowspan="2">启动信号（部位）</td><td colspan="4">联动组件动作</td></tr>
<tr><td>名称</td><td>是否开启</td><td>要求动作时间</td><td>实际动作时间</td></tr>
<tr><td rowspan="5">湿式系统</td><td rowspan="5">末端试水装置</td><td>水流指示器</td><td></td><td>/</td><td>/</td></tr>
<tr><td>湿式报警阀</td><td></td><td>/</td><td>/</td></tr>
<tr><td>水力警铃</td><td></td><td>/</td><td>/</td></tr>
<tr><td>压力开关</td><td></td><td>/</td><td>/</td></tr>
<tr><td>水泵</td><td></td><td></td><td></td></tr>
<tr><td rowspan="5">水幕、雨淋系统</td><td rowspan="2">温与烟信号</td><td>雨淋阀</td><td></td><td>/</td><td>/</td></tr>
<tr><td>水泵</td><td></td><td></td><td></td></tr>
<tr><td rowspan="3">传动管启动</td><td>雨淋阀</td><td></td><td>/</td><td>/</td></tr>
<tr><td>压力开关</td><td></td><td>/</td><td></td></tr>
<tr><td>水泵</td><td></td><td></td><td></td></tr>
<tr><td rowspan="5">干式系统</td><td rowspan="5">模拟喷头动作</td><td>干式阀</td><td></td><td>/</td><td>/</td></tr>
<tr><td>水力警铃</td><td></td><td>/</td><td>/</td></tr>
<tr><td>压力开关</td><td></td><td>/</td><td>/</td></tr>
<tr><td>充水时间</td><td></td><td></td><td></td></tr>
<tr><td>水泵</td><td></td><td></td><td></td></tr>
<tr><td rowspan="5">预作用系统</td><td rowspan="5">模拟喷头动作</td><td>预作用阀</td><td></td><td>/</td><td>/</td></tr>
<tr><td>水力警铃</td><td></td><td>/</td><td>/</td></tr>
<tr><td>压力开关</td><td></td><td>/</td><td>/</td></tr>
<tr><td>充水时间</td><td></td><td></td><td></td></tr>
<tr><td>水泵</td><td></td><td></td><td></td></tr>
<tr><td>参加单位</td><td colspan="2">施工单位项目负责人：
（签章）
年　月　日</td><td colspan="2">监理工程师：
（签章）
年　月　日</td><td>建设单位项目负责人：
（签章）
年　月　日</td></tr>
</table>

附录 D　自动喷水灭火系统工程质量控制资料检查记录

自动喷水灭火系统工程质量控制资料检查记录应由监理工程师(建设单位项目负责人)组织施工单位项目负责人进行验收,并按表 D 填写。

自动喷水灭火系统工程质量控制资料检查记录　　表 D

工程名称		施工单位		
分部工程名称	资料名称	数量	核查意见	核查人
自动喷水灭火系统	1. 施工图、设计说明书、设计变更通知书和设计审核意见书、竣工图			
	2. 主要设备、组件的国家质量监督检验测试中心的检测报告和产品出厂合格证			
	3. 与系统相关的电源、备用动力、电气设备以及联动控制设备等验收合格证明			
	4. 施工记录表,系统试压记录表,系统管道冲洗记录表,隐蔽工程验收记录表,系统联动控制试验记录表,系统调试记录表			
	5. 系统及设备使用说明书			
结论	施工单位项目负责人: (签章) 年　月　日	监理工程师: (签章) 年　月　日	建设单位项目负责人: (签章) 年　月　日	

附录 E 自动喷水灭火系统工程验收记录

自动喷水灭火系统工程验收记录应由建设单位填写，综合验收结论由参加验收的各方共同商定并签章。

自动喷水灭火系统工程验收记录 表 E

<table>
<tr><td colspan="2">工程名称</td><td></td><td>分部工程名称</td><td></td></tr>
<tr><td colspan="2">施工单位</td><td></td><td>项目负责人</td><td></td></tr>
<tr><td colspan="2">监理单位</td><td></td><td>监理工程师</td><td></td></tr>
<tr><td>序号</td><td colspan="2">检查项目名称</td><td>检查内容记录</td><td>检查评定结果</td></tr>
<tr><td>1</td><td colspan="2"></td><td></td><td></td></tr>
<tr><td>2</td><td colspan="2"></td><td></td><td></td></tr>
<tr><td>3</td><td colspan="2"></td><td></td><td></td></tr>
<tr><td>4</td><td colspan="2"></td><td></td><td></td></tr>
<tr><td>5</td><td colspan="2"></td><td></td><td></td></tr>
<tr><td colspan="2">综合验收结论</td><td colspan="3"></td></tr>
<tr><td rowspan="4">验
收
结
论</td><td colspan="2">施工单位：(单位印章)</td><td colspan="2">项目负责人：
(签章)
年 月 日</td></tr>
<tr><td colspan="2">监理单位：(单位印章)</td><td colspan="2">监理工程师：
(签章)
年 月 日</td></tr>
<tr><td colspan="2">设计单位：(单位印章)</td><td colspan="2">项目负责人：
(签章)
年 月 日</td></tr>
<tr><td colspan="2">建设单位：(单位印章)</td><td colspan="2">(签章)
年 月 日</td></tr>
</table>

附录F 自动喷水灭火系统验收缺陷项目划分

自动喷水灭火系统验收缺陷项目的划分应按表F进行。

自动喷水灭火系统验收缺陷项目划分 表F

缺陷分类	严重缺陷(A)	重缺陷(B)	请缺陷(C)
包含条款	-	-	8.0.3条第1-5款
	8.0.4条第1、2款	-	-
	-	8.0.5条第1-3款	-
	8.0.6条第4款	8.0.6条第1、2、3、5、6款	8.0.6条第7款
	-	8.0.7条第1、2、3、4、6款	8.0.7条第5款
	8.0.8条第1款	8.0.8条第4、5款	8.0.8条第2、3、6、7款
	8.0.9条第1款	8.0.9条第2款	8.0.9条第3-5款
	-	8.0.10条	-
	8.0.11条	-	-
	8.0.12条第3、4款	8.0.12条第5-7款	8.0.12条第1、2款

附录G　自动喷水灭火系统维护管理工作检查项目

自动喷水灭火系统的维护管理工作应按表G进行。

自动喷水灭火系统维护管理工作检查项目　表G

部位	工作内容	周期
水源控制阀、报警控制装置	目测巡检完好状况及开闭状态	每日
电源	接通状态，电压	每日
内燃机驱动消防水泵	启动试运转	每月
喷头	检查完好状况、清除异物、备用量	每月
系统所有控制阀门	检查铅封、锁链完好状况	每月
电动消防水泵	启动试运转	每月
消防气压给水设备	检测气压、水位	每月
蓄水池、高位水箱	检测水位及消防储备水不被他用的措施	每月
电磁阀	启动试验	每月
水泵接合器	检查完好状况	每月
水流指示器	试验报警	每季
室外阀门井中控制阀门	检查开启状况	每季
报警阀、试水阀	放水试验，启动性能	每季
水源	测试供水能力	每年
水泵接合器	通水试验	每年
过滤器	排渣、完好状态	每年
储水设备	检查结构材料	每年
系统联动试验	系统运行功能	每年
设置储水设备的房间	检查室温	每天(寒冷季节)

第六章　综合布线工程验收

《综合布线系统工程验收规范》GB50312－2007,自2007年10月1日起实施。规范规定建筑与建筑群综合布线系统工程施工质量检查、随工检验和竣工验收等工作的技术要求,分9章和5个附录,主要包括:总则、环境检查、器材及测试仪表工具检查、设备安装检验、缆线的敷设和保护方式检验、缆线终接、工程电气测试、管理系统验收、工程验收等。其中,有1条为强制性条文,必须严格执行。原《建筑与建筑群综合布线系统工程验收规范》GB/T50312－2000同时废止。

第一节　基本概述

综合布线系统在建筑与建筑群的建设中,得到了广泛应用,为加强综合布线系统工程实施和规范、细化综合布线系统工程的质量检测和验收、提高安装质量制定该规范。该标准编制特点:一是和国际标准接轨;二是符合国家的法规政策,该标准的编制体现了国家最新的法规政策;三是很多的数据、条款的内容更贴近工程应用,具有实用性和可操作性。

规范编制时根据国家对于工程质量控制的整体要求,主要参考国际标准ISO11801、EIA/TI A5 6 8 B等最新版本,补充提出多项侧重于5e类、6类、7类布线系统及多模、单模光纤系统的测试方法、内容及参数指标;并侧重于施工过程中出现的难点问题和非规范的作法,在验收规范中提出工程施工前的测试与检查,工程实施过程中与工程竣工时的检测内容与指标要求,并以附录的方式完善补充测试指标含义和测试方法。

规范规定了测试连接图,3类和5类布线系统按照基本链路和信道进行测试,指标项目为衰减和近端串音(NEXT);5e类、6类和7类布线系统按照永久链路和信道进行测试,指标项目包括插入损耗(IL)、近端串音、衰减串音比(ACR)等电平远端串音(ELFEXT)、近端串音功率和(PSNEXT)、衰减串音比功率和(PSACR)、等电平远端串音功率和(PSELEFXT)、回波损耗(RL)、时延、时延偏差等。

条文讲解摘录选择原则针对质检员在施工现场经常发生和普遍存在的规范的实质把握不牢、对原理、概念模糊、对规范理解不全面的问题进行重点介绍,目的在于提高广大一线质检员的质量意识和技术水平。条文内容直接摘录引用验收规范,具体条款可详见专业验收规范。

第二节　综合布线系统工程验收规范

1　总　则

1.0.1　为统一建筑与建筑群综合布线系统工程施工质量检查、随工检验和竣工验收等工作的技术要求,特制定本规范。

综合布线作为现代信息通信网络的一种传输方式,担负着对语音、数据、图像和多媒体等各类信息的传输、分配与管理,成为现今建筑物中,不可或缺的信息通信基础设施。综合布线是智能建筑的重要组成部分,用综合的配线系统把智能建筑内的数据、语音、信号通过综合线路、接口、模块等互联互通,从而达到各种信息、数据共享,具有兼容性、开放性、灵活性和可靠性特点。

综合布线系统在建筑与建筑群的建设中,得到了广泛应用。但是如果工程存在施工质量间题,将给通信网络和计算机网络造成潜在的隐患,影响信息的传送。因此制定本规范,为综合布线系统工程的质量检测和验收提供判断是否合格的标准,提出切实可行的验收要求,从而起到确保综合布线系统工程质量的作用。

1.0.2 本规范适用于新建、扩建和改建建筑与建筑群综合布线系统工程的验收。

1.0.3 综合布线系统工程实施中采用的工程技术文件、承包合同文件对工程质量验收的要求不得低于本规范规定。

1.0.4 在施工过程中,施工单位必须执行本规范有关施工质量检查的规定。建设单位应通过工地代表或工程监理人员加强工地的随工质量检查,及时组织隐蔽工程的检验和验收。

1.0.5 综合布线系统工程应符合设计要求,工程验收前应进行自检测试、竣工验收测试工作。

本规范规定了综合布线系统工程的验收测试形式,其中自检测试由施工单位进行,主要验证布线系统的连通性和终接的正确性;竣工验收测试则由测试部门根据工程的类别,按布线系统标准规定的连接方式完成性能指标参数的测试。

1.0.6 综合布线系统工程的验收,除应符合本规范外,还应符合国家现行有关技术标准、规范的规定。

本规范应与现行国家标准《综合布线系统工程设计规范》GB50311 配套使用,此外,综合布线系统工程验收还涉及其他标准规范,如:《智能建筑工程质量验收规范》GB 50339、《建筑电气工程施工质量验收规范》GB 50303、《通信管道工程施工及验收技术规范》GB 50374 等。

工程技术文件、承包合同文件要求采用国际标准时,应按要求采用适用的国际标准,但不应低于本规范规定。以下国际标准可供参考:

《用户建筑综合布线》ISO/IEC 11801;

《商业建筑电信布线标准》EIA/TIA 568;

《商业建筑电信布线安装标准》EIA/TIA 569;

《商业建筑通信基础结构管理规范》EIA/TIA 606;

《商业建筑通信接地要求》EIA/TIA 607;

《信息系统通用布线标准》EN 50173;

《信息系统布线安装标准》EN 50174。

2 环境检查

2.0.1 工作区、电信间、设备间的检查应包括下列内容:

1 工作区、电信间、设备间土建工程已全部竣工。房屋地面平整、光洁,门的高度和宽度应符合设计要求。

2 房屋预埋线槽、暗管、孔洞和竖井的位置、数量、尺寸均应符合设计要求。

3 铺设活动地板的场所,活动地板防静电措施及接地应符合设计要求。

4 电信间、设备间应提供220V 带保护接地的单相电源插座。

5 电信间、设备间应提供可靠的接地装置,接地电阻值及接地装置的设置应符合设计要求。

6 电信间、设备间的位置、面积、高度、通风、防火及环境温、湿度等应符合设计要求。

本规范只对综合布线系统的安装环境检查提出规定。如果电信间安装有源设备(集线器、局域网交换机等)、设备间安装计算机主机、电话交换机、传输等设备时,建筑物的环境条件应按上述系统设备的安装工艺设计要求进行检查。

电信间、设备间安装设备所需要的交流供电系统和接地装置及预埋的暗管、线槽应由工艺设计提出要求,在土建工程中实施;

设备的直流供电系统及UPS 供电系统应另立项目实施,并按各系统要求进行工艺设计。设备供电系统均按工艺设计要求进行验收。

2.0.2 建筑物进线间及入口设施的检查应包括下列内容:

1 引入管道与其他设施如电气、水、煤气、下水道等的位置间距应符合设计要求。

2 引入缆线采用的敷设方法应符合设计要求。

3 管线入口部位的处理应符合设计要求,并应检查采取排水及防止气、水、虫等进入的措施。

4 进线间的位置、面积、高度、照明、电源、接地、防火、防水等应符合设计要求。

本规范只对建筑物涉及综合布线系统的进线间及入口设施检查提出规定。进线间的设置、引入管道和孔洞的封堵、引入缆线的排列布放等应按照现行国家标准《通信管道工程施工及验收技术规范》GB 50379 等相关国家标准和行业规范进行检查。

2.0.3 有关设施的安装方式应符合设计文件规定的抗震要求。

3 器材及测试仪表工具检查

3.0.1 器材检验应符合下列要求:

1 工程所用缆线和器材的品牌、型号、规格、数量、质量应在施工前进行检查,应符合设计要求并具备相应的质量文件或证书,无出厂检验证明材料、质量文件或与设计不符者不得在工程中使用。

2 进口设备和材料应具有产地证明和商检证明。

3 经检验的器材应做好记录,对不合格的器件应单独存放,以备核查与处理。

4 工程中使用的缆线、器材应与订货合同或封存的产品在规格、型号、等级上相符。

5 备品、备件及各类文件资料应齐全。

综合布线用铜线缆分类及其特点:

一般指双绞线(Twisted Pair)分为非屏蔽(Unshelded TwisteD Pair,简称 UTP)、屏蔽(Shelded TwisteD Pair,简称 STP)。UTP 是使用频率最高的一种网线,这种网线在塑料绝缘外皮里面包裹着每两根为一对相互缠绕的八根信号线,双绞线这样互相缠绕的目的就是利用铜线中电流产生的电磁场互相作用抵消邻近线路的干扰并减少来自外界的干扰。每对线在单位长度上相互缠绕的次数决定了抗干扰的能力和通讯的质量。国际电工委员会和国际电信委员会 EIA/TIA 对 UTP 网线的国际标准并根据使用的领域分为 6 个类别(Categories 或者简称 CaT),每种类别的网线生产厂家都会在其绝缘外皮上标注其种类,例如 CaT-5 或者 Categories-5。单段 Cat-3、Cat-5 的最大允许使用长度是 100m。

STP 就是指网线内部信号线的外面包裹着一层金属网,在屏蔽层外面才是绝缘外皮,屏蔽层可以有效地隔离外界电磁信号的干扰。STP 要求施工条件高,要求外屏蔽网整体连续和接地良好,否则反而影响信号的传输,目前仅应用电磁辐射强烈、保密要求高场所。

材料、设备质量直接决定着实际效果,对其检查、把关是保证工程质量的重要前提。首先检查相关的质保资料,质量资料包括产品合格证(质量合格证或出厂合格证)、国家指定的检测单位出具的检验报告或认证标志、认证证书、质量保证书等。提供检测报告复印件建议增加盖原检测机构或生产单位或经销商的红章,重要目的是约束复印件的使用,同时还应在检测报告上注明使用工程的名称。目前国家实行对某些产品实行准入管理,如信息产业部针对电信产品的入网许可证;公安部针对消防工程和安全防范工程类产品的管理;广电总局对广播电视设备器材入网产品的入网许可证;对于进口产品还须有海关部门的报关单。在质保资料齐全的前提下,检查实物标识、几何尺寸、产品性能(仪表测试),发现可疑的产品须送有资质的检测机构检测合格后方可使用。

3.0.2 配套型材、管材与铁件的检查应符合下列要求:

1　各种型材的材质、规格、型号应符合设计文件的规定,表面应光滑、平整,不得变形、断裂。预埋金属线槽、过线盒、接线盒及桥架等表面涂覆或镀层应均匀、完整,不得变形、损坏。

2　室内管材采用金属管或塑料管时,其管身应光滑、无伤痕,管孔无变形,孔径、壁厚应符合设计要求。

金属管槽应根据工程环境要求做镀锌或其他防腐处理。塑料管槽必须采用阻燃管槽,外壁应具有阻燃标记。

3　室外管道应按通信管道工程验收的相关规定进行检验。

4　各种铁件的材质、规格均应符合相应质量标准,不得有歪斜、扭曲、飞刺、断裂或破损。

5　铁件的表面处理和镀层应均匀、完整,表面光洁,无脱落、气泡等缺陷。

配套管材产品要求和安装工艺安装按照《建筑电气工程施工质量验收规范》GB 50303 执行,配管(槽)目的:1)保护线缆;2)提供线缆通道;3)要求一定的防腐耐久能力。

3.0.3　缆线的检验应符合下列要求:

1　工程使用的电缆和光缆型式、规格及缆线的防火等级应符合设计要求。

2　缆线所附标志、标签内容应齐全、清晰,外包装应注明型号和规格。

3　缆线外包装和外护套需完整无损,当外包装损坏严重时,应测试合格后再在工程中使用。

4　电缆应附有本批量的电气性能检验报告,施工前应进行链路或信道的电气性能及缆线长度的抽验,并做测试记录。

5　光缆开盘后应先检查光缆端头封装是否良好。光缆外包装或光缆护套如有损伤,应对该盘光缆进行光纤性能指标测试,如有断纤,应进行处理,待检查合格才允许使用。光纤检测完毕,光缆端头应密封固定,恢复外包装。

6　光纤接插软线或光跳线检验应符合下列规定:

1)两端的光纤连接器件端面应装配合适的保护盖帽。

2)光纤类型应符合设计要求,并应有明显的标记。

此条规定缆线进场验收的具体要求:

1　缆线识别标记包括缆线标志和标签。缆线标志:在缆线的护套上以不大于1m的间隔印有生产厂厂名或代号,缆线型号及生产年份。以1m的间距印有以米(m)为单位的长度标志。

2　防火等级,主要以缆线受火的燃烧程度及着火以后,火焰在缆线上蔓延的距离、燃烧的时间、热量与烟雾的释放、释放气体的毒性等指标,并通过实验室模拟缆线燃烧的现场状况实测取得。欧盟把缆线分成B1、B2、C、D、E;美洲把电缆分成CMP(阻燃级)、CMR(主干级)CM、CMG(通用级)、CMX(住宅级);光缆分级OFNP或OFCP、OFNR或OFCR、OFN(G)或OFC(G)。

建筑物的缆线在不同的场合与安装敷设方式时,建议选用符合相应防火等级的缆线,可参考以下几种情况选择缆线种类:

1)在通风空间内(如吊顶内及高架地板下等)采用敞开方式敷设缆线时,可选用CMP级(光缆为OFNP或OFCP)或B1级。

2)在缆线竖井内的主干缆线采用敞开的方式敷设时,可选用CMR级(光缆为OFNR或OFCR)或B2、C级。

3)在使用密封的金属管槽做防火保护的敷设条件下,缆线可选用CM级(光缆为OFN或OFC)或D级。

3　电气性能抽验可使用现场电缆测试仪对电缆长度、衰减、近端串音等技术指标进行测试。应从本批量对绞电缆中的任意三盘中各截出90m长度,加上工程中所选用的连接器件按永久链路测试模型进行抽样测试。如按照信道连接模型进行抽样测试,则电缆和跳线总长度为100m。另外从本批量电缆配盘中任意抽取三盘进行电缆长度的核准。

4　作为抽测,光纤链路通常可以使用可视故障定位仪进行连通性的测试,一般可达3～5km。故障定位仪也可与光时域反射仪(OTDR)配合检查故障点。光缆外包装受损时也可用相应的光缆测试仪对每根光缆按光纤链路进行衰减和长度测试。

3.0.4　连接器件的检验应符合下列要求:

1　配线模块、信息插座模块及其他连接器件的部件应完整,电气和机械性能等指标符合相应产品生产的质量标准。塑料材质应具有阻燃性能,并应满足设计要求。

2　信号线路浪涌保护器各项指标应符合有关规定。

3　光纤连接器件及适配器使用型式和数量、位置应与设计相符。

连接器件的质量高低直接影响网络传输带宽和信号质量,因连接器件自身质量产生的信号衰减远大于在线路上的损耗,应注意选择有生产信誉好、市场口碑好的器件。

3.0.5　配线设备的使用应符合下列规定:

1　光、电缆配线设备的型式、规格应符合设计要求。

2　光、电缆配线设备的编排及标志名称应与设计相符。各类标志名称应统一,标志位置正确、清晰。

3.0.6　测试仪表和工具的检验应符合下列要求:

1　应事先对工程中需要使用的仪表和工具进行测试或检查,缆线测试仪表应附有相应检测机构的证明文件。

2　综合布线系统的测试仪表应能测试相应类别工程的各种电气性能及传输特性,其精度符合相应要求。测试仪表的精度应按相应的鉴定规程和校准方法进行定期检查和校准,经过相应计量部门校验取得合格证后,方可在有效期内使用。

3　施工工具,如电缆或光缆的接续工具:剥线器、光缆切断器、光纤熔接机、光纤磨光机、卡接工具等必须进行检查,合格后方可在工程中使用。

此条是施工单位在综合布线开工必须前必备条件之一,仪表应能满足各类线缆的测试要求,具备检测能力、计量精度要求;各类施工专用工具准备齐全。

本条对测试仪表和工具的检验做出了规定。

1 相应检测机构的证明文件可包括:国际和国内检测机构的认证书、产品合格证及计量证书等。

2 测试仪表应能测试3类、5类(包含5e类)、6类、7类及光纤布线工程的各种电气性能与光纤传输性能。

3.0.7　现场尚无检测手段取得屏蔽布线系统所需的相关技术参数时,可将认证检测机构或生产厂家附有的技术报告作为检查依据。

由于屏蔽布线系统的屏蔽效果与系统投入运行后的各系统设备配置、建筑物内外电磁干扰环境变化等因素密切相关,并且现场测试仪仅能对屏蔽电缆屏蔽层两端做导通测试,目前尚无有效的现场检测手段对屏蔽效果的其他技术参数(如耦合衰减值等)进行测试,因此,应根据相关标准或生产厂家提供的技术参数进行对比验收。

3.0.8　对绞电缆电气性能、机械特性、光缆传输性能及连接器件的具体技术指标和要求,应符合设计要求。经过测试与检查,性能指标不符合设计要求的设备和材料不得在工程中使用。

4　设备安装检验

4.0.1　机柜、机架安装应符合下列要求:

1　机柜、机架安装位置应符合设计要求,垂直偏差度不应大于3mm。

2　机柜、机架上的各种零件不得脱落或碰坏,漆面不应有脱落及划痕,各种标志应完整、清晰。

3　机柜、机架、配线设备箱体、电缆桥架及线槽等设备的安装应牢固，如有抗震要求，应按抗震设计进行加固。

《建筑抗震设计规范》GB50011－2001(2008年版)13.4条规定，超过重力不超过1.8kN的设备可无抗震设防要求；支架应具有足够的刚度和承载力，其与建筑结构应有可靠的连接和锚固。主要是防止水平地震作用时，设备发生移位影响运行和损坏。

4.0.2　各类配线部件安装应符合下列要求：

1　各部件应完整，安装就位，标志齐全。

2　安装螺丝必须拧紧，面板应保持在一个平面上。

4.0.3　信息插座模块安装应符合下列要求：

1　信息插座模块、多用户信息插座、集合点配线模块安装位置和高度应符合设计要求。

2　安装在活动地板内或地面上时，应固定在接线盒内，插座面板采用直立和水平等形式；接线盒盖可开启，并应具有防水、防尘、抗压功能。接线盒盖面应与地面齐平。

3　信息插座底盒同时安装信息插座模块和电源插座时，间距及采取的防护措施应符合设计要求。

4　信息插座模块明装底盒的固定方法根据施工现场条件而定。

5　固定螺丝需拧紧，不应产生松动现象。

6　各种插座面板应有标识，以颜色、图形、文字表示所接终端设备业务类型。

7　工作区内终接光缆的光纤连接器件及适配器安装底盒应具有足够的空间，并应符合设计要求。

信息插座一般布置要求：靠近终端设备、便于识别、美观，《智能建筑弱电工程设计施工图集——综合布线系统》97X700－2－2中"设计要点"章节对工作区子系统信息插座规定墙壁上的信息插座下边距装饰面300mm，与电源插座边到边的距离为200mm。

4.0.4　电缆桥架及线槽的安装应符合下列要求：

1　桥架及线槽的安装位置应符合施工图要求，左右偏差不应超过50mm。

2　桥架及线槽水平度每米偏差不应超过2mm。

3　垂直桥架及线槽应与地面保持垂直，垂直度偏差不应超过3mm。

4　线槽截断处及两线槽拼接处应平滑、无毛刺。

5　吊架和支架安装应保持垂直，整齐牢固，无歪斜现象。

6　金属桥架、线槽及金属管各段之间应保持连接良好，安装牢固。

7　采用吊顶支撑柱布放缆线时，支撑点宜避开地面沟槽和线槽位置，支撑应牢固。

4.0.5　安装机柜、机架、配线设备屏蔽层及金属管、线槽、桥架使用的接地体应符合设计要求，就近接地，并应保持良好的电气连接。

保证金属屏蔽网的整体连续性是提高外界干扰的有效方法，就近接地可以减少因屏蔽网产生的杂散电流。

5　缆线的敷设和保护方式检验

5.1　缆线的敷设

5.1.1　缆线敷设应满足下列要求：

1　缆线的型式、规格应与设计规定相符。

2　缆线在各种环境中的敷设方式、布放间距均应符合设计要求。

3　缆线的布放应自然平直,不得产生扭绞、打圈、接头等现象,不应受外力的挤压和损伤。

4　缆线两端应贴有标签,应标明编号,标签书写应清晰、端正和正确。标签应选用不易损坏的材料。

5　缆线应有余量以适应终接、检测和变更。对绞电缆预留长度:在工作区宜为3~6cm,电信间宜为0.5~2m,设备间宜为3~5m;光缆布放路由宜盘留,预留长度宜为3~5m,有特殊要求的应按设计要求预留长度。

6　缆线的弯曲半径应符合下列规定:

1）非屏蔽4对对绞电缆的弯曲半径应至少为电缆外径的4倍。

2）屏蔽4对对绞电缆的弯曲半径应至少为电缆外径的8倍。

3）主干对绞电缆的弯曲半径应至少为电缆外径的10倍。

4）2芯或4芯水平光缆的弯曲半径应大于25mm;其他芯数的水平光缆、主干光缆和室外光缆的弯曲半径应至少为光缆外径的10倍。

7　缆线间的最小净距应符合设计要求:

1)电源线、综合布线系统缆线应分隔布放,并应符合表5.1.1－1的规定。

对绞电缆与电力电缆最小净距　　表5.1.1－1

条件	最小净距(mm)		
	380V <2kV·A	380V 2~5kV·A	380V >5kV·A
对绞电缆与电力电缆平行敷设	130	300	600
有一方在接地的金属槽道或钢管中	70	150	300
双方均在接地的金属槽道或钢管中②	10①	80	150

①当380V电力电缆<2kV·A,双方都在接地的线槽中,且平行长度≤10m时,最小间距可为10mm。

②双方都在接地的线槽中,系指两个不同的线槽,也可在同一线槽中用金属板隔开。

2）综合布线与配电箱、变电室、电梯机房、空调机房之间最小净距宜符合表5.1.1－2的规定。

综合布线电缆与其他机房最小净距　　表5.1.1－2

名称	最小净距(m)	名称	最小净距(m)
配电箱	1	电梯机房	2
变电室	2	空调机房	2

3）建筑物内电、光缆暗管敷设与其他管线最小净距见表5.1.1－3的规定。

综合布线缆线及管线与其他管线的间距　　表5.1.1－3

管线种类	平行净距(mm)	垂直交叉净距(mm)
避雷引下线	1000	300
保护地线	50	20
热力管(不包封)	500	500
热力管(包封)	300	300
给水管	150	20
煤气管	300	20
压缩空气管	150	20

4）综合布线缆线宜单独敷设，与其他弱电系统各子系统缆线间距应符合设计要求。

5）对于有安全保密要求的工程，综合布线缆线与信号线、电力线、接地线的间距应符合相应的保密规定。对于具有安全保密要求的缆线应采取独立的金属管或金属线槽敷设。

8　屏蔽电缆的屏蔽层端到端应保持完好的导通性。

本条规定了缆线敷设的一般要求。缆线敷设是综合布线中重要分项工程，在敷设过程严格按照验收规范执行，确保工程质量和维护检修方便。对标签及文字应能保证识别十年以上。

缆线间距是防止外界电磁干扰、过电压侵扰、热力破坏、爆炸等影响综合布线正常工作。

5.1.2　本条规定了缆线敷设的一般要求。

综合布线子系统与建筑物内缆线敷设通道对应关系如下：

配线子系统对应于水平缆线通道；干线子系统对应于主干缆线通道，电信间之间的缆线通道，电信间与设备间、电信间及设备间与进线间之间的缆线通道；建筑群子系统对应于建筑物间缆线通道。

对建筑物内缆线通道较为拥挤的部位，综合布线系统与大楼弱电系统各子系统合用一个金属线槽布放缆线时，各子系统的线束间应用金属板隔开。一般情况下，各子系统的缆线应布放在各自的金属线槽中，金属线槽应可靠就近接地。各系统缆线间距应符合设计要求。

缆线预留长度按照电信间、设备间内安装的机架数量以及在同一架内、不同架间进行终接和变更的需要进行预留。

屏蔽网保持完好导通才能有效地隔离外界电磁信号的干扰，否则一旦断开反而形成感应电势影响信号的传输。

5.1.3　预埋线槽和暗管敷设缆线应符合下列规定：

1　敷设线槽和暗管的两端宜用标志表示出编号等内容。

2　预埋线槽宜采用金属线槽，预埋或密封线槽的截面利用率应为30%～50%。

3　敷设暗管宜采用钢管或阻燃聚氯乙烯硬质管。布放大对数主干电缆及4芯以上光缆时，直线管道的管径利用率应为50%～60%，弯管道应为40%～50%。暗管布放4对对绞电缆或4芯及以下光缆时，管道的截面利用率应为25%～30%。

暗管敷设当穿入多根缆线易造成单根线缆受力过大，致使缆线中个别线对拉伸变形、断开影响传输信号质量，穿线时要限制拉力不得超过线缆允许值。

在暗管中布放的电缆为屏蔽电缆（具有总屏蔽和线对屏蔽层）或扁平型缆线（可为2根非屏蔽4对对绞电缆或2根屏蔽4对对绞电缆组合及其他类型的组合）；主干电缆为25对及以上，主干光缆为12芯及以上时，宜采用管径利用率进行计算，选用合适规格的暗管。

在暗管中布放的对绞电缆采用非屏蔽或总屏蔽4对对绞电缆及4芯以下光缆时，为了保证线对扭绞状态，避免缆线受到挤压，宜采用管截面利用率公式进行计算，选用合适规格的暗管。

5.1.4　设置缆线桥架和线槽敷设缆线应符合下列规定：

1　密封线槽内缆线布放应顺直，尽量不交叉，在缆线进出线槽部位、转弯处应绑扎固定。

2　缆线桥架内缆线垂直敷设时，在缆线的上端和每间隔1.5m处应固定在桥架的支架上；水平敷设时，在缆线的首、尾、转弯及每间隔5～10m处进行固定。

3　在水平、垂直桥架中敷设缆线时，应对缆线进行绑扎。对绞电缆、光缆及其他信号电缆应根据缆线的类别、数量、缆径、缆线芯数分束绑扎。绑扎间距不宜大于1.5m，间距应均匀，不宜绑扎过紧或使缆线受到挤压。

4　楼内光缆在桥架敞开敷设时应在绑扎固定段加装垫套。

线缆布放要考虑：减少缆线之间信号干扰；防止线缆个别部位受力过大；线缆便于检修和维护。

为减少缆线间串扰,6类4对对绞电缆可采用电缆桥架和线槽中顺直绑扎或随意布放。针对"十"字、"一"字等不同骨架结构的6类4对对绞电缆,其布放要求不同,具体布放方式宜根据生产厂家的要求确定。

5.1.5 采用吊顶支撑柱作为线槽在顶棚内敷设缆线时,每根支撑柱所辖范围内的缆线可以不设置密封线槽进行布放,但应分束绑扎,缆线应阻燃,缆线选用应符合设计要求。

5.1.6 建筑群子系统采用架空、管道、直埋、墙壁及暗管敷设电、光缆的施工技术要求应按照本地网通信线路工程验收的相关规定执行。

5.1.7 建筑群区域内综合布线系统电、光缆与各种设施之间的间距要求按国家现行标准《本地网通信线路工程验收规范》YD 5051 中的相关规定执行

建筑群区域内综合布线系统电、光缆与各种设施之间的间距要求按国家现行标准《本地网通信线路工程验收规范》YD 5051 中的相关规定执行。

5.2 保护措施

5.2.1 配线子系统缆线敷设保护应符合下列要求:

1 预埋金属线槽保护要求:

1) 在建筑物中预埋线槽,宜按单层设置,每一路由进出同一过路盒的预埋线槽均不应超过3根,线槽截面高度不宜超过25mm,总宽度不宜超过300mm。线槽路由中若包括过线盒和出线盒,截面高度宜在70~100mm范围内。

2) 线槽直埋长度超过30m或在线槽路由交叉、转弯时,宜设置过线盒,以便于布放缆线和维修。

3) 过线盒盖能开启,并与地面齐平,盒盖处应具有防灰与防水功能。

4) 过线盒和接线盒盒盖应能抗压。

5) 从金属线槽至信息插座模块接线盒间或金属线槽与金属钢管之间相连接时的缆线宜采用金属软管敷设。

2 预埋暗管保护要求:

1) 预埋在墙体中间暗管的最大管外径不宜超过50mm,楼板中暗管的最大管外径不宜超过25mm,室外管道进入建筑物的最大管外径不宜超过100mm。

2) 直线布管每30m处应设置过线盒装置。

3) 暗管的转弯角度应大于90°,在路径上每根暗管的转弯角不得多于2个,并不应有S弯出现,有转弯的管段长度超过20m时,应设置管线过线盒装置;有2个弯时,不超过15m应设置过线盒。

4) 暗管管口应光滑,并加有护口保护,管口伸出部位宜为25~50mm。

5) 至楼层电信间暗管的管口应排列有序,便于识别与布放缆线。

6) 暗管内应安置牵引线或拉线。

7) 金属管明敷时,在距接线盒300mm处,弯头处的两端,每隔3m处应采用管卡固定。

8) 管路转弯的曲半径不应小于所穿入缆线的最小允许弯曲半径,并且不应小于该管外径的6倍,如暗管外径大于50mm时,不应小于10倍。

3 设置缆线桥架和线槽保护要求:

1) 缆线桥架底部应高于地面2.2m及以上,顶部距建筑物楼板不宜小于300mm,与梁及其他障碍物交叉处间的距离不宜小于50mm。

2) 缆线桥架水平敷设时,支撑间距宜为1.5~3m。垂直敷设时固定在建筑物结构体上的间距宜小于2m,距地1.8m以下部分应加金属盖板保护,或采用金属走线柜包封,门应可开启。

3）直线段缆线桥架每超过15～30m或跨越建筑物变形缝时，应设置伸缩补偿装置。

4）金属线槽敷设时，在下列情况下应设置支架或吊架：线槽接头处；每间距3m处；离开线槽两端出口0.5m处；转弯处。

5）塑料线槽槽底固定点间距宜为1m。

6）缆线桥架和缆线线槽转弯半径不应小于槽内线缆的最小允许弯曲半径，线槽直角弯处最小弯曲半径不应小于槽内最粗缆线外径的10倍。

7）桥架和线槽穿过防火墙体或楼板时，缆线布放完成后应采取防火封堵措施。

桥架和线槽安装技术要求参照《建筑电气工程施工质量验收规范》GB50303－2002，总体要求：方便缆线敷设和更换；固定间距防止桥架和线槽有明显的变形；不得对缆线产生伤害。

4 网络地板缆线敷设保护要求：

1）线槽之间应沟通。

2）线槽盖板应可开启。

3）主线槽的宽度宜在200～400mm，支线槽宽度不宜小于70mm。

4）可开启的线槽盖板与明装插座底盒间应采用金属软管连接。

5）地板块与线槽盖板应抗压、抗冲击和阻燃。

6）当网络地板具有防静电功能时，地板整体应接地。

7）网络地板板块间的金属线槽段与段之间应保持良好导通并接地。

5 在架空活动地板下敷设缆线时，地板内净空应为150～300mm。若空调采用下送风方式则地板内净高应为300～500mm。

6 吊顶支撑柱中电力线和综合布线缆线合一布放时，中间应有金属板隔开，间距应符合设计要求。

5.2.2 当综合布线缆线与大楼弱电系统缆线采用同一线槽或桥架敷设时，子系统之间应采用金属板隔开，间距应符合设计要求。

共桥架敷设时为了避免综合布线缆线与大楼弱电系统中传输的模拟信号、数据信号相互干扰，应采取屏蔽措施。

5.2.3 干线子系统缆线敷设保护方式应符合下列要求：

1 缆线不得布放在电梯或供水、供气、供暖管道竖井中，缆线不应布放在强电竖井中。

2 电信间、设备间、进线间之间干线通道应沟通。

5.2.4 建筑群子系统缆线敷设保护方式应符合设计要求。

5.2.5 当电缆从建筑物外面进入建筑物时，应选用适配的信号线路浪涌保护器，信号线路浪涌保护器应符合设计要求。

此条为强制性条文，《建筑物电子信息系统防雷技术规范》GB50343－2004规定建筑物电子信息系统的雷电防护等级为A、B、C、D，每种等级按照要求在不同雷电防护分区上安装因雷击产生的过电压装置，重点是防范外部雷击时通过外部线缆引入建筑物的过电压、过电流。

6 缆线终接

6.0.1 缆线终接应符合下列要求：

1 缆线在终接前，必须核对缆线标识内容是否正确。

2 缆线中间不应有接头。

3 缆线终接处必须牢固、接触良好。

4 对绞电缆与连接器件连接应认准线号、线位色标，不得颠倒和错接。

6.0.2 对绞电缆终接应符合下列要求：

1 终接时,每对对绞线应保持扭绞状态,扭绞松开长度对于3类电缆不应大于75mm;对于5类电缆不应大于13mm;对于6类电缆应尽量保持扭绞状态,减小扭绞松开长度。

2 对绞线与8位模块式通用插座相连时,必须按色标和线对顺序进行卡接。插座类型、色标和编号应符合图6.0.2的规定。两种连接方式均可采用,但在同一布线工程中两种连接方式不应混合使用。

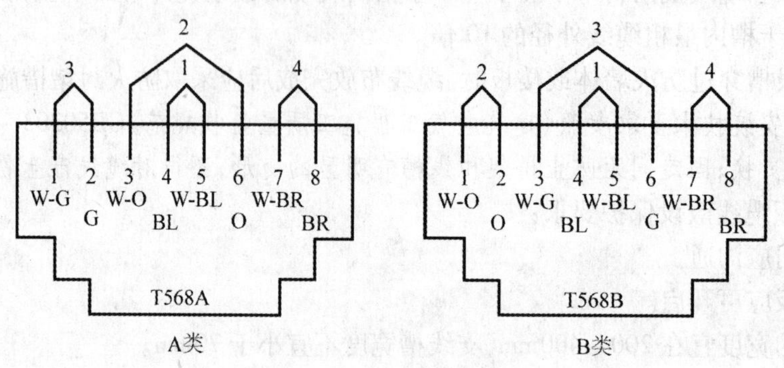

图6.0.2 8位模块式通用插座连接

G(Green)—绿;BL(Blue)—蓝;BR(Brown)—棕;W(White)—白;O(Orange)—橙

3 7类布线系统采用非RJ45方式终接时,连接图应符合相关标准规定。

4 屏蔽对绞电缆的屏蔽层与连接器件终接处屏蔽罩应通过紧固器件可靠接触,缆线屏蔽层应与连接器件屏蔽罩360°圆周接触,接触长度不宜小于10mm。屏蔽层不应用于受力的场合。

5 对不同的屏蔽对绞线或屏蔽电缆,屏蔽层应采用不同的端接方法。应对编织层或金属箔与汇流导线进行有效的端接。

6 每个2口86面板底盒宜终接2条对绞电缆或1根2芯/4芯光缆,不宜兼做过路盒使用。

对绞线的绞合程度是防止外部干扰的电磁有效措施,在压线、与信息插座连接时要尽可能减少松散长度,验收时打开信息插座检查。

对绞线与RJ45(IEC(60)603-7标准化插孔或者插头)模块连接时采用T568B或T568A,一种网络只能采用一种接线方式。但当设备通过对绞线互联互通时,由于设备端数据传输、接收端不同,有时候用交叉线对来达到目的,注意选用。

6.0.3 光缆终接与接续应采用下列方式:

1 光纤与连接器件连接可采用尾纤熔接、现场研磨和机械连接方式。

2 光纤与光纤接续可采用熔接和光连接子(机械)连接方式。

6.0.4 光缆芯线终接应符合下列要求:

1 采用光纤连接盘对光纤进行连接、保护,在连接盘中光纤的弯曲半径应符合安装工艺要求。

2 光纤熔接处应加以保护和固定。

3 光纤连接盘面板应有标志。

4 光纤连接损耗值,应符合表6.0.4的规定。

光纤连接损耗值(dB)　表6.0.4

连接类别	多模		单模	
	平均值	最大值	平均值	最大值
熔接	0.15	0.3	0.15	0.3
机械连接		0.3		0.3

光纤连接盘固定光纤，可保证光纤顺直，光信号附加损耗小，经得住时间和恶劣环境的考验，光纤连接盘面板标志便于维护和提醒。

6.0.5　各类跳线的终接应符合下列规定：

1　各类跳线缆线和连接器件间接触应良好，接线无误，标志齐全。跳线选用类型应符合系统设计要求。

2　各类跳线长度应符合设计要求。

7　工程电气测试

7.0.1　综合布线工程电气测试包括电缆系统电气性能测试及光纤系统性能测试。电缆系统电气性能测试项目应根据布线信道或链路的设计等级和布线系统的类别要求制定。各项测试结果应有详细记录，作为竣工资料的一部分。测试记录内容和形式宜符合表7.0.1－1和表7.0.1－2的要求。

综合布线系统 rll 电缆(ftEtt/信道)性能指标测试记录　表7.0.1－1

序号	工程项目名称			内容							备注
	编号			电缆系统							
	地址号	缆线号	设备号	长度	接线图	衰减	近端串音	…	电缆屏蔽层连通情况	其他项目	
测试日期、人员及测试仪表型号测试仪表精度											
处理情况											

综合布线系统工程光纤（链路/信道）性能指标测试记录　　**表 7.0.1－2**

工程项171名称												
序号	编号			光缆系统								备注
				多模				单模				
				850nm		1300nm		1310nm		1550nm		
	地址号	缆线号	设备号	衰减（插入损耗）	长度	衰减（插入损耗）	长度	衰减（插入损耗）	长度	衰减（插入损耗）	长度	
测试日期、人员及测试仪表型号测试仪表精度												
处理情况												

本规范参照《用户建筑综合布线》ISO/IEC i1801 标准要求，提出综合布线系统工程电气性能测试项目（参见附录 A～附录 C），可以根据工程的具体情况、用户的要求、现场测试仪表的功能及施工现场所具备的条件进行各项指标参数的测试，并做好记录。

各种缆线性能检测时参照验收规范要求，对测试项目根据线缆类别进行增加，但不得少于规范规定。

本规范主要体现 5e 类和 6 类布线内容，现有的工程中 3 类、5 类布线除了支持语音主干电缆的应用外，在水平子系统已基本不采用。但原有的 3 类、5 类布线工程在扩容或整改时，仍需加以检测，应按照本规范相关要求及《商业建筑电信布线标准）>TIA/EIA 568A、TSB67 要求进行。

大对数主干电缆（一般为 3 类或 5 类）及所连接的配线模块可按链路的连接方式进行 4 对线线对长度、接线图、衰减的测试，其近端串音指标测试结果不得低于 3 类、5 类 4 对对绞电缆布线系统所规定的数值。

综合布线系统只有在投入实际运行环境时，方能检验其电磁特性是否符合电磁兼容标准。网络的电磁特性要受到布线系统的平衡和/或屏蔽参数的影响，对于其特性要求和测试方法，国际上正在制定相关的标准和规定，目前不具备现场测试条件。

7.0.2　对绞电缆及光纤布线系统的现场测试仪应符合下列要求：

1　应能测试信道与链路的性能指标。

2　应具有针对不同布线系统等级的相应精度，应考虑测试仪的功能、电源、使用方法等因素。

3　测试仪精度应定期检测，每次现场测试前仪表厂家应出示测试仪的精度有效期限证明。

7.0.3　参照光缆系统相关测试标准规定，光纤链路测试分为等级 1 和等级 2。等级 1 要求光纤链路都应测试衰减（插入损耗）、长度及极性。等级 1 测试使用光缆损失测试器 OLTS（为光源与光功率计的组合）测量每条光纤链路的插入损耗及计算光纤长度，使用 OLTS 或可视故障定位仪验证光纤的极性。等级 2 除了包括等级 1 的测试内容，还包括对每条光纤做出 OTDR 曲线。等级 2 测试是可选的。

光纤现场测试仪应根据网络的应用情况，选用相应的光源（LED、VCSEL、LASER）和光功率计或光时域反射仪（OTDR）。测试所选光源应与网络应用相一致，光源可以从表 7.0.3 内容中加以选用。

常见光源比较　表7.0.3

光源类型	工作波长(nm)	光纤类型	带宽	元器件	价格
LED	850	多模	>200MHz	简单	便宜
VCSEL	850	多模	>5GHZ	适中	适中
LASER	850、1310、1550	单模	>1GHz	复杂	昂贵

7.0.4　测试仪表应具有测试结果的保存功能并提供输出端口，将所有存贮的测试数据输出至计算机和打印机，测试数据必须不被修改，并进行维护和文档管理。测试仪表应提供所有测试项目、概要和详细的报告。测试仪表宜提供汉化的通用人机界面。

8　管理系统验收

8.0.1　综合布线管理系统宜满足下列要求：

1　管理系统级别的选择应符合设计要求。

2　需要管理的每个组成部分均设置标签，并由唯一的标识符进行表示，标识符与标签的设置应符合设计要求。

3　管理系统的记录文档应详细完整并汉化，包括每个标识符相关信息、记录、报告、图纸等。

4　不同级别的管理系统可采用通用电子表格、专用管理软件或电子配线设备等进行维护管理。

综合布线管理系统是专为综合布线系统设计的关联管理系统，是快速识别缆线、设备、端口的连接关系，提高日常维护、管理的效率。

8.0.2　综合布线管理系统的标识符与标签的设置应符合下列要求：

1　标识符应包括安装场地、缆线终端位置、缆线管道、水平链路、主干缆线、连接器件、接地等类型的专用标识，系统中每一组件应指定一个唯一标识符。

2　电信间、设备间、进线间所设置配线设备及信息点处均应设置标签。

3　每根缆线应指定专用标识符，标在缆线的护套上或在距每一端护套300mm内设置标签，缆线的终接点应设置标签标记指定的专用标识符。

4　接地体和接地导线应指定专用标识符，标签应设置在靠近导线和接地体的连接处的明显部位。

5　根据设置的部位不同，可使用粘贴型、插入型或其他类型标签。标签表示内容应清晰，材质应符合工程应用环境要求，具有耐磨、抗恶劣环境、附着力强等性能。

6　终接色标应符合缆线的布放要求，缆线两端终接点的色标颜色应一致。

标识符是对设备、器件、信息点等进行编码，目的是维护、管理方便，是综合布线管理系统重要组成部分。

8.0.3　综合布线系统各个组成部分的管理信息记录和报告，应包括如下内容：

1　记录应包括管道、缆线、连接器件及连接位置、接地等内容，各部分记录中应包括相应的标识符、类型、状态、位置等信息。

2　报告应包括管道、安装场地、缆线、接地系统等内容，各部分报告中应包括相应的记录。

8.0.4　综合布线系统工程如采用布线工程管理软件和电子配线设备组成的系统进行管理和维护工作，应按专项系统工程进行验收。

9　工程验收

9.0.1　竣工技术文件应按下列要求进行编制：

1　工程竣工后,施工单位应在工程验收以前,将工程竣工技术资料交给建设单位。

2　综合布线系统工程的竣工技术资料应包括以下内容:

1) 安装工程量。

2) 工程说明。

3) 设备、器材明细表。

4) 竣工图纸。

5) 测试记录(宜采用中文表示)。

6) 工程变更、检查记录及施工过程中,需更改设计或采取相关措施,建设、设计、施工等单位之间的双方洽商记录。

7) 随工验收记录。

8) 隐蔽工程签证。

9) 工程决算。

3　竣工技术文件要保证质量,做到外观整洁,内容齐全,数据准确。

明确了综合布线资料收集整理内容、次序,配套表格施工单位可根据 GB50300、GB50303、GB50312 等技术要求自行制作。

9.0.2　综合布线系统工程,应按本规范附录 A 所列项目、内容进行检验。检测结论作为工程竣工资料的组成部分及工程验收的依据之一。

1　系统工程安装质量检查,各项指标符合设计要求,则被检项目检查结果为合格;被检项目的合格率为 100%,则工程安装质量判为合格。

2　系统性能检测中,对绞电缆布线链路、光纤信道应全部检测,竣工验收需要抽验时,抽样比例不低于 10%,抽样点应包括最远布线点。

3　系统性能检测单项合格判定:

1) 如果一个被测项目的技术参数测试结果不合格,则该项目判为不合格。如果某一被测项目的检测结果与相应规定的差值在仪表准确度范围内,则该被测项目应判为合格。

2) 按本规范附录 B 的指标要求,采用 4 对对绞电缆作为水平电缆或主干电缆,所组成的链路或信道有一项指标测试结果不合格,则该水平链路、信道或主干链路判为不合格。

3) 主干布线大对数电缆中按 4 对对绞线对测试,指标有一项不合格,则判为不合格。

4) 如果光纤信道测试结果不满足本规范附录 C 的指标要求,则该光纤信道判为不合格。

5) 未通过检测的链路、信道的电缆线对或光纤信道可在修复后复检。

4　竣工检测综合合格判定:

1) 对绞电缆布线全部检测时,无法修复的链路、信道或不合格线对数量有一项超过被测总数的 1%,则判为不合格。

光缆布线检测时,如果系统中有一条光纤信道无法修复,则判为不合格。

2) 对绞电缆布线抽样检测时,被抽样检测点(线对)不合格比例不大于被测总数的 1%,则视为抽样检测通过,不合格点(线对)应予以修复并复检。被抽样检测点(线对)不合格比例如果大于 1%,则视为一次抽样检测未通过,应进行加倍抽样,加倍抽样不合格比例不大于 1%,则视为抽样检测通过。若不合格比例仍大于 1%,则视为抽样检测不通过,应进行全部检测,并按全部检测要求进行判定。

3) 全部检测或抽样检测的结论为合格,则竣工检测的最后结论为合格;全部检测的结论为不合格,则竣工检测的最后结论为不合格。

5　综合布线管理系统检测,标签和标识按 10% 抽检,系统软件功能全部检测。检测结果符合设计要求,则判为合格。

思 考 题

一、简答题

1. 综合布线内容、简介。
2. 综合布线用铜线缆分类及其特点。
3. 综合布线用光纤分类及其特点。
4. 特性阻抗定义。
5. 什么是近端串音?
6. 综合布线器材进场检验技术要求。
7. 综合布线缆线进场检验的要求。
8. 综合布线开工时测试仪表和工具具备的条件。
9. 综合布线缆线的弯曲半径应符合的规定。
10. 综合布线选用适配的信号线路浪涌保护器技术要求。

二、论述题

1. 综合布线对绞电缆终接注意事项。
2. 综合布线工程的竣工检测综合合格的判定依据。

附录A 综合布线系统工程检验项目及内容

检验项目及内容 表A

阶段	验收项目	验收内容	验收方式
施工前检查	1. 环境要求	(1)土建施工情况:地面、墙面、门、电源插座及接地装置; (2)土建工艺:机房面积、预留孔洞; (3)施工电源;(4)地板铺设;(5)建筑物人口设施检查	施工前检查
	2. 器材检验	(1)外观检查;(2)型式、规格、数量; (3)电缆及连接器件电气性能测试; (4)光纤及连接器件特性测试;(5)测试仪表和工具的检验	
	3. 安全、防火要求	(1)消防器材;(2)危险物的堆放;(3)预留孔洞防火措施	
设备安装	1. 电信间、设备间、设备机柜、机架	(1)规格、外观;(2)安装垂直、水平度; (3)油漆不得脱落标志完整齐全;(4)各种螺丝必须紧固; (5)抗震加固措施;(6)接地措施	随工检验
	2. 配线模块及8位模块式通用插座	(1)规格、位置、质量;(2)各种螺丝必须拧紧; (3)标志齐全;(4)安装符合工艺要求;(5)屏蔽层可靠连接	
电、光缆布放(楼内)	1. 电缆桥架及线槽布放	(1)安装位置正确;(2)安装符合工艺要求; (3)符合布放缆线工艺要求;(4)接地	
	2. 缆线暗敷(包括暗管、线槽、地板下等方式)	(1)缆线规格、路由、位置; (2)符合布放缆线工艺要求;(3)接地	隐蔽工程签证
电、光缆布放(楼间)	1. 架空缆线	(1)吊线规格、架设位置、装设规格;(2)吊线垂度; (3)缆线规格;(4)卡、挂间隔;(5)缆线的引人符合工艺要求	随工检验
	2. 管道缆线	(1)使用管孔孔位;(2)缆线规格;(3)缆线走向; (4)缆线的防护设施的设置质量	隐蔽工程签证
	3. 埋式缆线	(1)缆线规格;(2)敷设位置、深度; (3)缆线的防护设施的设置质量;(4)回土夯实质量	
	4. 通道缆线	(1)缆线规格;(2)安装位置,路由; (3)土建设计符合工艺要求	
	5. 其他	(1)通信线路与其他设施的间距; (2)进线室设施安装、施工质量	随工检验或隐蔽工程签证
缆线终接	1.8位模块式通用插座	符合工艺要求	随工检验
	2. 光纤连接器件	符合工艺要求	
	3. 各类跳线	符合工艺要求	
	4. 配线模块	符合工艺要求	

续表

阶段	验收项目	验收内容	验收方式
系统测试	1. 工程电气性能测试	(1)连接图;(2)长度;(3)衰减;(4)近端串音; (5)近端串音功率和;(6)衰减串音比;(7)衰减串音比功率和;(8)等电平远端串音;(9)等电平远端串音功率和; (10)回波损耗;(11)传播时延;(12)传播时延偏差; (13)插入损耗;(14)直流环路电阻; (15)设计中特殊规定的测试内容;(16)屏蔽层的导通	竣工检验
	2. 光纤特性测试	(1)衰减;(2)长度	
管理系统	1. 管理系统级别	符合设计要求	
	2. 标识符与标签设置	(1)专用标识符类型及组成;(2)标签设置; (3)标签材质及色标	
	3. 记录和报告	(1)记录信息;(2)报告;(3)工程图纸	
工程总验收	1. 竣工技术文件	清点、交接技术文件	
	2. 工程验收评价	考核工程质量,确认验收结果	

注:系统测试内容的验收亦可在随工中进行检验。

附录 B 综合布线系统工程电气测试方法及测试内容

B.0.1 3 类和 5 类布线系统按照基本链路和信道进行测试,5e 类和 6 类布线系统按照永久链路和信道进行测试,测试按图 B.0.1－1～图 B.0.1－3 进行连接。

1 基本链路连接模型应符合图 B.0.1－1 的方式。

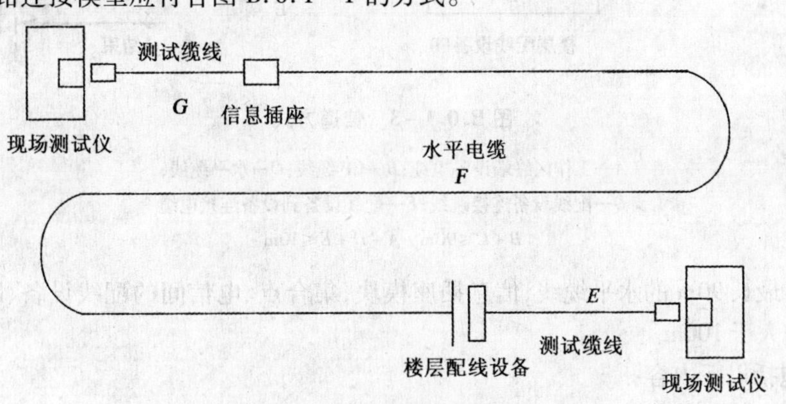

图 B.0.1－1 基本链路方式

$G=E=2\text{m};F\leqslant 90\text{m}$

2 永久链路连接模型:适用于测试固定链路(水平电缆及相关连接器件)性能。链路连接应符合图 B.0.1－2 的方式。

3 信道连接模型:在永久链路连接模型的基础上,包括 TI 作区和电信间的设备电缆和跳线在内的整体信道性能。信道连接应符合图 B.0.1－3 方式。

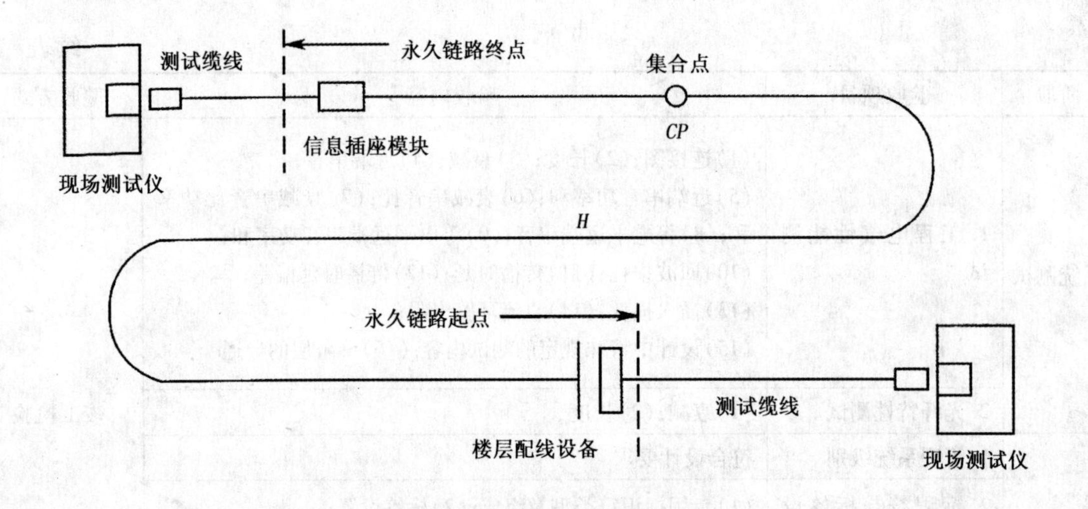

图 B.0.1-2　永久链路方式

H—从信息插座至楼层配线设备(包括集合点)的水平电缆;$H \leqslant 90m$

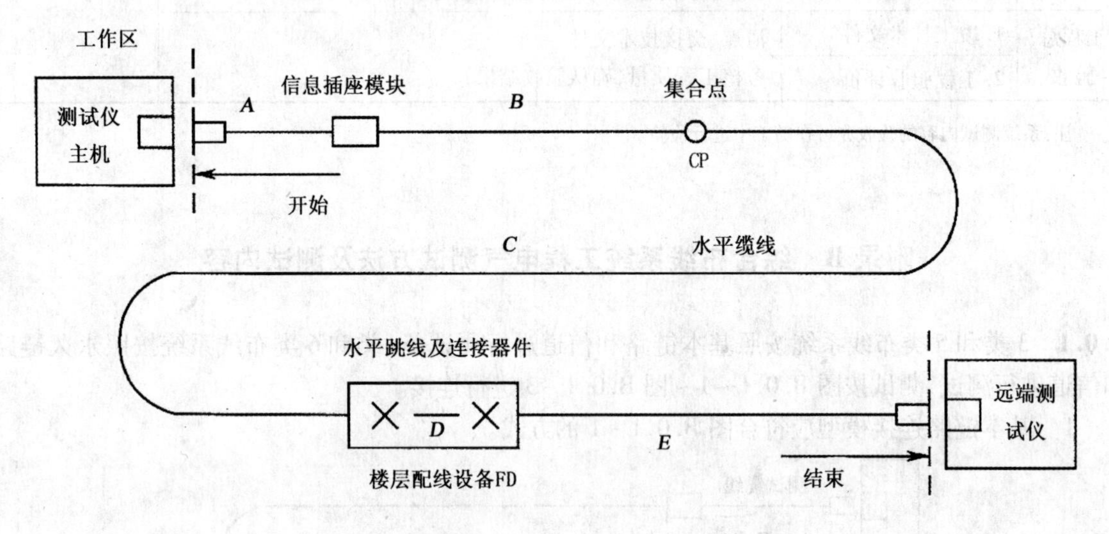

图 B.0.1-3　信道方式

A—工作区终端设备电缆;*B*—CP 缆线;*C*—水平缆线;

D—配线设备连接跳线;*E*—配线设备到设备连接电缆

$B+C \leqslant 90m \quad A+D+E \leqslant 10m$

信道包括:最长 90m 的水平缆线、信息插座模块、集合点、电信间的配线设备、跳线、设备线缆在内,总长不得大于 100m。

B.0.2　测试包括以下内容:

1　接线图的测试,主要测试水平电缆终接在工作区或电信间配线设备的 8 位模块式通用插座的安装连接正确或错误。正确的线对组合为:1/2、3/6、4/5、7/8,分为非屏蔽和屏蔽两类,对于非 RJ45 的连接方式按相关规定要求列出结果。

布线过程中可能出现以下正确或不正确的连接图测试情况,具体如图 B.0.2 所示。

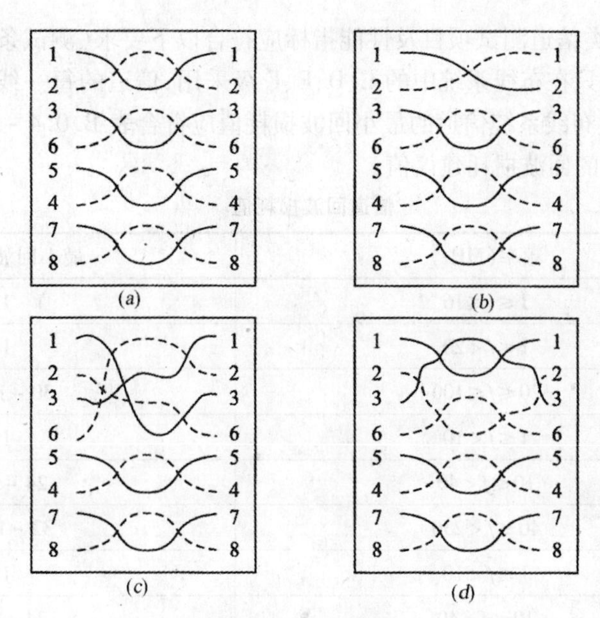

图 B.0.2　接线图

(*a*)正确连接;(*b*)反向线对;(*c*)交叉线对;(*d*)串对

2　布线链路及信道缆线长度应在测试连接图所要求的极限长度范围之内。

B.0.3　3类和5类水平链路及信道测试项目及性能指标应符合表B.0.3－1和表B.0.3－2的要求(测试条件为环境温度20℃)。

3类水平链路及信道性能指标　表B.0.3－1

频率(MHz)	基本链路性能指标		信道性能指标	
	近端串音(dB)	衰减(dB)	近端串音(dB)	衰减(dB)
1.00	40.1	3.2	39.1	4.2
4.00	30.7	6.1	29.3	7.3
8.00	25.9	8.8	24.3	10.2
10.00	24.3	10.0	22.7	11.5
16.00	21.0	13.2	19.3	14.9
长度(m)	94		100	

5类水平链路及信道性能指标　表B.0.3－2

频率(MHz)	基本链路性能指标		信道性能指标	
	近端串音(dB)	衰减(dB)	近端串音(dB)	衰减(dB)
1.00	60.0	2.1	60.0	2.5
4.00	51.8	4.0	50.6	4.5
8.00	47.1	5.7	45.6	6.3
10.00	45.5	6.3	44.0	7.0
16.00	42.3	8.2	40.6	9.2
20.00	40.7	9.2	39.0	10.3
25.00	39.1	10.3	37.4	11.4
31.25	37.6	11.5	35.7	12.8
62.50	32.7	16.7	30.6	18.5
100.00	29.3	21.6	27.1	24.0
长度(m)	94		100	

注:基本链路长度为94m,包括90m水平缆线及4m测试仪表的测试电缆长度,在基本链路中不包括CP点。

B.0.4　5e 类、6 类和 7 类信道测试项目及性能指标应符合以下要求(测试条件为环境温度 20℃)。

1　回波损耗(RL):只在布线系统中的 C、D、E、F 级采用,信道的每一线对和布线的两端均应符合回波损耗值的要求,布线系统信道的最小回波损耗值应符合表 B.0.4－1 的规定,并可参考表 B.0.4－2 所列关键频率的回波损耗建议值。

信道回波损耗值　　**表 B.0.4－1**

级别	频率(MHz)	最小回波损耗(dB)
C	$1 \leq t \leq 16$	15.0
D	$1 \leq f < 20$	17.0
	$20 \leq f \leq 100$	$30 - 10\lg(f)$
E	$1 \leq f < 10$	19.0
	$10 \leq f < 40$	$24 - 5\lg(f)$
	$40 \leq f < 250$	$32 - 10\lg(f)$
F	$1 \leq f < 10$	19.0
	$10 \leq f < 40$	$24 - 5\lg(f)$
	$40 \leq f < 251.2$	$32 - 10\lg(f)$
	$251.2 \leq f \leq 600$	8.0

信道回波损耗建议值　　**表 B.0.4－2**

频率(MHz)	最小回波损耗(dB)			
	C 级	D 级	E 级	F 级
1	15.0	17.0	19.0	19.0
16	15.0	17.0	18.0	18.0
100	–	10.0	12.0	12.0
250	–	–	8.0	8.0
600	–	–	–	8.0

2　插入损耗(IL):布线系统信道每一线对的插入损耗值应符合表 B.0.4－3 的规定,并可参考表 B.0.4－4 所列关键频率的插入损耗建议值。

信道插入损耗值　　**表 B.0.4－3**

级别	频率(MHz)	最大插入损耗(dB)
A	$f = 0.1$	16.0
B	$f = 0.1$	5.5
	$f = 1$	5.8
C	$1 \leq f \leq 16$	$1.05 \times (3.23\sqrt{f}) + 4 \times 0.2$
D	$1 \leq f \leq 100$	$1.05 \times (1.9108\sqrt{f} + 0.0222 \times f + 0.2/\sqrt{f}) + 4 \times 0.04 \times \sqrt{f}$
E	$1 \leq f \leq 250$	$1.05 \times (1.82\sqrt{f} + 0.0169 \times f + 0.25/\sqrt{f}) + 4 \times 0.02 \times \sqrt{f}$
F	$1 \leq f \leq 600$	$1.05 \times (1.8\sqrt{f} + 0.01 \times f + 0.2/\sqrt{f}) + 4 \times 0.02 \times \sqrt{f}$

注:插入损耗(IL)的计算值小于 4.0dB 时均按 4.0dB 考虑。

信道插入损耗建议值　　**表 B.0.4－4**

频率（MHz）	最大插入损耗（dB）					
	A级	B级	C级	D级	E级	F级
0.1	16.0	5.5	–	–	–	–
1	–	5.8	4.2	4.0	4.0	4.0
16	–	–	14.4	9.1	8.3	8.1
100	–	–	–	24.0	21.7	20.8
250	–	–	–	–	35.9	33.8
600	–	–	–	–	–	54.6

3　近端串音（*NEXT*）：在布线系统信道的两端，线对与线对之间的近端串音值均应符合表B.0.4－5的规定，并可参考表B.0.4－6所列关键频率的近端串音建议值。

信道近端串音值　　**表 B.0.4－5**

级别	频率（MHz）	最小 *NEXT*（dB）
A	$f=0.1$	27.0
B	$0.1\leqslant f\leqslant 1$	$25-15\lg(f)$
C	$1\leqslant f\leqslant 16$	$39.1-16.4\lg(f)$
D	$1\leqslant f\leqslant 100$	$-20\lg\left[10^{\frac{65.3-15\lg(f)}{-20}}+2\times 10^{\frac{83-20\lg(f)}{-20}}\right]$①
E	$1\leqslant f\leqslant 250$	$-20\lg\left[10^{\frac{74.3-15\lg(f)}{-20}}+2\times 10^{\frac{94-20\lg(f)}{-20}}\right]$②
F	$1\leqslant f\leqslant 600$	$-20\lg\left[10-\frac{102.4-15\lg(f)}{-20}+2\times\frac{102.4-15\lg(f)}{-20}\right]$②

①*NEXT* 计算值大于60.0dB时均按60.0dB考虑。
②*NEXT* 计算值大于65.0dB时均按65.0dB考虑。

信道近端串音建议值　　**表 B.0.4－6**

频率（MHz）	最小 *NEXT*（dB）					
	A级	B级	C级	D级	E级	F级
0.1	27.0	40.0	–	–	–	–
1	–	25.0	39.1	60.0	65.0	65.0
16	–	–	19.4	43.6	53.2	65.0
100	–	–	–	30.1	39.9	62.9
250	–	–	–	–	33.1	56.9
600	–	–	–	–	–	51.2

4　近端串音功率 *N*（*PS NEXT*）：只应用于布线系统的D、E、F级，信道的每一线对和布线的两端均应符合 *PS NEXT* 值要求，布线系统信道的最小 *PS NEXT* 值应符合表B.0.4－7的规定，并可参考表B.0.4－8所列关键频率的近端串音功率和建议值。

信道 ***PS NEXT*** 值　　　　表 B.0.4-7

级别	频率(MHz)	最小 *PS NEXT*(dB)
D	1≤*f*≤100	$-20\lg\left[10^{\frac{62.3-15\lg(f)}{-20}}+2\times10^{\frac{80-20\lg(f)}{-20}}\right]$①
E	1≤*f*≤250	$-20\lg\left[10^{\frac{72.3-15\lg(f)}{-20}}+2\times10^{\frac{90-20\lg(f)}{-20}}\right]$②
F	1≤*f*≤600	$-20\lg\left[10^{\frac{99.4-15\lg(f)}{-20}}+2\times10^{\frac{99.4-15\lg(f)}{-20}}\right]$②

①*PS NEXT* 计算值大于 57.0dB 时均按 57.0dB 考虑。

②*PS NEXT* 计算值大于 62.0dB 时均按 62.0dB 考虑。

信道 ***PS NEXT*** 建议值　　　　表 B.0.4-8

频率(MHz)	最小 *PSNEXT*(dB)		
	D 级	E 级	F 级
1	57.0	62.0	62.0
16	40.6	50.6	62.0
100	27.1	37.1	59.9
250	–	30.2	53.9
600	–	–	48.2

5　线对与线对之间的衰减串音比(*ACR*):只应用于布线系统的 D、E、F 级,信道的每一线对和布线的两端均应符合 *ACR* 值要求。布线系统信道的 *ACR* 值可用以下计算公式进行计算,并可参考表 B.0.4-9 所列关键频率的 *ACR* 建议值。

线对 i 与 k 间衰减串音比的计算公式:$ACR_{ik}=NEXT_{ik}-IL_k$　　　　(B.0.4-1)

式中　i——线对号;

k——线对号;

$NEXT_{ik}$——线对 i 与线对 k 间的近端串音;

IL_k——线对 k 的插入损耗。

信道 ***ACR*** 建议值　　　　表 B.0.4-9

频率(MHz)	最小 *ACR*(dB)		
	D 级	E 级	F 级
1	56.0	61.0	61.0
16	34.5	44.9	56.9
100	6.1	18.2	42.1
250	–	-2.8	23.1
600	–	–	-3.4

6　*ACR* 功率和(*PS ACR*):为近端串音功率和与插入损耗之间的差值,信道的每一线对和布线的两端均应符合要求。布线系统信道的 *PS ACR* 值可用以下计算公式进行计算,并可参考表 B.0.4-10 所列关键频率的 *PS ACR* 建议值。

线对 k 的 *ACR* 功率和的计算公式:　$PS\ ACR_k-PS\ NEXT_k-IL_k$　　　　(B.0.4-2)

式中　k——线对号;

$PS\ NEXT_k$——线对 k 的近端串音功率和;

IL_k—线对 k 的插入损耗。

信道 *PS ACR* 建议值 **表 B.0.4-10**

频率(MHz)	最小 *PSACR*(dB)		
	D 级	E 级	F 级
1	53.0	58.0	58.0
16	31.5	42.3	53.9
100	3.1	15.4	39.1
250	–	–5.8	20.1
600	–	–	–6.4

7 线对与线对之间等电平远端串音(*ELFEXT*):为远端串音与插入损耗之间的差值,只应用于布线系统的 D.E、F 级。布线系统信道每一线对的 *ELFEXT* 数值应符合表 B.0.4-11 的规定,并可参考表 B.0.4-12 所列关键频率的 *ELFEXT* 建议值。

信道 *ELFEXT* 值 **表 B.0.4-11**

级别	频率(MHz)	最小 *ELFEXT*(dB)①
D	$1 \leqslant f \leqslant 100$	$-20\lg\left[10^{\frac{63.8-20\lg(f)}{-20}}+4\times10^{\frac{75.1-20\lg(f)}{-20}}\right]$②
E	$1 \leqslant f \leqslant 250$	$-20\lg\left[10^{\frac{67.8-20\lg(f)}{-20}}+4\times10^{\frac{83.1-20\lg(f)}{-20}}\right]$③
F	$1 \leqslant f \leqslant 600$	$-20\lg\left[10^{\frac{94-20\lg(f)}{-20}}+4\times10^{\frac{90-15\lg(f)}{-20}}\right]$③

①与测量的近端串音 *FEXT* 值对应的 *Eu*、*ExT* 值若大于 70.0dB 则仅供参考。

②*ELFEXT* 计算值大于 60.0dB 时均按 60.0dB 考虑。

③*ELFEXT* 计算值大于 65.0dB 时均按 65.0dB 考虑。

信道 *ELFEXT* 建议值 **表 B.0.4-12**

频率(MHz)	最小 *ELFEXT*(dB)		
	D 级	E 级	F 级
1	57.4	63.3	65.0
16	33.3	39.2	57.5
100	17.4	23.3	44.4
250	–	15.3	37.8
600	–	–	31.3

8 等电平远端串音功率和(*PS ELFEXT*):布线系统信道每一线对的 *PS ELFEXT* 数值应符合表 B.0.4-13 的规定,并可参考表 B.0.4-14 所列关键频率的 *PS ELFEXT* 建议值。

信道 *PS ELFEXT* 值 **表 B.0.4-13**

级别	频率(MHz)	最小 *ELFEXT*(dB)①
D	$1 \leqslant f \leqslant 100$	$-20\lg\left[10^{\frac{60.8-20\lg(f)}{-20}}+4\times10^{\frac{72.1-20\lg(f)}{-20}}\right]$②
E	$1 \leqslant f \leqslant 250$	$-20\lg\left[10^{\frac{64.8-20\lg(f)}{-20}}+4\times10^{\frac{80.1-20\lg(f)}{-20}}\right]$③
F	$1 \leqslant f \leqslant 600$	$-20\lg\left[10^{\frac{91-20\lg(f)}{-20}}+4\times10^{\frac{87-15\lg(f)}{-20}}\right]$③

①与测量的远端串音 *FEXT* 值对应的 PS *ELFEXT* 值若大于 70.0dB 则仅供参考。

②PS *ELFEXT* 计算值大于 57.0dB 时均按 57.0dB 考虑。

③PS *ELFEXT* 计算值大于 62.0dB 时均按 62.0dB 考虑。

信道 *PS ELFEXT* 建议值 **表 B.0.4-14**

频率(MHz)	最小 *PS ELFEXT*(*dB*)		
	D 级	E 级	F 级
1	54.4	60.3	62.0
16	30.3	36.2	54.5
100	14.4	20.3	41.4
250	–	12.3	34.8
600	–	–	28.3

9 直流(D.C.)环路电阻:布线系统信道每一线对的直流环路电阻应符合表 B.0.4-15 的规定。

信道直流环路电阻 **表 B.0.4-15**

最大直流环路电阻(Ω)					
A 级	B 级	C 级	D 级	E 级	F 级
560	170	40	25	25	25

10 传播时延:布线系统信道每一线对的传播时延应符合表 B.0.4-16 的规定,并可参考表 B.0.4-17 所列的关键频率建议值。

信道传播时延 **表 B.0.4-16**

级别	频率(MHz)	最大传播时延(us)
A	$f=0.1$	20.000
B	$0.1 \leqslant f \leqslant 1$	5.000
C	$1 \leqslant f \leqslant 16$	$0.534+0.036/\sqrt{f}+4\times0.0025$
D	$1 \leqslant f \leqslant 100$	$0.534+0.036/\sqrt{f}7+4\times0.0025$
E	$1 \leqslant f \leqslant 250$	$0.534+0.036/\sqrt{f}+4\times0.0025$
F	$1 \leqslant f \leqslant 600$	$0.534+0.036/\sqrt{f}+4\times0.0025$

信道传播时延建议值　表 B.0.4－17

频率(MHz)	最大传播时延(us)					
	A级	B级	C级	D级	E级	F级
0.1	20.000	5.000	–	–	–	–
1	–	5.000	0.580	0.580	0.580	0.580
16	–	–	0.553	0.553	0.553	0.553
100	–	–	–	0.548	0.548	0.548
250	–	–	–	–	0.546	0.546
600	–	–	–	–	–	0.545

11　传播时延偏差：布线系统信道所有线对间的传播时延偏差应符合表 B.0.4－18 的规定。

信道传播时延偏差　表 B.0.4－18

等级	频率(MHz)	最大时延偏差(Ⅱs)
A	$f = 0.1$	–
B	$0.1 \leqslant f \leqslant 1$	–
C	$1 \leqslant f \leqslant 16$	0.050①
D	$1 \leqslant f \leqslant 100$	0.050①
E	$1 \leqslant f \leqslant 50$	0.050①
F	$1 \leqslant f \leqslant 600$	0.030②

①0.050 为 0.045＋4×0.00125 计算结果。

②0.030 为 0.025＋4×0.00125 计算结果。

B.0.5　5e 类、6 类和 7 类永久链路或 CP 链路测试项目及性能指标应符合以下要求：

1　回波损耗(RL)：布线系统永久链路或 CP 链路每一线对和布线两端的回波损耗值应符合表 B.0.5－1 的规定，并可参考表 B.0.5－2 所列的关键频率建议值。

永久链路或 CP 链路回波损耗值　表 B.0.5－1

级别	频率(MHz)	最小回波损耗(dB)
C	$1 \leqslant f \leqslant 16$	15.0
D	$1 \leqslant f < 20$	19.0
	$20 \leqslant f \leqslant 100$	$30 - 10\lg(f)$
E	$1 \leqslant f\% < 10$	21.0
	$10 \leqslant f < 40$	$26 - 5\lg(f)$
	$40 \leqslant f < 250$	$34 - 10\lg(f)$
F	$1 \leqslant f < 10$	21.0
	$10 \leqslant f < 40$	$26 - 5\lg(f)$
	$40 \leqslant f < 251.2$	$34 - 10\lg(f)$
	$251.2 \leqslant f \leqslant 600$	10.0

永久链路回波损耗建议值 表B.0.5-2

频率(MHz)	最小回波损耗(dB)			
	C级	D级	E级	F级
1	15.0	19.0	21.0	21.0
16	15.0	19.0	20.0	20.0
100	–	12.0	14.0	14.0
250	–	–	10.0	10.0
600	–	–	–	10.0

2 插入损耗(IL):布线系统永久链路或CP链路每一线对的插入损耗值应符合表B.0.5-3的规定,并可参考表B.0.5-4所列的关键频率建议值。

永久链路或CP链路插入损耗值 表B.0.5-3

级别	频率(MHz)	最大插入损耗(dB)①
A	$f=0.1$	16.0
B	$f=0.1$	5.5
	$f=1$	5.8
C	$1\leqslant f\leqslant 16$	$0.9\times(3.23\sqrt{f})+3\times 0.2$
D	$1\leqslant f\leqslant 100$	$(L/100)\times(1.9108\sqrt{f}+0.0222\times\sqrt{f}+0.2/\sqrt{f})+n\times 0.04\times\sqrt{f}$
E	$1\leqslant f\leqslant 250$	$(L/100)\times(1.82\sqrt{f}+0.0169\times\sqrt{f}+0.25/\sqrt{f})+n\times 0.02\times\sqrt{f}$
F	$1\leqslant f\leqslant 600$	$(L/100)\times(1.8\sqrt{f}+0.01\times\sqrt{f}+0.2/\sqrt{f})+n\times 0.02\times\sqrt{f}$

插入损耗(IL)计算值小于4.0dB时均按4.0dB考虑。

$$L=L_{FC}+L_{CP}Y$$

式中 L_{FC}——固定电缆长度(m);

L_{CP}——CP电缆长度(m);

Y——CP电缆衰减(dB/m)与固定水平电缆衰减(dB/m)比值;

$n=2$ 对于不包含CP点的永久链路的测试或仅测试CP链路;

$n=3$ 对于包含CP点的永久链路的测试。

永久链路插入损耗建议值 表B.0.5-4

频率(MHz)	最小 *NEXT*(dB)					
	A级	B级	C级	D级	E级	F级
0.1	16.5	5.5	–	–	–	–
1	–	5.8	4.0	4.0	4.0	4.0
16	–	–	12.2	7.7	7.1	6.9
100	–	–	–	20.4	18.5	17.7
250	–	–	–	–	30.7	28.8
600	–	–	–	–	–	46.6

3 近端串音(*NEXT*):布线系统永久链路或CP链路每一线对和布线两端的近端串音值应符合表B.0.5-5的规定,并可参考表B.0.5-6所列的关键频率建议值。

永久链路或 CP 链路近端串音值　**表 B.0.5-5**

级别	频率(MHz)	最小 *NEXT*(dB)
A	$f=0.1$	27.0
B	$0.1\leqslant f\leqslant 1$	$25-15\lg(f)$
C	$1\leqslant f\leqslant 16$	$40.1-15.8\lg(f)$
D	$1\leqslant f\leqslant 100$	$-20\lg\left[10^{\frac{65.3-15\lg(f)}{-20}}+10^{\frac{83-20\lg(f)}{-20}}\right]$ ①
E	$1\leqslant f\leqslant 250$	$-20\lg\left[10^{\frac{74.3-15\lg(f)}{-20}}+10^{\frac{94-20\lg(f)}{-20}}\right]$ ②
F	$1\leqslant f\leqslant 600$	$-20\lg\left[10^{\frac{102.4-15\lg(f)}{-20}}+10^{\frac{102.4-15\lg(f)}{-20}}\right]$ ②

①*NEXT* 计算值大于 60.0dB 时均按 60.0dB 考虑。

②*NEXT* 计算值大于 65.0dB 时均按 65.0dB 考虑。

永久链路近端串音建议值　**表 B.0.5-6**

频率(MHz)	最小 *NEXT*(dB)					
	A 级	B 级	C 级	D 级	E 级	F 级
0.1	27.0	40.0	–	–	–	–
1	–	25.0	40.1	60.0	65.0	65.0
16	–	–	21.1	45.2	54.6	65.0
100	–	–	–	32.3	41.8	65.0
250	–	–	–	–	35.3	60.4
600	–	–	–	–	–	54.7

4　近端串音功率和(*PS NEXT*)：只应用于布线系统的 D、E、F 级，布线系统永久链路或 CP 链路每一线对和布线两端的近端串音功率和值应符合表 B.0.5-7 的规定，并可参考表 B.0.5-8 所列的关键频率建议值。

永久链路或 CP 链路近端串音功率和值　**表 B.0.5-7**

级别	频率(MHz)	最小 *PS NEXT*(dB)
D	$1\leqslant f\leqslant 100$	$-20\lg\left[10^{\frac{62.3-15\lg(f)}{-20}}+10^{\frac{80-20\lg(f)}{-20}}\right]$ ①
E	$1\leqslant f\leqslant 250$	$-20\lg\left[10^{\frac{72.3-15\lg(f)}{-20}}+10^{\frac{90-20\lg(f)}{-20}}\right]$ ②
F	$1\leqslant f\leqslant 600$	$-20\lg\left[10^{\frac{99.4-15\lg(f)}{-20}}+10^{\frac{99.4-15\lg(f)}{-20}}\right]$ ②

①*PS NEXT* 计算值大于 57.0dB 时均按 57.0dB 考虑。

②*PS NEXT* 计算值大于 62.0dB 时均按 62.0dB 考虑。

永久链路近端串音功率和参考值　**表 B.0.5-8**

频率(MHz)	最小 *PS NEXT*(dB)		
	D 级	E 级	F 级
1	57.0	62.0	62.0
16	42.2	52.2	62.0
100	29.3	39.3	62.0
250	–	32.7	57.4
600	–	–	51.7

5 线对与线对之间的衰减串音比(ACR):只应用于布线系统的D、E、F级,布线系统永久链路或CP链路每一线对和布线两端的ACR值可用以下计算公式进行计算,并可参考表B.0.5-9所列关键频率的ACR建议值。

线对i与线对k间ACR值的计算公式:$ACR_{ik} = NEXT_{ik} - IL_{k}$ (B.0.5-1)

式中 i——线对号;

k——线对号;

$NEXT_{ik}$——线对i与线对k间的近端串音;

IL_{k}——线对k的插入损耗。

永久链路ACR建议值 表B.0.5-9

频率(MHz)	最小ACR(dB)		
	D级	E级	F级
1	56.0	61.0	61.0
16	37.5	47.5	58.1
100	11.9	23.3	47.3
250	–	4.7	31.6
600	–	–	8.1

6 ACR功率和($PS\ ACR$):布线系统永久链路或CP链路每一线对和布线两端的$PS\ ACR$值可用以下计算公式进行计算,并可参考表B.0.5-10所列关键频率的$PS\ ACR$建议值。

线对k的$PS\ ACR$值计算公式:$PS\ ACR_{k} = PS\ NEXT_{k} - IL_{k}$ (B.0.5-2)

式中 k——线对号;

$PS\ NEXT_{k}$——线对k的近端串音功率和;

IL_{k}——线对k的插入损耗。

永久链路$PS\ ACR$建议值 表B.0.5-10

频率(MHz)	最小$PS\ ACR$(dB)		
	D级	E级	F级
1	53.0	58.0	58.0
16	34.5	45.1	55.1
100	8.9	20.8	44.3
250	–	2.0	28.6
600	–	–	5.1

7 线对与线对之间等电平远端串音($ELFEXT$):只应用于布线系统的D、E、F级。布线系统永久链路或CP链路每一线对的等电平远端串音值应符合表B.0.5-11的规定,并可参考表B.0.5-12所列的关键频率建议值。

永久链路或CP链路等电平远端串音值 表B.0.5-11

级别	频率(MHz)	最小$ELFEXT$(dB)①
D	$1 \leqslant f \leqslant 100$	$-20\lg\left[10^{\frac{63.8-20\lg(f)}{-20}} + n \times 10^{\frac{75.1-20\lg(f)}{-20}}\right]$②
E	$1 \leqslant f \leqslant 250$	$-20\lg\left[10^{\frac{67.8-20\lg(f)}{-20}} + n \times 10^{\frac{83.1-20\lg(f)}{-20}}\right]$③
F	$1 \leqslant f \leqslant 600$	$-20\lg\left[10^{\frac{94-20\lg(f)}{-20}} + n \times 10^{\frac{90-15\lg(f)}{-20}}\right]$③

$n=2$对于不包含CP点的永久链路的测试或仅测试CP链路;$n=3$对于包含CP点的永久链路的测试。

①与测量的远端串音$FEXT$值对应的$ELFEXT$值若大于70.0dB则仅供参考。

②$ELFEXT$计算值大于60.0dB时均按60.0dB考虑。

③$ELFEXT$计算值大于65.0dB时均按65.0dB考虑。

永久链路等电平远端串音建议值　表 B.0.5-12

频率 (MHz)	最小 ELFEXT(dB)		
	D 级	E 级	F 级
1	58.6	64.2	65.0
16	34.5	40.1	59.3
100	18.6	24.2	46.0
250	–	16.2	39.2
600	–	–	32.6

8　等电平远端串音功率和(*PS ELFEXT*)：布线系统永久链路或 CP 链路每一线对的 *PS ELFEXT* 值应符合表 B.0.5-13 的规定，并可参考表 B.0.5-14 所列的关键频率建议值。

永久链路或 CP 链路 *PS ELFEXT* 值　表 B.0.5-13

级别	频率(MHz)	最小 PS ELDEXR(dB)①
D	$1 \leqslant f \leqslant 100$	$-20\lg\left[10^{\frac{60.8-20\lg(f)}{-20}}+n\times10^{\frac{72.1-20\lg(f)}{-20}}\right]$②
E	$1 \leqslant f \leqslant 250$	$-20\lg\left[10^{\frac{64.8-20\lg(f)}{-20}}+n\times10^{\frac{80.1-20\lg(f)}{-20}}\right]$③
F	$1 \leqslant f \leqslant 600$	$-20\lg\left[10^{\frac{91-20\lg(f)}{-20}}+n\times10^{\frac{87-15\lg(f)}{-20}}\right]$③

$n=2$ 对于不包含 CP 点的永久链路的测试或仅测试 CP 链路；$n=3$ 对于包含 CP 点的永久链路的测试。

①与测量的远端串音 *FEXT* 值对应的 *EU* 砸 *XT* 值若大于 70.0dB 则仅供参考。

②*PS ELFEXT* 计算值大于 57.0dB 时均按 57.0dB 考虑。

③*PS ELFEXT* 计算值大于 62.0dB 时均按 62.0dB 考虑。

永久链路 *PS ELFEXT* 建议值　表 B.0.5-14

频率 (MHz)	最小 PS ELFEXT(dB)		
	D 级	E 级	F 级
1	55.6	61.2	62.0
16	31.5	37.1	56.3
100	15.6	21.2	43.0
250	–	13.2	36.2
600	–	–	29.6

9　直流(DC)环路电阻：布线系统永久链路或 CP 链路每一线对的直流环路电阻应符合表 B.0.5-15 的规定，并可参考表 B.0.5-16 所列的建议值。

永久链路或 CP 链路直流环路电阻值 **表 B.0.5－15**

级别	最大直流环路电阻(Ω)
A	530
B	140
C	34
D	$(L/100)\times22+n\times0.4$
E	$(L/100)\times22+n\times0.4$
F	$(L/100)\times22+n\times0.4$

注:$L=L_{FC}+L_{CP}Y$

L_{FC}——固定电缆长度(m);L_{CP}——CP 电缆长度(m);

Y——CP 电缆衰减(dB/m)与固定水平电缆衰减(dB/m)比值。

$n=2$ 对于不包含 CP 点的永久链路的测试或仅测试 CP 链路;$n=3$ 对于包含 CP 点的永久链路的测试。

永久链路直流环路电阻建议值 **表 B.0.5－16**

最大直流环路电阻(Ω)					
A 级	B 级	C 级	D 级	E 级	F 级
530	140	34	21	21	21

10　传播时延:布线系统永久链路或 CP 链路每一线对的传播时延应符合表 B.0.5－17 的规定并可参考表 B.0.5－18 所列的关键频率建议值。

永久链路或 CP 链路传播时延值 **表 B.0.5－17**

级别	频率(MHz)	最大传播时延(us)
A	$f=0.1$	19.400
B	$0.1\leqslant f<1$	4.400
C	$1\leqslant f\leqslant16$	$(L/100)\times(0.534+0.036/\sqrt{f})+n\times0.0025$
D	$1\leqslant f\leqslant100$	$(L/100)\times(0.534+0.036/\sqrt{f})+n\times0.0025$
E	$1\leqslant f\leqslant250$	$(L/100)\times(0.534+0.036A/\sqrt{f})+n\times0.0025$
F	$1\leqslant f\leqslant600$	$(L/100)\times(0.534+0.036/\sqrt{f})+n\times0.0025$

注:$L=L_{FC}+L_{CP}$;L_{FC}——固定电缆长度(m);L_{CP}——CP 电缆长度(m);

$n=2$ 对于不包含 CP 点的永久链路的测试或仅测试 CP 链路;$n=3$ 对于包含 CP 点的永久链路的测试。

永久链路传播时延建议值 **表 B.0.5－18**

频率(MHz)	最大传播时延(us)					
	A 级	B 级	C 级	D 级	E 级	F 级
0.1	19.400	4.400	–	–	–	–
1	–	4.400	0.521	0.521	0.521	0.521
16	–	–	0.496	0.496	0.496	0.496
100	–	–	–	0.491	0.491	0.491
250	–	–	–	–	0.490	0.490
600	–	–	–	–	–	0.489

11　传播时延偏差:布线系统永久链路或 CP 链路所有线对间的传播时延偏差应符合表 B.0.5－19 的规定,并可参考表 B.0.5－20 所列的建议值。

永久链路或 CP 链路传播时延偏差　表 B.0.5－19

级别	频率(MHz)	最大时延偏差(us)
A	$f=0.1$	－
B	$0.1\leqslant f\leqslant 1$	－
C	$1\leqslant f\leqslant 16$	$(L/100)\times 0.045+n\times 0.00125$
D	$1\leqslant f\leqslant 100$	$(L/100)\times 0.045+n\times 0.00125$
E	$1\leqslant f\leqslant 250$	$(L/100)\times 0.045+n\times 0.00125$
F	$1\leqslant f\leqslant 600$	$(L/100)\times 0.025+n\times 0.00125$

注：$L=L_{FC}+L_{CP}$；L_{FC}——固定电缆长度(m)；L_{CP}——CP 电缆长度(m)；

$n=2$ 对于不包含 CP 点的永久链路的测试或仅测试 CP 链路；$n=3$ 对于包含 CP 点的永久链路的测试。

永久链路传播时延偏差建议值　表 B.0.5－20

级别	频率(MHz)	最大时延偏差(us)
A	$f=0.1$	－
B	$0.1\leqslant f\leqslant 1$	－
C	$1\leqslant f\leqslant 16$	0.044①
D	$1\leqslant f\leqslant 100$	0.044①
E	$1\leqslant f\leqslant 250$	0.044①
F	$1\leqslant f\leqslant 600$	0.026②

①0.044 为 $0.9\times 0.045+3\times 0.00125$ 计算结果。

②0.026 为 $0.9\times 0.025+3\times 0.00125$ 计算结果。

B.0.6　所有电缆的链路和信道测试结果应有记录，记录在管理系统中并纳入文档管理。

附录 C　光纤链路测试方法

C.0.1　测试前应对所有的光连接器件进行清洗，并将测试接收器校准至零位。

C.0.2　测试应包括以下内容：

1　在施工前进行器材检验时，一般检查光纤的连通性，必要时宜采用光纤损耗测试仪（稳定光源和光功率计组合）对光纤链路的插入损耗和光纤长度进行测试。

2　对光纤链路（包括光纤、连接器件和熔接点）的衰减进行测试，同时测试光跳线的衰减值可作为设备连接光缆的衰减参考值，整个光纤信道的衰减值应符合设计要求。

C.0.3　测试应按图 C.0.3 进行连接。

1　在两端对光纤逐根进行双向（收与发）测试，连接方式见图 C.0.3。

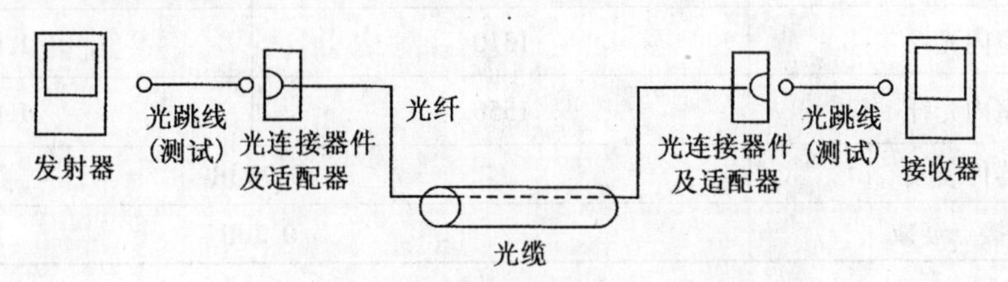

图 C.0.3　光纤链路测试连接（单芯）

注：光连接器件可以为工作区 TO、电信间 FD、设备间 BD、CD 的 SC、ST、sFF 连接器件。

2　光缆可以为水平光缆、建筑物主干光缆和建筑群主干光缆。

3　光纤链路中不包括光跳线在内。

C.0.4 布线系统所采用光纤的性能指标及光纤信道指标应符合设计要求。不同类型的光缆在标称的波长,每公里的最大衰减值应符合表C.0.4的规定。

光 缆 衰 减　　表C.0.4

最大光缆衰减(dB/km)				
项目	OM1,OM2及OM3多模		OSl单模	
波长	850 nm	1300 nm	1310 nm	1550 nm
衰减	3.5	1.5	1.0	1.0

C.0.5 光缆布线信道在规定的传输窗口测量出的最大光衰减(介入损耗)应不超过表C.0.5的规定,该指标已包括接头与连接插座的衰减在内。

光缆信道衰减范围　　表C.0.5

级别	最大信道衰减(dB)			
	单模		多模	
	1310nm	1550nm	850nm	1300nm
OF-300	1.80	1.80	2.55	1.95
OF-500	2.00	2.00	3.25	2.25
OF-2000	3.50	3.50	8.50	4.50

注:每个连接处的衰减值最大为1.5 dB。

C.0.6 光纤链路的插入损耗极限值可用以下公式计算:

光纤链路损耗=光纤损耗+连接器件损耗+光纤连接点损耗　　(C.0.6-1)

光纤损耗=光纤损耗系数(dB/km)×光纤长度(km)　　(C.0.6-2)

连接器件损耗=连接器件损耗/个×连接器件个数　　(C.0.6-3)

光纤连接点损耗=光纤连接点损耗/个×光纤连接点个数　　(C.0.6-4)

光纤链路损耗参考值,见表C.0.6。

光纤链路损耗参考值　　表C.0.6

种类	工作波长(nm)	衰减系数(dB/km)
多模光纤	850	3.5
多模光纤	1300	1.5
单模室外光纤	1310	0.5
单模室外光纤	1550	0.5
单模室内光纤	1310	1.0
单模室内光纤	1550	1.0
连接器件衰减	0.75dB	
光纤连接点衰减	0.3dB	

C.0.7 所有光纤链路测试结果应有记录,记录在管理系统中并纳入文档管理。

附录D　综合布线工程管理系统验收内容

D.0.1　综合布线系统工程的技术管理涉及综合布线系统的工作区、电信间、设备间、进线间、入口设施、缆线管道与传输介质、配线连接器件及接地等各方面，根据布线系统的复杂程度分为以下4级：

1　一级管理：针对单一电信间或设备间的系统。

2　二级管理：针对同一建筑物内多个电信间或设备间的系统。

3　三级管理：针对同一建筑群内多栋建筑物的系统，包括建筑物内部及外部系统。

4　四级管理：针对多个建筑群的系统。

5　管理系统的设计应使系统可在无需改变已有标识符和标签的情况下升级和扩充。

D.0.2　综合布线系统应在需要管理的各个部位设置标签，分配由不同长度的编码和数字组成的标识符，以表示相关的管理信息。

1　标识符可由数字、英文字母、汉语拼音或其他字符组成，布线系统内各同类型的器件与缆线的标识符应具有同样特征（相同数量的字母和数字等）。

2　标签的选用应符合以下要求：

1）选用粘贴型标签时，缆线应采用环套型标签，标签在缆线上至少应缠绕一圈或一圈半，配线设备和其他设施应采用扁平型标签；

2）标签衬底应耐用，可适应各种恶劣环境；不可将民用标签应用于综合布线工程；插入型标签应设置在明显位置、固定牢固；

3　不同颜色的配线设备之间应采用相应的跳线进行连接，色标的规定及应用场合宜符合下列要求（图D.0.2）：

1）橙色——用于分界点，连接入口设施与外部网络的配续设备。

2）绿色——用于建筑物分界点，连接入口设施与建筑群的配线设备。

3）紫色——用于与信息通信设施PBX、计算机网络、传输等设备）连接的配线设备。

4）白色——用于连接建筑物内主干缆线的配线设备（一级主干）。

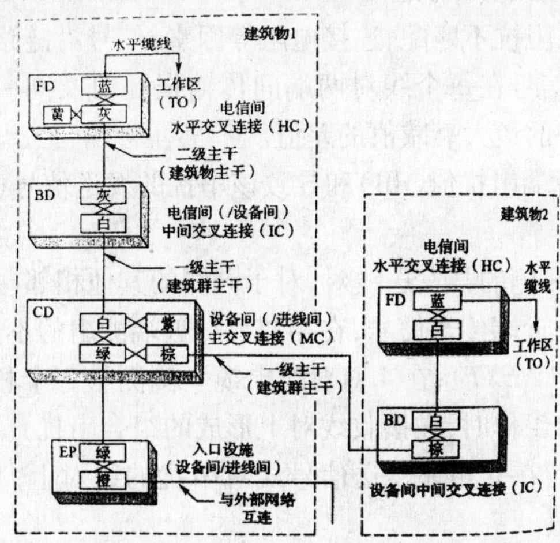

图D.0.2　色标应用位置示意

5）灰色——用于连接建筑物内主干缆线的配线设备（二级主干）。

6）棕色——用于连接建筑群主干缆线的配线设备。

7）蓝色——用于连接水平缆线的配线设备。

8）黄色——用于报警、安全等其他线路。

9）红色——预留备用。

4 系统中所使用的区分不同服务的色标应保持一致,对于不同性能缆线级别所连接的配线设备,可用加强颜色或适当的标记加以区分。

D.0.3 记录信息包括所需信息和任选信息,各部位相互间接口信息应统一。

1 管线记录包括管道的标识符、类型、填充率、接地等内容。

2 缆线记录包括缆线标识符、缆线类型、连接状态、线对连接位置、缆线占用管道类型、缆线长度、接地等内容。

3 连接器件及连接位置记录包括相应标识符、安装场地、连接器件类型、连接器件位置、连接方式、接地等内容。

4 接地记录包括接地体与接地导线标识符、接地电阻值、接地导线类型、接地体安装位置、接地体与接地导线连接状态、导线长度、接地体测量日期等内容。

D.0.4 报告可由一组记录或多组连续信息组成,以不同格式介绍记录中的信息。报告应包括相应记录、补充信息和其他信息等内容。

D.0.5 综合布线系统工程竣工图纸应包括说明及设计系统图、反映各部分设备安装情况的施工图。竣工图纸应表示以下内容:

1 安装场地和布线管道的位置、尺寸、标识符等。

2 设备间、电信间、进线间等安装场地的平面图或剖面图及信息插座模块安装位置。

3 缆线布放路径、弯曲半径、孔洞、连接方法及尺寸等。

附录E 测试项目和技术指标含义

E.0.1 综合布线系统对绞线永久链路或信道测试项目及技术指标的含义如下:

1 接线图:测试布线链路有无终接错误的一项基本检查,测试的接线图显示出所测每条8芯电缆与配线模块接线端子的连接实际状态。

2 衰减:由于绝缘损耗、阻抗不匹配、连接电阻等因素,信号沿链路传输损失的能量为衰减。

传输衰减主要测试传输信号在每个线对两端间传输损耗值及同一条电缆内所有线对中最差线对的衰减量,相对于所允许的最大衰减值的差值。

3 近端串音(*NEXT*):近端串扰值(dB)和导致该串扰的发送信号(参考值定为0)之差值为近端串扰损耗。

在一条链路中处于线缆一侧的某发送线对,对于同侧的其他相邻(接收)线对通过电磁感应所造成的信号耦合(由发射机在近端传送信号,在相邻线对近端测出的不良信号耦合)为近端串扰。

4 近端串音功率5N(*PS NEXT*):在4对对绞电缆一侧测量3个相邻线对对某线对近端串扰总和(所有近端干扰信号同时工作时,在接收线对上形成的组合串扰)。

5 衰减串音比值(*ACR*):在受相邻发送信号线对串扰的线对上,其串扰损耗(*NEXT*)与本线对传输信号衰减值(A)的差值。

6 等电平远端串音(*ELFEXT*):某线对上远端串扰损耗与该线路传输信号衰减的差值。

从链路或信道近端线缆的一个线对发送信号,经过线路衰减从链路远端干扰相邻接收线对(由发射机在远端传送信号,在相邻线对近端测出的不良信号耦合)为远端串音(*FEXT*)。

7 等电平远端串音功率和(*PS ELFEXT*):在4对对绞电缆一侧测量3个相邻线对对某线对远

端串扰总和(所有远端干扰信号同时工作,在接收线对上形成的组合串扰)。

8　回波损耗(*RL*):由于链路或信道特性阻抗偏离标准值导致功率反射而引起(布线系统中阻抗不匹配产生的反射能量)。由输出线对的信号幅度和该线对所构成的链路上反射回来的信号幅度的差值导出。

9　传播时延:信号从链路或信道一端传播到另一端所需的时间。

10　传播时延偏差:以同一缆线中信号传播时延最小的线对作为参考,其余线对与参考线对时延差值(最快线对与最慢线对信号传输时延的差值)。

11　插入损耗:发射机与接受机之间插入电缆或元器件产生的信号损耗,通常指衰减。

第七章　电气装置安装工程电缆线路施工及验收

《电气装置安装工程电缆线路施工及验收规范》GB50168－2006 于 2006 年 11 月 1 日实施，该规范适用于额定电压为 500kV 及以下的电力电缆线路及其附属设备和构筑物设施，原《电气装置安装工程电缆线路施工及验收规范》GB 50168－92 同时废止。该规范共 8 章，其中 3 条为强制性条文。质量检查员应掌握常用电缆安装技术要求和安装注意事项，提高电缆安装安全运行和保障电力的供应水平。本章节针对质检员在原理、概念模糊、对规范理解不全面的问题进行解读，旨在推动建筑电气安装质检员的质量意识和技术水平。

第一节　总　　则

1.0.1　为保证电缆线路安装工作的施工质量，促进电缆线路施工技术水平的提高，确保电缆线路安全运行，制订本规范。

电力电缆是在电力系统的主干线路中用以传输和分配大功率电能的电缆产品，是目前使用最广泛用来传递和分配电能的导体。电压等级 500kV 以及以下几乎包含我国所有的电压等级，目前我国常用的电压等级：220V、380V、6kV、10kV、35kV、110kV、220kV、330kV、500kV，通常将 35kV 及 35kV 以上的电压线路称为送电线路，10kV 及其以下的电压线路称为配电线路。将额定 1kV 以上电压称为"高电压"，额定电压在 1kV 以下电压称为"低电压"。

常见电缆表示方法：

(1) 对护套及绝缘层材质表示，V 表示聚氯乙烯绝缘；Y 表示聚乙烯绝缘；J 表示交联；

(2) 导体类别，铜质缺省，铝用 L 表示；

(3) 脚标含义，第一个数字表示铠装类别，2、3、4 分别代表钢带铠装、细钢丝铠装、粗钢丝铠装；第二个数字表示护套类别，2、3 分别代表缘聚氯乙烯外护套、聚氯烯外护套。

电缆类别使用场所要求：

(1) VV(VLV) 类电缆导体运行最高额定温度为 70℃，短路时(持续时间小于 5s)最高温度不超过 160℃。

(2) YJV(YJLV) 类电缆导体运行最高额定温度为 90℃，短路时(持续时间小于 5s)最高温度不超过 250℃。

(3) 矿物绝缘电缆。氧化镁绝缘，铜或高温合金护套，运行最高额定温度 250 度。

1.0.2　本规范规定了电力电缆线路(以下称电缆线路)安装工程及附属设备和构筑物设施的施工及验收的技术要求。

1.0.3　本规范适用于 500kV 及以下电力电缆、控制电缆线路安装工程的施工及验收。

1.0.4　矿山、船舶、冶金、化工等有特殊要求的电缆线路的安装工程尚应符合专业规程的有关规定。

电缆线路的安装应按已批准的设计进行施工。

1.0.5　采用的电缆及附件，均应符合国家现行技术标准的规定，并应有合格证件。设备应有铭牌。

电力电缆及附件产品标准参考如下：

《额定电压1kV(Um=1.2kV)到35kV(Um=40.5kV)挤包绝缘电力电缆及附件》GB/T 12706-2008

《额定电压450/750V及以下聚氯乙烯绝缘电缆》GB/T 5023.1-2008

《额定电压1kV及以下架空绝缘电缆》GB/T 12527-2008

《额定电压750V及以下矿物绝缘电缆及终端》GB/T 13033.1-2007

《额定电压10kV架空绝缘电缆》GB/T 14049-2008

《阻燃和耐火电线电缆通则》GB/T 19666-2005

《额定电压450/750V及以下橡皮绝缘电缆》GB/T 5013-2008

《额定电压450/750V及以下聚氯乙烯绝缘电缆》GB/T 5023-2008

《额定电压450/750V及以下交联聚氯乙烯绝缘电线和电缆》JB/T 10438-2004

《额定电压450/750V及以下交联聚烯烃绝缘电线和电缆》JB/T 10491-2004

《额定电压1kV(Um=1.2 kV)到35kV(Um=40.5kV)电力电缆热收缩式终端》JB/T 7829-2006。

1.0.6　施工中的安全技术措施，应符合本规范及现行有关安全技术标准及产品的技术文件的规定。对重要的施工项目或工序，尚应事先制定安全技术措施。

1.0.7　电缆及其附件安装用的钢制紧固件，除地脚螺栓外，应用热镀锌制品。

1.0.8　对有抗干扰要求的电缆线路，应按设计要求采取抗干扰措施。

1.0.9　电缆线路的施工及验收，除按本规范的规定执行外，尚应符合国家现行的有关标准规范的规定。

第二节　术　　语

2.0.1　电缆[本体]cable

指电缆线路中除去电缆接头和终端等附件以外的电缆线段部分，通常称为电缆。

注：有时电缆也泛指电缆线路，即由电缆本体和安装好的附件所组成的电缆系统。

2.0.2　金属套 metallic sheath

均匀连续密封的金属管状包覆层。

2.0.3　铠装层 armour

由金属带或金属丝组成的包覆层，通常用来保护电缆不受外界的机械力作用。

注：金属带起径向加强保护作用，金属丝起纵向加强保护作用。

2.0.4　[电缆]终端 termination

安装在电缆末端，以使电缆与其他电气设备或架空输电线相连接，并维持绝缘直至连接点的装置。

2.0.5　[电缆]接头 joint

连接电缆与电缆的导体、绝缘、屏蔽层和保护层，以使电缆线路连续的装置。

2.0.6　电缆分接(分支)箱 cable dividing box, cable feeding pillar

完成配电系统中电缆线路的汇集和分接功能，但一般不具备控制测量等二次辅助配置的专用电气连接设备。

注：电缆分接箱常用于城市环网供电和(或)辐射供电系统中分配电能和(或)终端供电。一般直接安装在户外，有时也安装在户内。电缆终端是电缆分接箱内必需的主要部件.通常采用可分离式终端(也称为可分离连接器)或户内终端。

2.0.7　[电缆]附件 cable accessories

终端、接头、[充油电缆]压力箱、交叉互联箱、接地箱、护层保护器等电缆线路的组成部件的统称。

2.0.8 电缆支架 cable bearer

电缆敷设就位后,用于支持和固定电缆的装置的统称,包括普通支架和桥架。

2.0.9 电缆桥架 cable tray

由托盘(托槽)或梯架的直线段、非直线段、附件及支吊架等组介构成,用以支撑电缆具有连续的刚性结构系统。

2.0.10 电缆导管 cableducts,cableconduits

电缆本体敷设于其内部受到保护和在电缆发生故障后便于将电缆拉出更换用的管子。有单管和排管等结构形式,也称为电缆管。

第三节 电缆及附件的运输与保管

3.0.1 电缆及附件的运输与保管,应符合产品标准的要求,应避免强烈的震动、倾倒、受潮、腐蚀,确保不损坏箱体外表面以及箱内部件。

3.0.2 在运输装卸过程中,不应使电缆及电缆盘受到损伤。严禁将电缆盘直接由车上推下。电缆盘不应平放运输、平放贮存。

3.0.3 运输或滚动电缆盘前,必须保证电缆盘牢固,电缆绕紧。充油电缆至压力油箱间的油管应固定,不得损伤。压力油箱应牢固,压力指示应符合要求。

滚动时必须顺着电缆盘上的箭头指示或电缆的缠紧方向。

3.0.4 电缆及其附件到达现场后,应按下列要求及时进行检查:

1 产品的技术文件应齐全。

2 电缆型号、规格、长度应符合订货要求,附件应齐全;电缆外观不应受损。

3 电缆封端应严密。当外观检查有怀疑时,应进行受潮判断或试验。

4 充油电缆的压力油箱、油管、阀门和压力表应符合要求且完好无损。

电缆产品技术文件一般包括:生产许可证、检测报告、厂家出厂报告和合格证(国家目前仅开展低压电线产品的3C强制认证),对于阻燃耐火电缆要有消防部门的备案证明。

电缆封端要严密主要防止潮气和水的进入,否则进入后形成“水树枝”,给电缆通电后安全运行带来隐患。

《建筑节能工程施工质量验收规范》GB50411-2007第12.2.2条低压配电系统选择的电缆、电线截面不得低于设计值。进场时应对同厂家各种规格总数的10%,且不少于2个规格的截面和每芯导体电阻值进行见证取样送检,抽样检测合格后方可使用。

3.0.5 电缆及其有关材料如不立即安装,应按下列要求贮存:

1 电缆应集中分类存放,并应标明型号、电压、规格、长度。电缆盘之间应有通道。地基应坚实,当受件限制时,盘下应加垫,存放处不得积水。

2 电缆终端瓷套在贮存时,应有防止受机械损伤的措施。

3 电缆附件的绝缘材料的防潮包装应密封良好,并应根据材料性能和保管要求贮存和保管。

4 防火涂料、包带、堵料等防火材料,应根据材料性能和保管要求贮存和保管。

5 电缆桥架应分类保管,不得因受力变形。

3.0.6 电缆及附件在安装前的保管,其保管期限为一年及以内。当需长期保管时,应符合设备保管的专门规定。

3.0.7 电缆在保管期间,电缆盘及包装应完好,标志应齐全,封端应严密。当有缺陷时,应及时处理。

充油电缆应经常检查油压，并作记录，油压不得降至最低值。当油压降至零或出现真空时，应及时处理。

第四节　电缆线路附属设施和构筑物的施工

4.1　电缆管的加工及敷设

4.1.1　电缆管不应有穿孔，裂缝和显著的凹凸不平，内壁应光滑；金属电缆管不应有严重锈蚀。硬质塑料管不得用在温度过高或过低的场所。在易受机械损伤的地方和在受力较大处直埋时，应采用足够强度的管材。

4.1.2　电缆管的加工应符合下列要求：

1　管口应无毛刺和尖锐棱角，管口宜做成喇叭形。

2　电缆管在弯制后，不应有裂缝和显著的凹瘪现象，其弯扁程度不宜大于管子外径的10%；电缆管的弯曲半径不应小于所穿入电缆的最小允许弯曲半径。

3　金属电缆管应在外表涂防腐漆或涂沥青，镀锌管锌层剥落处也应涂以防腐漆。

为了避免配管穿线时电缆层的伤害、减小穿线阻力而采取的措施；金属线管加防腐保护提高抗腐蚀能力，增加使用寿命；埋入混凝土内的钢管除外。

4.1.3　电缆管的内径与电缆外径之比不得小于1.5；混凝土管、陶土管、石棉水泥管除应满足上述要求外，其内径尚不宜小于100mm。

明确电缆配管的技术要求，不得小于1.5倍，便于穿线和电缆安装。为了便于操作，收集有关厂家电缆外径技术资料供参考，见表4.1.3。

四芯聚氯乙烯绝缘电力电缆导体标称截面与电力近似外径对应表　　**表4.1.3**

导体标称截面	电缆近似外径	导体标称截面	电缆近似外径
$4\times2.5mm^2$	12.7mm	$4\times50mm^2$	30.4mm
$4\times4mm^2$	14.9mm	$4\times70mm^2$	33.9mm
$4\times6mm^2$	16.1mm	$4\times95mm^2$	39.7mm
$4\times10mm^2$	19.2mm	$4\times120mm^2$	44.2mm
$4\times16mm^2$	21.7mm	$4\times150mm^2$	48.7mm
$4\times25mm^2$	25.9mm	$4\times185mm^2$	53.5mm
$4\times35mm^2$	28.7mm	$4\times240mm^2$	55.4mm

4.1.4　每根电缆管的弯头不应超过3个，直角弯不应超过2个。

对电缆配管的弯头、直角弯进行限定，目的是穿线方便，减小穿线的拉线阻力，防止对电缆的破坏。

4.1.5　电缆管明敷时应符合下列要求：

1　电缆管应安装牢固；电缆管支持点间的距离，当设计无规定时，不宜超过3m。

2　当塑料管的直线长度超过30m时，宜加装伸缩节。

4.1.6　电缆管的连接应符合下列要求：

1　金属电缆管连接应牢固，密封应良好，两管口应对准。套接的短套管或带螺纹的管接头的长度，不应小于电缆管外径的2.2倍。金属电缆管不宜直接对焊。

2　硬质塑料管在套接或插接时，其插入深度宜为管子内径的1.1～1.8倍。在插接面上应涂以胶合剂粘牢密封;采用套接时套管两端应封焊。

套管的长度要求主要是防止因接头部位强度低造成钢管接头断开,致使电缆受剪力,造成线缆破坏。

4.1.7 引至设备的电缆管管口位置,应便于与设备连接并不妨碍设备拆装和进出。并列敷设的电缆管管口应排列整齐。

4.1.8 利用电缆的保护钢管作接地线时,应先焊好接地线;有螺纹的管接头处,应用跳线焊接,再敷设电缆。

4.1.9 敷设混凝土、陶土、石棉水泥等电缆管时,其地基应坚实、平整,不应有沉陷。电缆管的敷设应符合下列要求:

1 电缆管的埋设深度不应小于0.7m;在人行道下面敷设时,不应小于0.5m。

2 电缆管应有不小于0.1%的排水坡度。

3 电缆管连接时,管孔应对准,接缝应严密,不得有地下水和泥浆渗入。

考虑在地面埋深0.7m、0.5m后不同地面荷载产生在管道上面的应力大大减小,避免管道受压变形后对电缆的伤害。电缆管的排水坡度便于管道内积水及时排出,尽量减少雨水等对线缆的浸泡。

4.2 电缆支架的配制与安装

4.2.1 电缆支架的加工应符合下列要求:

1 钢材应平直,无明显扭曲。下料误差应在5mm范围内,切口应无卷边、毛刺。

2 支架应焊接牢固,无显著变形。各横撑间的垂直净距与设计偏差不应大于5mm。

3 金属电缆支架必须进行防腐处理。位于湿热、盐雾以及有化学腐蚀地区时,应根据设计作特殊的防腐处理。

4.2.2 电缆支架的层间允许最小距离,当设计无规定时,可采用表4.2.2的规定。但层间净距不应小于两倍电缆外径加10mm,35kV及以上高压电缆不应小于2倍电缆外径加50mm。

电缆支架的层间允许最小距离值(mm) **表4.2.2**

电缆类型和敷设特征		支(吊)架	桥架
控制电缆		120	200
电力电缆明敷	10kV及以下(除6~10kV交联聚乙烯绝缘外)	150~200	250
	6~10kV交联聚乙烯绝缘	200~250	300
	35kV单芯 66kV及以上,每层1根	250	300
	35kV三芯 66kV及以上,每层多于1根	300	350
电缆敷设于槽盒内		$h+80$	$h+100$

注:h表示槽盒外壳高度。

4.2.3 电缆支架应安装牢固,横平竖直;托架支吊架的固定方式应按设计要求进行。各支架的同层横挡应在同一水平面上,其高低偏差不应大于5mm。托架支吊架沿桥架走向左右的偏差不应大于10mm。

在有坡度的电缆沟内或建筑物上安装的电缆支架,应有与电缆沟或建筑物相同的坡度。

电缆支架最上层及最下层至沟顶、楼板或沟底、地面的距离,当设计无规定时,不宜小于表4.2.3的数值。

电缆支架最上层及最下层至沟顶、楼板或沟底、地面的距离　表 4.2.3

敷设方式	电缆隧道及夹层	电缆沟	吊架	桥架
最上层至沟顶或楼板	300～350	150～200	150～200	350～450
最下层至沟底或地面	100～150	50～100	-	100～150

4.2.4　组装后的钢结构竖井，其垂直偏差不应大于其长度的 2/1000；支架横撑的水平误差不应大于其宽度的 2/1000；竖井对角线的偏差不应大于其对角线长度的 5/1000。

4.2.5　电缆桥架的配制应符合下列要求：

1　电缆梯架（托盘）、电缆梯架（托盘）的支（吊）架、连接件和附件的质量应符合现行的有关技术标准。

2　电缆梯架（托盘）的规格、支吊跨距、防腐类型应符合设计要求。

4.2.6　梯架（托盘）在每个支吊架上的固定应牢固；梯架（托盘）连接板的螺栓应紧固，螺母应位于梯架（托盘）的外侧。

铝合金梯架在钢制支吊架上固定时，应有防电化腐蚀的措施。

4.2.7　当直线段钢制电缆桥架超过 30m、铝合金或玻璃钢制电缆桥架超过 15m 时，应有伸缩缝，其连接宜采用伸缩连接板；电缆桥架跨越建筑物伸缩缝处应设置伸缩缝。

4.2.8　电缆桥架转弯处的转弯半径，不应小于该桥架上的电缆最小允许弯曲半径的最大者。

4.2.9　电缆支架全长均应有良好的接地。（强制性条文）

4.3　电缆线路其他防护设施与构筑物的施工

4.3.1　与电缆线路安装有关的建筑工程的施工应符合下列要求：

1　与电缆线路安装有关的建筑物、构筑物的建筑工程质量，应符合国家现行有关标准规范的规定；

2　电缆线路安装前，建筑工程应具备下列条件：

1）预埋件符合设计，安置牢固；

2）电缆沟、隧道、竖井及人孔等处的地坪及抹面工作结束，人孔爬梯的安装已完成；

3）电缆层、电缆沟、隧道等处的施工临时设施、模板及建筑；

废料等清理干净施工用道路畅通. 盖板齐全；

4）电缆线路敷设后，不能再进行的建筑工程工作应结束；

5）电缆沟排水畅通，电缆室的门窗安装完毕。

3　电缆线路安装完毕后投入运行前，建筑工程应完成由于预埋件补遗、开孔、扩孔等需要而造成的建筑工程装饰工作。

4.3.2　城市电网的电缆分接箱、箱式变基础及位置应满足设计要求。

4.3.3　电缆工作井尺寸应满足电缆最小弯曲半径的要求。电缆井内应设有积水坑，上盖金属箅子。

第五节　电缆的敷设

5.1　一般规定

5.1.1　电缆敷设前应按下列要求进行检查：

1　电缆通道畅通，排水良好。金属部分的防腐层完整。隧道内照明、通风符合要求。

2　电缆型号、电压、规格应符合设计。

3　电缆外观应无损伤、绝缘良好，当对电缆的密封有怀疑时，应进行潮湿判断；直埋电缆与水底电缆应经试验合格。

4　充油电缆的油压不宜低于0.15MPa;供油阀门应在开启位置,动作应灵活;压力表指示应无异常;所有管接头应无渗漏油;油样应试验合格。

5　电缆放线架应放置稳妥,钢轴的强度和长度应与电缆盘重量和宽度相配合。

6　敷设前应按设计和实际路径计算每根电缆的长度,合理安排每盘电缆,减少电缆接头。

7　在带电区域内敷设电缆,应有可靠的安全措施。

8　采用机械敷设电缆时,牵引机和导向机构应调试完好。

电缆敷设前,首先对电缆规格、截面、外观、密封套等进行检查,同时对低压电缆进行绝缘电阻测试,用1kV兆欧表摇测(不得用数字式,产生高压持续时间短,不能发现存在绝缘问题);对6－10kV电缆用2.5kV摇表摇测。

5.1.2　电缆敷设时,不应损坏电缆沟、隧道、电缆井和人井的防水层。

5.1.3　三相四线制系统中应采用四芯电力电缆,不应采用三芯电缆另加一根单芯电缆或以导线、电缆金属护套作中性线。

目的是防止把用于平衡三相电流的中性线不与相线共管敷设,如造成三相不平衡时会产生电磁感应(涡流),从而使线缆护套过热影响使用寿命和造成电能浪费。

5.1.4　并联使用的电力电缆其长度、型号、规格宜相同。

5.1.5　电力电缆在终端头与接头附近宜留有备用长度。

5.1.6　电缆各支持点间的距离应符合设计规定。当设计无规定时,不应大于表5.1.6中所列数值。

电缆各支持点间的距离(mm)　　**表5.1.6**

电缆种类		敷设方式	
		水平	垂直
电力电缆	全塑型	400	1000
	除全塑型外的中低压电缆	800	1500
	35kV及以上高压电缆	1500	2000
控制电缆		800	1000

注:全塑型电力电缆水平敷设沿支架能把电缆固定时,支持点间的距离允许为800mm。

若电缆水平距离过大时,支座处的电缆受力大将造成线缆断面(支持点处)变形,故规定各种电力电缆固定间距。此条隐含对电缆沟内支架间距要求,不得放大支架间距和随意摆放线缆。

5.1.7　电缆的最小弯曲半径应符合表5.1.7的规定。

电缆最小弯曲半径　　**表5.1.7**

电缆型式			多芯	单芯
控制电缆			10D	
橡皮绝缘电力电缆	无铅包、钢铠护套		10D	
	裸铅包护套		15D	
	钢铠护套		20D	
聚氯乙烯绝缘电力电缆			10D	
交联聚乙烯绝缘电力电缆			15D	20D
油浸纸绝缘电力电缆	铅　包		30D	
	铅　包	有铠装	15D	20D
		无铠装	20D	
自容式充油(铅包)电缆				20D

注:表中D为电缆外径。

弯曲时不能对绝缘层的厚度和内部导体产生影响，聚氯乙烯塑料弯曲延伸率比聚乙烯率大，弯曲半径可以适当放小。检查时要观察外部护套有无明显张拉痕迹和线缆有无明显变形。

5.1.8　黏性油浸纸绝缘电缆最高点与最低点之间的最大位差，不应超过表5.1.8的规定，当不能满足要求时，应采用适应于高位差的电缆。

黏性油浸纸绝缘铅包电力电缆的最大允许敷设位差　**表5.1.8**

电压(kV)	电缆护层结构	最大允许敷设位差(m)
1	无铠装	20
	铠装	25
6～10	铠装或无铠装	15
35	铠装或无铠装	5

5.1.9　电缆敷设时，电缆应从盘的上端引出，不应使电缆在支架上及地面摩擦拖拉。电缆上不得有铠装压扁、电缆绞拧、护层折裂等未消除的机械损伤。

施放过程电缆受力过大可能造成不容易发现的机械损伤，虽然各种电气测试均合格，但是运行4～6年后故障开始显现，可能造成线缆短路、爆炸等严重质量事故，故要求严格执行。

5.1.10　用机械敷设电缆时的最大牵引强度宜符合表5.1.10的规定，充油电缆总拉力不应超过27kN。

电缆最大牵引强度(N/mm^2)　**表5.1.10**

牵引方式	牵引头		钢丝网套		
受力部位	铜芯	铝芯	铅套	铝套	塑料护套
允许牵引强度	70	40	10	40	7

5.1.11　机械敷设电缆的速度不宜超过15m/min，110kV及以上电缆或在较复杂路径上敷设时，其速度应适当放慢。

5.1.12　在复杂的件下用机构敷设大截面电缆时，应进行施工组织设计，确定敷设方法、线盘架设位置、电缆牵引方向，校核牵引力和侧压力，配备敷设人员和机具。

5.1.13　机械敷设电缆时，应在牵引头或钢丝网套与牵引钢缆之间装设防捻器。

5.1.14　110kV及以上电缆敷设时，转弯处的侧压力不应大于3kN/m。

5.1.15　油浸纸绝缘电力电缆在切断后，应将端头立即铅封；塑料绝缘电缆应有可靠的防潮封端；充油电缆在切断后尚应符合下列要求：

1　在任何情况下，充油电缆的任一段都应有压力油箱保持油压。

2　连接油管路时，应排除管内空气，并采用喷油连接。

3　充油电缆的切断处必须高于邻近两侧的电缆。

4　切断电缆时不应有金属屑及污物进入电缆。

5.1.16　敷设电缆时，电缆允许敷设最低温度，在敷设前24h内的平均温度以及敷设现场的温度不应低于表5.1.16的规定；当温度低于表5.1.16规定值时，应采取措施。

电缆允许敷设最低温度　**表5.1.16**

电缆类型	电缆结构	允许敷设最低温度(℃)
油浸纸绝缘电力电缆	充油电缆	-10
	其他油纸电缆	0
橡皮绝缘电力电缆	橡皮或聚氯乙烯护套	-15
	裸铅套	-20
	铅护套钢带铠装	-7

续表

电缆类型	电缆结构	允许敷设最低温度(℃)
塑料绝缘电力电缆		0
控制电缆	耐寒护套	-20
	橡皮绝缘聚氯乙烯护套	-15
	聚氯乙烯绝缘聚氯乙烯护套	-10

5.1.17 电力电缆接头的布置应符合下列要求:

1 并列敷设的电缆,其接头的位置宜相互错开。

2 电缆明敷时的接头,应用托板托置固定。

3 直埋电缆接头盒外面应有防止机械损伤的保护盒(环氧树脂接头盒除外)。位于冻土层内的保护盒,盒内宜注以沥青。

5.1.18 电缆敷设时应排列整齐,不宜交叉,加以固定,并及时装设标志牌。

电缆敷设排列整齐、不交叉便于检修、更换,否则线缆互相叠压不便于巡视和施工;挂标志牌便于检修。

5.1.19 标志牌的装设应符合下列要求:

1 生产厂房及变电站内应在电缆终端头、电缆接头处装设电缆标志牌。

2 城市电网电缆线路应在下列部位装设电缆标志牌:

1)电缆终端及电缆接头处;

2)电缆两端,人孔及工作井处;

3)电缆隧道内转弯处、电缆分支处、直线段每隔 50~100m;

3 标志牌上应注明线路编号。当无编号时,应写明电缆型号、规格及起迄地点;并联使用的电缆应有顺序号。标志牌的字迹应清晰不易脱落。

4 标志牌规格宜统一。标志牌应能防腐,挂装应牢固。

标志牌功能便于识别电缆,标志牌首先应具备标明电缆规格、型号、特征,位置设置适当,标志牌材质及其标志内容还得满足一定耐久性的要求。

5.1.20 电缆的固定,应符合下列要求:

1 在下列地方应将电缆加以固定:

1)垂直敷设或超过45°倾斜敷设的电缆在每个支架上;桥架上每隔2m处;

2)水平敷设的电缆,在电缆首末两端及转弯、电缆接头的两端处;当对电缆间距有要求时,每隔5~10m处;

3)单芯电缆的固定应符合设计要求。

2 交流系统的单芯电缆或分相后的分相铅套电缆的固定夹具不应构成闭合磁路。

3 裸铅(铝)套电缆的固定处,应加软衬垫保护。

倾斜处电缆固定防止端部或局部电缆受自身重力过大造成线缆受伤;首末端固定是防止线缆接头受线缆传递过来的作用力;单芯电缆固定防止产生铁磁回路,不得采用电线或铁制闭合锁具;护层有绝缘要求指导电体接触时应加绝缘衬垫。

5.1.21 沿电气化铁路或有电气化铁路通过的桥梁上明敷电缆的金属护层或电缆金属管道,应沿其全长与金属支架或桥梁的金属构件绝缘。

5.1.22 电缆进入电缆沟、隧道、竖井、建筑物、盘(柜)以及穿入管子时,出入口应封闭,管口应密封。

管口封闭有两个目的:一是防止小动物进入损坏电缆和电气设备,防止短路;二是防火封堵的问题。

5.1.23 装有避雷针的照明灯塔，电缆敷设时尚应符合现行国家标准《电气装置安装工程接地装置施工及验收规范》GB50169 的有关要求。

5.2 直埋电缆的敷设

5.2.1 在电缆线路路径上有可能使电缆受到机械性损伤、化学作用、地下电流、振动、热影响、腐植物质、虫鼠等危害的地段，应采取保护措施。

5.2.2 电缆埋置深度应符合下列要求：

1 电缆表面距地面的距离不应小于0.7m。穿越农田时不应小于1m。在引入建筑物、与地下建筑物交叉及绕过地下建筑物处，可浅埋，但应采取保护措施。

2 电缆应埋设于冻土层以下，当受件限制时，应采取防止电缆受到损坏的措施。

5.2.3 电缆之间，电缆与其他管道、道路、建筑物等之间平行和交叉时的最小净距，应符合表5.2.3 的规定。严禁将电缆平行敷设于管道的上方或下方。特殊情况应按下列规定执行：

电缆之间，电缆与管道、道路、建筑物之间平行和交叉时的最小净距(m)　**表 5.2.3**

项目		平行	交叉
电力电缆间及其与控制电缆间	10kV 及以下	0.10	0.50
	10kV 以上	0.25	0.50
控制电缆间		—	0.50
不同使用部门的电缆间		0.50	0.50
热管道(管沟)及热力设备		2.00	0.50
可燃气体及易燃液体管道(沟)		1.00	0.50
其他管道(管沟)		0.50	0.50
铁路路轨		3.00	1.00
电气化铁路路轨	交流	3.00	1.00
	直流	10.0	1.00
公路		1.50	1.00
城市街道路面		1.00	0.70
杆基础(边线)		1.00	–
建筑物基础(边线)		0.60	–
排水沟		1.00	0.50

注：1. 电缆与公路平行的净距，当情况特殊时可酌减；

2. 当电缆穿管或者其他管道有保温层等防护设施时，表中净距应从管壁或防护设施的外壁算起。

1 电力电缆间及其与控制电缆间或不同使用部门的电缆间，当电缆穿管或用隔板隔开时，平行净距可降低为0.1m。

2 电力电缆间、控制电缆间以及它们相互之间，不同使用部门的电缆间在交叉点前后1m 范围内，当电缆穿入管中或用隔板隔开时，其交叉净距可降为0.25m。

3 电缆与热管道(沟)、油管道(沟)、可燃气体及易燃液体管道(沟)、热力设备或其他管道(沟)之间，虽净距能满足要求，但检修管路可能伤及电缆时，在交叉点前后1m 范围内，尚应采取保护措施；当交叉净距不能满足要求时，应将电缆穿入管中，其净距可减为0.25m。

4 电缆与热管道(沟)及热力设备平行、交叉时，应采取隔热措施，使电缆周围土壤的温升不超过10℃。

5 当直流电缆与电气化铁路路轨平行、交叉其净距不能满足要求时，应采取防电化腐蚀措施。

6　直埋电缆穿越城市街道、公路、铁路,或穿过有载重车辆通过的大门时,进入建筑物的墙角处,进入隧道、人井,或从地下引出到地面时,应将电缆敷设在满足强度的管道内,并将管口堵好。

7　高电压等级的电缆宜敷设在低电压等级电缆的下面。

直埋电缆受到自然界的压力、热量、水浸泡等作用,应采取局部配管、保温隔热、保持一定距离尽量避免;同时电流通过导体时产生电磁感应;为避免电缆之间相互干扰应采取局部屏蔽、加大距离等手段。

5.2.4　电缆与铁路、公路、城市街道、厂区道路交叉时,应敷设于坚固的保护管或隧道内。电缆管的两端宜伸出道路路基两边各2m;伸出排水沟0.5m;在城市街道应伸出车道路面。

5.2.5　直埋电缆的上、下部应铺以不小于100mm厚的软土或沙层,并加盖保护板,其覆盖宽度应超过电缆两侧各50mm,保护板可采用混凝土盖板或砖块。

软土或沙子中不应有石块或其他硬质杂物。

软土或沙层作用减少局部尖锐物体可能对电缆的伤害,超过电缆侧各50m的保护盖板有一定均衡上部压力作用。目前,不少校园、住宅小区内直埋电缆不按照规范要求施工,给电缆安全运行带来隐患,曾发生过电缆爆炸事故。

5.2.6　直埋电缆在直线段每隔50~100m处、电缆接头处、转弯处、进入建筑物等处,应设置明显的方位标志或标桩。

强制性条文。电缆标志桩作用便于维护和警示作用,镶嵌在路面上标志牌美观、大方,提倡使用。

5.2.7　直埋电缆回填土前,应经隐蔽工程验收合格。回填土应分层夯实。

回填土分层夯实减少因压实密度小造成埋设电缆区域不均匀沉降,一是造成电缆受力,二是影响观感,压实系数的测定按照土建要求操作。

5.3　电缆导管内电缆的敷设

5.3.1　在下列地点,电缆应有一定机械强度的保护管或加装保护罩:

1　电缆进入建筑物、隧道、穿过楼板及墙壁处。

2　从沟道引至电杆、设备、墙外表面或屋内行人容易接近处,距地面高度2m以下的一段。

3　可能有载重设备已经电缆上面的区段;

4　其他可能受到机械损伤的地方。

保护管是保护电缆减少机械损伤,确保电缆正常运行;2m以下段容易受到人为破坏;注意保护管敷设要有构造排水坡度,对意外进入保护管的水及时排出,确保电缆正常运行。

5.3.2　管道内部应无积水,且无杂物堵塞。穿电缆时,不得损伤护层,可采用无腐蚀性的润滑剂(粉)。

5.3.3　电缆排管在敷设电缆前,应进行疏通,清除杂物。

5.3.4　穿入管中电缆的数量应符合设计要求;交流单芯电缆不得单独穿入钢管内。

交流单芯电缆单独穿入钢管内,电流通过时形成感应涡流发热,加快绝缘层老化速度,也增加电能的能耗。

5.4　电缆构筑物中电缆的敷设

5.4.1　电缆的排列,应符合下列要求:

1　电力电缆和控制电缆不应配置在同一层支架上。

2　高低压电力电缆,强电、弱电控制电缆应按顺序分层配置,一般情况宜由上而下配置;但在含有35kV以上高压电缆引入柜盘时,为满足弯曲半径要求,可由下而上配置。

5.4.2　并列敷设的电力电缆,其相互间的净距应符合设计要求。

《电力工程电缆设计规范》GB 50217－2007第5.1.4条要求支架上电缆敷设的要求:同一层支架上电缆排列的配置,宜符合下列规定:

1.控制和信号电缆可紧靠或多层叠置。

2.除交流系统用单芯电力电缆的同一回路可采取品字形(三叶形)配置外,对重要的同一回路多根电力电缆,不宜叠置。

3.除交流系统用单芯电缆情况外,电力电缆相互间宜有1倍电缆外径的空隙。

此条规范可以引申出电缆沟内支架上电力电缆净距不宜小于电缆外径,这是因为电缆运行过程中线缆发热,如果紧密排放、散热通风不好降低供电能力(导线载流量下降)。

5.4.3　电缆在支架上的敷设应符合下列要求:

1　控制电缆在普通支架上,不宜超过1层;桥架上不宜超过3层。

2　交流三芯电力电缆,在普通支吊架上不宜超过1层;桥架上不宜超过2层。

3　交流单芯电力电缆,应布置在同侧支架上,并加以固定。当按紧贴的正三角形排列时,应每隔一定的距离用绑带扎牢,以免松散。

5.4.4　电缆与热力管道、热力设备之间的净距,平行时应不小于1m,交叉时应不小于0.5m,当受件限制时,应采取隔热保护措施。电缆通道应避开锅炉的看火孔和制粉系统的防爆门;当受件限制时,应采取穿管或封闭槽盒等隔热防火措施。电缆不宜平行敷设于热力设备和热力管道的上部。

5.4.5　明敷在室内及电缆沟、隧道、竖井内带有麻护层的电缆,应剥除麻护层,并对其铠装加以防腐。

5.4.6　电缆敷设完毕后,应及时清除杂物,盖好盖板。必要时,尚应将盖板缝隙密封。

高温时电缆绝缘层老化加快,影响电缆使用寿命。与热力管道发生交叉时要采取隔热措施,如对热力管道加强保温和对电缆隔热处理;另外60℃以上高温场所,选用耐热聚氯乙烯、交联聚乙烯或乙丙橡皮绝缘等耐热型电缆;100℃以上高温环境,宜选用矿物绝缘电缆。

5.5　桥梁上电缆的敷设

5.5.1　木桥上的电缆应穿管敷设。在其他结构的桥上敷设的电缆,应在人行道下设电缆沟或穿入由耐火材料制成的管道中。在人不易接触处,电缆可在桥上裸露敷设,但应采取避免太阳直接照射的措施。

5.5.2　悬吊架设的电缆与桥梁架构之间的净距不应小于0.5m。

5.5.3　在经常受到震动的桥梁上敷设的电缆,应有防震措施。桥墩两端和伸缩缝处的电缆,应留有松弛部分。

5.6　水底电缆的敷设

5.6.1　水底电缆应是整根的。当整根电缆超过制造厂的制造能力时,可采用软接头连接。

5.6.2　通过河流的电缆,应敷设于河床稳定及河岸很少受到冲损的地方。在码头、锚地、港湾、渡口及有船停泊处敷设电缆时,必须采取可靠的保护措施。当件允许时,应深埋敷设。

5.6.3　水底电缆的敷设,必须平放水底,不得悬空。当件允许时,宜埋入河床(海底)0.5m以下。

5.6.4　水底电缆平行敷设时的间距不宜小于最高水位水深的2倍;当埋入河床(海底)以下时,其间距按埋设方式或埋设机的工作活动能力确定。

5.6.5　水底电缆引到岸上的部分应穿管或加保护盖板等保护措施,其保护范围,下端应为最低水位时船只搁浅及撑篙达不到之处;上端高于最高洪水位。在保护范围的下端,电缆应固定。

5.6.6 电缆线路与小河或小溪交叉时,应穿管或埋在河床下足够深处。

5.6.7 在岸边水底电缆与陆上电缆连接的接头,应装有锚定装置。

5.6.8 水底电缆的敷设方法、敷设船只的选择和施工组织的设计,应按电缆的敷设长度、外径、重量、水深、流速和河床地形等因素确定。

5.6.9 水底电缆的敷设,当全线采用盘装电缆时,根据水域件,电缆盘可放在岸上或船上,敷设时可用浮筒浮托,严禁使电缆在水底拖拉。

5.6.10 水底电缆不能盘装时,应采用散装敷设法。其敷设程序应先将电缆圈绕在敷设船仓内,再经仓顶高架、滑轮、刹车装置至入水槽下水,用拖轮绑拖,自航敷设或用钢缆牵引敷设。

5.6.11 敷设船的选择,应符合下列件:

1 船仓的容积、甲板面积、稳定性等应满足电缆长度、重量、弯曲半径和作业场所等要求。

2 敷设船应配有刹车装置、张力计量、长度测量、入水角、水深和导航、定位等仪器,并配有通讯设备。

5.6.12 水底电缆敷设应在小潮汛、憩流或枯水期进行,并应视线清晰,风力小于五级。

5.6.13 敷设船上的放线架应保持适当的退扭高度。敷设时根据水的深浅控制敷设张力,应使其入水角为30°~60°;采用牵引顶推敷设时,其速度宜为20~30m/min;采用拖轮或自航牵引敷设时,其速度宜为90~150m/min。

5.6.14 水底电缆敷设时,两岸应按设计设立导标。敷设时应定位测量,及时纠正航线和校核敷设长度。

5.6.15 水底电缆引到岸上时,应将余线全部浮托在水面上,再牵引至陆上。浮托在水面上的电缆应按设计路径沉入水底。

5.6.16 水底电缆敷设后,应作潜水检查,电缆应放平,河床起伏处电缆不得悬空。并测量电缆的确切位置。在两岸必须按设计设置标志牌。

5.7 电缆的架空敷设

5.7.1 架空电缆悬吊点或固定的间距,应符合本规范表5.1.6的规定。

5.7.2 架空电缆与公路、铁路、架空线路交叉跨越时,应符合表5.7.2的规定。

架空电缆与公路、铁路、架空线路交叉跨越时最小允许距离(m) 表5.7.2

交叉设施	最小允许距离	备注
铁路	7.5	–
公路	6	–
电车路	3/9	至承力索或接触线/至路面
弱电流线路	1	–
电力线路	1/2/3/4/5	电压(kV)1以下/6~10/35~110/154~220/330
河道	6/1	五年一遇洪水位/至最高航行水位的最高船桅顶
索道	1	–

5.7.3 架空电缆的金属护套、铠装及悬吊线均应有良好的接地,杆塔和配套金具均应进行设计,应满足规程及强度要求。

5.7.4 对于较短且不便直埋的电缆可采用架空敷设,架空敷设的电缆截面不宜过大,考虑到环境温度的影响,架空敷设的电缆载流量宜按小一规格截面的电缆载流量考虑。

5.7.5 支撑架空电缆的钢绞线应满足荷载要求,并全线良好接地,在转角处需打拉线或顶杆。

5.7.6　架空敷没的电缆不宜设置电缆接头。

第六节　电缆附件的安装

6.1　一般规定和准备工作

6.1.1　电缆终端与接头的制作,应由经过培训的熟悉工艺的人员进行。

此条有两层含义:一是电缆终端与接头是电缆敷设重要的操作工艺;二是操作技工应有一定理论和实践水平。

6.1.2　电缆终端及接头制作时,应严格遵守制作工艺规程;充油电缆尚应遵守油务及真空工艺等有关规程的规定。

6.1.3　在室外制做6kV及以上电缆终端与接头时,其空气相对湿度宜为70%及以下;当湿度大时,可提高环境温度或加热电缆。110kV及以上高压电缆终端与接头施工时,应搭临时工棚,环境湿度应严格控制,温度宜为10~30℃。制做塑料绝缘电力电缆终端与接头时,应防止尘埃、杂物落入绝缘内。严禁在雾或雨中施工。

在室内及充油电缆施工现场应备有消防器材。室内或隧道中施工应有临时电源。

防止操作潮气进入电缆内部,对电缆运行产生隐患。

6.1.4　电缆终端与接头应符合下列要求:

1　型式、规格应与电缆类型如电压、芯数、截面、护层结构和环境要求一致。

2　结构应简单、紧凑,便于安装。

3　所用材料、部件应符合技术要求。

4　35kV及以下电缆终端与接头主要性能应符合《额定电压1kV(Um=1.2kV)~35kV(Um=40.5kV)挤包绝缘电力电缆及附件》GB12706.1~12706.4及有关其他产品标准的规定。

5　220kV电缆终端与接头主要性能应符合《额定电压220kV(Um=252kV)交联聚乙烯绝缘电力电缆及附件》GB18890.1~18890.3及有关其他产品标准的规定。

6　330kV和500kV电缆终端与接头主要性能应符合国家现行相关产品标准的规定。

6.1.5　采用的附加绝缘材料除电气性能应满足要求外,尚应与电缆本体绝缘具有相容性。两种材料的硬度、膨胀系数、抗张强度和断裂伸长率等物理性能指标应接近。橡塑绝缘电缆应采用弹性大、粘接性能好的材料作为附加绝缘。

6.1.6　电缆线芯连接金具,应采用符合标准的连接管和接线端子,其内径应与电缆线芯紧密配合,间隙不应过大;截面宜为线芯截面的1.2~1.5倍。采用压接时,压接钳和模具应符合规格要求。

线芯连接金具要保证连接后要保证过渡电阻小、强度不小于原电缆截面要求。

6.1.7　控制电缆在下列情况下可有接头,但必须连接牢固,并不应受到机械拉力。

1　当敷设的长度超过其制造长度时。

2　必须延长已敷设竣工的控制电缆时。

3　当消除使用中的电缆故障时。

6.1.8　制作电缆终端和接头前,应熟悉安装工艺资料,做好检查,并符合下列要求:

1　电缆绝缘状况良好,无受潮;塑料电缆内不得进水;充油电缆施工前应对电缆本体、压力箱、电缆油桶及纸卷桶逐个取油样,做电气性能试验,并应符合标准。

2　附件规格应与电缆一致;零部件应齐全无损伤;绝缘材料不得受潮;密封材料不得失效。壳体结构附件应预先组装,清洁内壁;试验密封,结构尺寸符合要求。

3 施工用机具齐全,便于操作,状况清洁,消耗材料齐备,清洁塑料绝缘表面的溶剂宜遵循工艺导则准备。

4 必要时应进行试装配。

6.1.9 电力电缆接地线应采用铜绞线或镀锡铜编织线,其截面面积不应小于表6.1.9的规定。110kV及以上电缆的截面面积应符合设计规定。

电缆终端接地线截面 表6.1.9

电缆截面(mm^2)	接地线截面(mm^2)
120及以下	16
150及以上	25

电缆接地线截面要能保证绝缘破损后,通过接地线迅速导通后产生短路电流能使断路器迅速动作,过大截面积的接地线无实际意义。

6.1.10 电缆终端与电气装置的连接,应符合现行国家标准《电气装置安装工程母线装置施工及验收规范》GBJ149的有关规定。

6.2 安装要求

6.2.1 制作电缆终端与接头,从剥切电缆开始应连续操作直至完成,缩短绝缘暴露时间。剥切电缆时不应损伤线芯和保留的绝缘层。附加绝缘的包绕、装配、热缩等应清洁。

操作时间短可以减少空气中潮气渗入电缆内部,剥削电缆应避免伤害内部导体。

6.2.2 充油电缆线路有接头时,应先制作接头;两端有位差时,应先制作低位终端头。

6.2.3 电缆终端和接头应采取加强绝缘、密封防潮、机械保护等措施。6kV及以上电力电缆的终端和接头,尚应有改善电缆屏蔽端部电场集中的有效措施,并应确保外绝缘相间和对地距离。

电缆终端和接头处理后首先保证绝缘强度不得降低,其次防止空气中潮气渗入电缆;建筑物内潮湿场所(如地下室、水泵房),使用电缆终端处理严格按照操作工艺要求进行。

6.2.4 66kV及以上交联电缆终端和接头制作前,电缆应按要求加热矫直。安装工艺应符合安装说明书和安装图纸的要求。

6.2.5 三芯油纸绝缘电缆应保留统包绝缘25mm,不得损伤。剥除屏蔽碳墨纸,端部应平整。弯曲线芯时应均匀用力,不应损伤绝缘纸;线芯弯曲半径不应小于其直径的10倍。包缠或灌注、填充绝缘材料时,应消除线芯分支处的气隙。

6.2.6 充油电缆终端和接头包绕附加绝缘时,不得完全关闭压力箱。制作中和真空处理时,从电缆中渗出的油应及时排出,不得积存在瓷套或壳体内。

6.2.7 电缆线芯连接时,应除去线芯和连接管内壁油污及氧化层。压接模具与金具应配合恰当。压缩比应符合要求。压接后应将端子或连接管上的凸痕修理光滑,不得残留毛刺。采用锡焊连接铜芯,应使用中性焊锡膏,不得烧伤绝缘。

6.2.8 三芯电力电缆接头两侧电缆的金属屏蔽层(或金属套)、铠装层应分别连接良好,不得中断,跨接线的截面不应小于本规范表6.1.9接地线截面的规定。直埋电缆接头的金属外壳及电缆的金属护层应做防腐处理。

6.2.9 三芯电力电缆终端处的金属护层必须接地良好;塑料电缆每相铜屏蔽和钢铠应锡焊接地线。电缆通过零序电流互感器时,电缆金属护层和接地线应对地绝缘,电缆接地点在互感器以下时,接地线应直接接地;接地点在互感器以上时,接地线应穿过互感器接地。单芯电力电缆金属护层接地应符合设计要求。

6.2.10 单芯电力电缆的交叉互联箱、接地箱、护层保护器等电缆附件的安装应符合设计要求。

6.2.11 装配、组合电缆终端和接头时,各部件间的配合或搭接处必须采取堵漏、防潮和密封措施。铅包电缆铅封时应擦去表面氧化物;搪铅时间不宜过长,铅封必须密实无气孔。充油电缆的铅封应分两次进行,一次封堵油,二次成形和加强,高位差铅封应用环氧树脂加固。

塑料电缆宜采用自粘带、粘胶带、胶粘剂(热熔胶)等方式密封;塑料护套表面应打毛,粘结表面应用溶剂除去油污,粘结应良好。

电缆终端、接头及充油电缆供油管路均不应有渗漏。

6.2.12　充油电缆供油系统的安装应符合下列要求:

1　供油系统的金属油管与电缆终端间应有绝缘接头,其绝缘强度不低于电缆外护层。

2　当每相设置多台压力箱时,应并联连接。

3　每相电缆线路应装设油压监视或报警装置。

4　仪表应安装牢固,室外仪表应有防雨措施,施工结束后应进行整定。

5　调整压力油箱的油压,使其在任何情况下都不应超过电缆允许的压力范围。

6.2.13　电缆终端上应有明显的相色标志,且应与系统的相位一致。

6.2.14　控制电缆终端可采用一般包扎,接头应有防潮措施。

第七节　电缆线路防火阻燃设施的施工

7.0.1　对易受外部影响着火的电缆密集场所或可能着火蔓延而酿成严重事故的电缆回路,必须按设计要求的防火阻燃措施施工。

强制性条文。电缆绝缘层在燃烧过程产生大量有害气体,会造成窒息、中毒。防火阻燃首先确保电缆不容易受外界火灾的影响,一般与燃烧物分隔等;二是防范电缆燃烧时对外界的影响。

7.0.2　电缆的防火阻燃尚应采取下列措施:

1　在电缆穿过竖井、墙壁、楼板或进入电气盘、柜的孔洞处,用防火堵料密实封堵。

2　在重要的电缆沟和隧道中,按要求分段或用软质耐火材料设置阻火墙。

3　对重要回路的电缆,可单独敷设于专门的沟道中或耐火封闭槽盒内,或对其施加防火涂料、防火包带。

4　在电力电缆接头两侧及相邻电缆2~3m长的区段施加防火涂料或防火包带。必要时采用高强防爆耐火槽盒进行封闭。

5　按设计采用耐火或阻燃型电缆。

6　按设计设置报警和灭火装置。

7　防火重点部位的出入口,应按设计要求设置防火门或防火卷帘。

8　改、扩建工程施工中,对于贯穿已运行的电缆孔洞、阻火墙,应及时恢复封堵。

电力电缆由于供电负荷大,一旦发生故障对正常供电影响范围大,要注意加强对电缆种类、敷设及日常巡视工作的重视。

7.0.3　防火阻燃材料必须具备下列质量资料:

1　有资质的检测机构出具的检测报告;

2　出场质量检测报告;

3　产品合格证。

7.0.4　防火阻燃材料在使用时,应按设计要求和材料使用工艺提出施工措施,材料质量与外观应符合下列要求:

1　有机堵料不氧化、不冒油,软硬适度具有一定的柔韧性;

2　无机堵料物结块、无杂质;

3　防火隔板平整、厚薄均匀;

4　防火包遇水或受潮后不板结;

5　防火涂料无板结、能搅拌均匀;

6　阻火网网孔尺寸大小均匀,经纬线粗细均匀,附着防火复合膨涨料厚度一致。网弯曲时不变形,不脱落,并易于曲面固定。

7.0.5　涂料应按一定浓度稀释,搅拌均匀,并应顺电缆长度方向进行涂刷,涂刷厚度或次数、间隔时间应符合材料使用要求。

7.0.6　包带在绕包时,应拉紧密实,缠绕层数或厚度应符合材料使用要求。绕包完毕后,每隔一定距离应绑扎牢固。

7.0.7　在封堵电缆孔洞时,封堵应严实可靠,不应有明显的裂缝和可见的孔隙,孔洞较大者应加耐火衬板后再进行封堵。

7.0.8　阻火墙上的防火门应严密,孔洞应封堵;阻火墙两侧电缆应施加防火包带或涂料。

阻火墙是能承受一段时间内一定强度的火灾的防火墙,是保证防火分隔的重要要求,两层的电缆应加强防火处理。

7.0.9　阻火包的堆砌应密实牢固,外观整齐,不应透光。

第八节　工程交接验收

8.0.1　在验收时,应按下列要求进行检查:

1　电缆规格应符合规定;排列整齐,无机械损伤;标志牌应装设齐全、正确、清晰。

2　电缆的固定、弯曲半径、有关距离和单芯电力电缆的金属护层的接线、相序排列等应符合要求。

3　电缆终端、电缆接头及充油电缆的供油系统应固定牢靠;电缆接线端子与所接设备段子应接触良好;互联接地箱和交叉互联箱的连接点应接触良好可靠;充有绝缘剂的电缆终端、电缆接头及重游电缆的供油系统,不应有渗漏现象;充油电缆的油压及表计整定值应符合要求。

4　电缆线路所有应接地的接点应与接地极接触良好;接地电阻值应符合设计要求。

5　电缆终端的相色应正确,电缆支架等的金属部件防腐层应完好。电缆管口应封堵密实。

6　电缆沟内应无杂物,盖板齐全;隧道内应无杂物,照明、通风、排水等设施应符合设计要求。

7　直埋电缆路径标志,应与实际路径相符。路径标志应清晰、牢固。

8　水底电缆线路两岸,禁锚区内的标志和夜间照明装置应符合设计要求。

9　防火措施应符合设计,且施工质量合格。

此条规定中间检查验收内容,是广义上各种电力电缆施工检查,对于建筑电气施工的电缆对照要求执行。

8.0.2　隐蔽工程应在施工过程中进行中间验收,并作好签证。

8.0.3　在验收时,应提交下列资料和技术文件:

1　电缆线路路径的协议文件。

2　设计资料图纸、电缆清册、变更设计的证明文件和竣工图。

3　直埋电缆输电线路的敷设位置图,比例宜为 1∶500。地下管线密集的地段不应小于 1∶100,在管线稀少、地形简单的地段可为 1∶1000;平行敷设的电缆线路,宜合用一张图纸。图上必须标明各线路的相对位置,并有标明地下管线的剖面图。

4　制造厂提供的产品说明书、试验记录、合格证件及安装图纸等技术文件。

5　电缆线路的原始记录:

1)电缆的型号、规格及其实际敷设总长度及分段长度,电缆终端和接头的型式及安装日期;

2)电缆终端和接头中填充的绝缘材料名称、型号。

6 电缆线路的施工记录:

1)隐蔽工程隐蔽前的检查记录或签证;

2)电缆敷设记录;

3)质量检验及评定记录。

7 试验记录。

电缆分项施工时注意保存放映原始施工情况的资料,是竣工户进行追溯、评优、维护的重要记录,也是质量管理控制一种体现。

思考题

一、简答题

1. 常见电缆标注的含义。
2. 电缆使用时对环境温度有何要求?
3. 电缆进场验收时应提供哪些质量证明文件?
4. 电缆及其有关材料贮存要求。
5. 电缆管的加工应符合哪些要求?
6. 电缆标志牌内容及要求。
7. 电缆敷设时有关固定要求。
8. 电缆在支架上的敷设要求。
9. 电力电缆接地线的技术要求。
10. 电缆与金具连接技术要求。

二、论述题

1. 电缆敷设前应检查内容及要求。
2. 电缆的防火阻燃应采取哪些措施?

附录A 侧压力和牵引力的常用计算公式

A.0.1 侧压力 $P=T/R$

式中 P——侧压力(N/m);

T——牵引力(N);

R——弯曲半径(m)。

A.0.2 水平直线牵引: $T=9.8\mu WL$

A.0.3 倾斜直线牵引:  $T_1=9.8WL(\mu\cos\theta_1+\sin\theta_1)$

A.0.4 水平弯曲牵引:  $T_2=9.8WL(\mu cos\theta_2-sin\theta_1)$ $T_2=T_{1\lambda\mu\theta}$

A.0.5 垂直弯曲牵引:

1 凸曲面

$$T_2=9.8WR[(1-\mu^2)sin\theta+2\mu(e^{\mu\theta}-cos\theta)]/(1+\omega^2)+t_{1e\mu\theta}]$$

$$T_2=9.8WR[2\mu sin\theta+(1-\mu^2)(e^{\mu\theta}-cos\theta)]/(1+\omega^2)+t_{1e\mu\theta}]$$

2 凹曲面

$$T_2=T_{1e\mu\theta}-9.8WR[(1-\mu^2)sin\theta+2\mu(e^{\mu\theta}-cos\theta)]/(1+\mu^2)$$

$$T_2=T_{1e\mu\theta}-9.8WR[2sin\theta+(1+\mu^2)]/(e^{\mu\theta}-cos\theta)/(1+\mu^2)$$

式中 T——牵引力(N);

μ——摩擦系数(见附表A.0.5);

W——电缆每米重量(kg/m);

L——电缆长度(m);

θ_1——电缆作直线倾斜牵引时的倾斜角(rad);

θ——弯曲部分的圆心角(rad);

T_1——弯曲前牵引力(N);

T_2——弯曲后牵引力(N);

R——电缆弯曲时的半径(m)。

各种牵引件下的摩擦系数 附表A.0.5

牵引件	摩擦系数
钢管内	0.17~0.19
塑料管内	0.4
混凝土管,无润滑剂	0.5~0.7
混凝土管,有润滑	0.3~0.4
混凝土管,有水	0.2~0.4
滚轮上牵引	0.1~0.2
砂中牵引	1.5~3.5

注:混凝土管包括石棉水泥管。

第八章　扣接式薄壁钢电导管应用技术

《扣接式薄壁钢电导管应用技术规程》苏JG/T007－2005是江苏省工程建设推荐性技术规程，是近年来用于低压配电系统布管工程中经常采用的绝缘电线保护管，具有较好的可操作性和经济性能，是室内电气钢配管的趋势，该规范是扣接式薄壁钢电导管施工质量控制的重要依据。

第一节　总　　则

1.0.1　为保证KBG电导管敷设工程的设计、施工质量和工程验收规范化，促进技术进步，确保安全运行，特制定本规程。

由扣接式薄壁钢电导管（以下简称KBG电导管）及其金属配件采用扣压连接方式组成的电线管路，是敷设低压绝缘导线的一种专用电线保护管路。管材均镀锌，金属配件做防腐处理，近年来在全国广泛使用，反映良好。

KBG与JDG（套接紧定式镀锌钢导管）相比具有：管材、管件厚度薄，压接点多和均匀、导管同心度高、机械强度和电气通电性能好的特点。

KBG电导管管材、金属配件及扣压工具的开发是针对厚壁钢导管在电线管路敷设中存在的施工复杂、劳动强度大状况而研制的。它改变了以往的施工程序和工艺，"KBG"系列产品已取得认证，其性能、规格符合国家现行标准《电气安装导管特殊要求》GB/T14823.1－93的规定。

KBG电导管及其金属配件组成的电线管路，其施工方式为：管与管的连接，是将KBG电导管管材直接插入直管接头或弯管接头，用扣压器在连接处施行点压，即形成整根电线管路。管与盒的连接是将螺纹接头与盒（箱）先连接，再将KBG电导管插入螺纹接头的另一端，用扣压器在插入管处扣压。经大量工程现场实测，扣压连接处的接触电阻，能满足KBG电导管作为外露可导电部分连接处联结电阻的要求。

经调查了解近几年江苏地区的一些施工部门，认为采用KBG电导管及其金属配件组成的电线保护管路，在室内一般场所敷设，具有重量轻、施工简捷、以薄代厚、产品配套、工具齐全、质量可靠等优点，经一些地区使用后，反映良好。

为了便于KBG电导管敷设工程的设计、施工质量和工程验收有章可依，在参照国家现行相关规范、标准尤其是中国工程建设标准化协会标准《套接扣压式薄壁钢电导管电线管施工及验收规范》（CECSl00:98）和产品型式检验结论的基础上，总结实际使用中的经验，制定本规程。

1.0.2　本规程适用于1kV及以下无特殊要求的室内一般场所，采用KBG电导管组成电线保护管路敷设工程的设计、施工及验收。

1.0.3　KBG电导管管路敷设的设计、施工及验收，除符合本规程的规定外，尚应符合国家现行规范中相关条文的规定。KBG电导管在用于消防线路敷设时，应按消防规范中相关条文执行。

对于建筑物内的一般线路敷设，应参照此条规定执行，但对于消防用电设备的配电线路，根据《高层民用建筑设计防火规范》GB50045－2005第9.1.4.1条规定"当采用暗敷时，应敷设在不燃烧体结构内，保护层厚度不应小于30mm"。

1.0.4　KBG电导管在实际施工中，固定KBG导管的预埋件应与建筑工程同步进行。

1.0.5 KBG电导管管路经过建筑物的变形缝处,应加设两端固定的补偿装置。

KBG电导管为套接扣压连接的方式组成的电线管路,在经过建筑物变形缝处时,由于建筑物不均匀沉降或伸缩而变形,使电线管路受剪切和扭拉,故需有补偿装置。

第二节 KBG电导管的设计

2.0.1 KBG电导管的使用范围:

1 用于室内一般环境的场所,不得在潮湿、有酸、碱、腐蚀和有爆炸危险的场所使用。

2 使用环境温度为-15℃ +40℃。

2.0.2 穿管导线截面的载流量可按现行导线穿钢管时的导体长期允许载流量选择导线。

因KBG电导管与普通电线管(MT)在同公称管径下,KBG电导管的内径大于普通电线管内径即穿KBG电导管导线的散热性能优于普通电线管。所以,在同截面的导线情况下,穿KBG电导管导线的载流量略大于穿普通电线管导线的载流量。

2.0.3 在低压配电系统中,KBG电导管严禁兼做PE线。

2.0.4 管径选择(最小管径):

1 穿管的绝缘导线(两根除外)总截面面积(包括外护层)不应超过管内截面面积的40%。当两根绝缘导线穿于同一管时,管内径不应小于两根导线外径之和的1.35倍(立管可取1.25倍)。

2 三根及以上导线同穿一根保护管时,可按下式选择管径。

$0.33S \geqslant n_1 s_1 + n_2 s_2 + \cdots\cdots$ 或 $0.33D^2 \geqslant n_1 d_1^2 + n_1 d_2^2 + \cdots\cdots$

S——保护管内孔截面积(mm^2);

s_1、s_2……——不同截面导线的最大截面积(mm^2);

n_1、n_2……——不同截面的导线根数;

D——保护管内径(mm);

d_1、d_2……——不同截面导线的外直径(mm)。

3 穿管采用普通绞合型导线、扁平行型导线时,导线束的总截面面积不应超过管内截面面积的25%~30%;采用4对对绞电缆时,其总截面面积不应超过管内总截面面积的20%~25%。

4 在下列情况时,KBG电导管宜加设中间拉线盒、箱或放大管径;两个拉线点之间的距离应符合下列规定:

1)对无弯管路时,不超过30m;

2)两个拉线点之间有一个弯曲(900~1050),不超过20m;

3)两个拉线点之间有两个弯曲(900~1050),不超过15m;

4)两个拉线点乏间有三个弯曲(900~1050),不超过8m。

对于单根电缆穿管的管径选择,如有线电视的同轴电缆,用于控制回路的单根多芯电缆的选择,可按电缆外径的1.5倍选择。

2.0.5 不同回路的线路不应穿同一根管内,但符合下列情况时,可穿在同一根管路内。

1 标称电压为50V以下回路;

2 同一设备或同一流水作业线设备的电力回路和无干扰要求的控制回路;

3 同一照明灯具的几个回路;

4 同类照明的几个回路,但管内绝缘线根数不超过8根。

2.0.6 管线与各管道间的距离应满足表2.0.6要求。

KBG管线与其他管道间最小距离(mm)　　　　**表2.0.6**

管路名称	管路敷设方式		最小间距
蒸汽管	平行	管道上	1000
		管道下	500
	交叉		300
暖气管 热水管	平行	管道上	300
		管道下	200
	交叉		100
通风、给排水及压缩空气管	平行		100
	交叉		50
煤气、乙炔、氧气管	平行		100
	交叉		100

注:1. 蒸汽管:在管外包隔热层后,上下平行净距可减到200mm,交叉距离须考虑便于维修。

2. 暖、热水管:包隔热层。

本条文是按国家现行规范《电气装置安装工程1kV及以下配线工程施工及验收》GB50258－96、《低压配电设计规范》GB50054－95中有关规定制定。

2.0.7　KBG电导管及其金属配件组成的电线管路时,当管与管、管与盒(箱)等连接符合第3.2.13、3.2.14、3.2.15条时,连接处可不设置跨接线;但KBG电导管及金属配件等作为外露可导电部分,应与建筑物内的等电位联结装置联结。KBG电导管联接处严禁熔焊连接。

本规程第2.0.3条,KBG电导管严禁兼做PE线,是因为做PE线的金属管在连接处须熔焊连接。KBG电导管作为外露可导电部分仅作为联结线(Bonding Conductor),基本上不作传递电流(包括故障电流)之用,主要传导单位。使建筑物内可导电部分电位相等或接近。KBG电导管之间连接电阻根据国标《电气安装电导管特殊要求》GB/T14823.1－93第7.6.1条规定,将10段200mmKBG导管加9节管接头连接,实测电阻应小于0.05Ω,再加上本条要求其应与建筑物内的等电位联结装置联结即含在多点处联结,由此构成的金属管路应低于IEC标准对于等电位联结的管道系统,其联结线总电阻不大于3.0Ω要求。由此本条文强调KBG电导管即金属配件等作为外露可导电部分,仅作为联结线处置,应与建筑物总等电位联结装置、局部等电位联结装置及辅助等电位联结线联结。当KBG电导管施工完毕后,应检测KBG电导管管路的连接电阻,以满足此管路系统总电阻不大于3.0Ω的要求。

第三节　KBG电导管的施工与验收

3.1　管材及配件

3.1.1　KBG电导管的管材采用Q235及以上品质的优质冷轧带钢,经高频焊接拉制而成;连接配件采用Q195及以上品质的优质冷轧带钢,经高频焊接后再加工制成。

3.1.2　KBG电导管的管材、连接配件宜由同一厂家配套。其产品,应符合国家现行产品标准的规定。KBG电导管系列产品应有出厂合格证、国家技术监督部门认可的企业标准号、质保书和检验报告。

KBG电导管作为取代普通厚壁金属管新型电路保护管,对其产品生产工艺、产品质量及与连接配件连接处配合精度有其特定的要求,因此本条强调KBG电导管的选用应有国家技术监督部门认可的企业产品,管材及配套产品应为同一家企业生产,生产厂家应具有企业标准产品合格证、质保证书和检验报告,从产品的源头把好产品质量。

3.1.3 KBG电导管的管材及连接配件,安装前,应进行检查,且应符合下列规定:

1 型号、规格符合设计要求,管材表面有明显的产品标识;

2 管材及配件内、外壁均应镀锌处理,且镀锌层良好、均匀,无表皮剥落、锈蚀等现象。镀锌厚度达到8um以上;

3 管材及连接配件两端均应内外倒角处理,内、外壁表面光洁,无裂纹、无毛刺、无飞边、无变形等缺陷;

4 管材及连接配件壁厚均匀,管口平整、光滑;

5 KBG电导管、管接件(直管接头、螺纹管接头、弯管接头)的长度、公差、插接深度等尺寸详见附录二、三;

6 套接管件中心呈现的凹型槽弧度均匀,位置正确,垂直;

7 弯曲的管材及连接配件,弧度呈均匀状,且不应有折皱,凹陷、裂缝、弯扁、死弯等缺陷,管材焊缝处于外侧;

8 管内畅通,无杂物;

9 各种配件尺寸符合3.1.3第5条规定;

10 螺纹接头的螺纹整齐、光滑、丝扣配合良好;

KBG电导管度锌厚度应满足JG/T131-2000的要求。

3.1.4 扣压专用工具应配套、搬动灵活、便于操作。

3.2 管路敷设与施工

3.2.1 KBG电导管管路,不宜穿过建筑物、构筑物或设备的基础。当必须穿过时,应另设保护管保护。经过建筑物的变形缝处,应装设两端固定的补偿装置。

3.2.2 KBG电导管暗敷设时,宜沿最近的路线敷设,且宜尽量减少弯曲;明敷设时,管的弯曲半径不应小于管外径的6倍;当有两个接线盒间只有一个弯曲时,其弯曲半径不应小于管外径的4倍;埋入混凝土内平面敷设时,其弯曲半径不应小于管外径的10倍。

3.2.3 KBG电导管弯曲处,不应有折皱、凹陷、裂纹等缺陷,其管材弯扁程度不应大于管外径的10%。

3.2.4 KBG电导管直管敷设距离,有弯曲的敷设距离应按本规程2.0.4条执行。

此条同设计部分的2.0.4条,为便于穿线工作及运行中检修,防止绝缘电线在施工中受损伤,故规定本条内容。

3.2.5 KBG电导管明敷设时,支架、吊架的规格,当设计无要求时,不应小于下列规定:

1 圆钢:直径6mm;

2 扁钢:30mm×3mm;

3 角钢:25mm×25mm×3mm;

4 埋注支架应有燕尾,埋入深度不应小于80mm。

3.2.6 KBG电导管水平或垂直明敷设时,其水平或垂直安装的允许偏差为1.5‰,全长偏差不应大于管内径的1/2。

3.2.7 KBG电导管明敷设时,排列应整齐,固定点牢固、间距均匀,其最大间距应符合表3.2.7的规定。

KBG 电导管明敷设时的最大间距 表 3.2.7

敷设方式	管的直径(mm)	固定点间的最大距离(m)
吊架、支架或沿墙敷设	16~20	1.0
	25~32	1.5
	40	2.0

注:敷设在吊顶内的电线管路,管径为中 16~20 的管线,固定点间距可增大到 1.5m。

3.2.8 KBG 电导管明敷设时,其固定点所采用器材与终端、弯头中点、电气器具或盒(箱)边缘的距离,宜为 150~300mm。

3.2.9 KBG 电导管进入落地式配电箱(柜)时,排列应整齐,管口高出配电箱(柜)基础面宜为 50~80mm。

3.2.10 KBG 电导管埋入墙体或混凝土内时,管外壁与墙体或混凝土表面净距不应小于 15mm。

3.2.11 KBG 电导管暗敷设时,管路固定点应牢固,且应符合下列规定:

1 敷设在钢筋混凝土墙及楼板内的管路应与钢筋绑扎固定,固定点间距不应大于 1000mm;

2 敷设在砖墙、砌体墙内的管路,剔槽宽度,不应大于管外径 5mm,固定点间距不应大于 1500mm;

3 敷设在预制圆孔板上的管路平顺,紧贴板面,固定点间距不应大于 1500mm。

固定点间距离规定,除考虑管路敷设后,管路的连接处不增加管材本身自重的受力,不使管子摆动或下垂,还应考虑外界作用力如施工中的机械碰撞,混凝土震动浇灌对其连接处机械强度影响等。本条对固定点间距的规定,是参照硬塑料管敷设状况,总结一些施工经验而制定的。

3.2.12 KBG 电导管与其他管道间的最小距离,应符合本规程的规定。

3.2.13 KBG 电导管连接,应采用专用工具进行,不应敲打形成压点。严禁熔焊连接。管路为水平敷设时,扣压点宜在管路上、下方分别扣压;管路为垂直敷设时,扣压点宜在管路左、右侧分别扣压。

KBG 电导管连接方式采用套接扣压工艺,扣压工艺改变了传统的螺纹套丝和焊接工艺。采用专用工具是为了满足扣压点机械电气的连接强度。用敲打而形成的压点对连接后管路有损坏,且满足不了连接强度,影响工艺质量。熔焊连接易损坏薄壁钢导管。

3.2.14 KBG 电导管与配件连接处扣压点不应少于 2 处,且扣压点宜对称,间距宜均匀,扣压点点深度不应小于 1.0mm,且扣压牢固,表面光滑,管内畅通。管壁扣压形成的凹、凸点,不应有毛刺。

3.2.15 KBG 电导管与接线盒、配电箱及桥架等金属制品连接时,应采用螺纹接头配件连接;当连接处表面有绝缘材料覆盖时,如油漆等,须做刮除处理,以满足电导管连接电阻的要求。

3.2.16 KBG 电导管连接处的扣压点位置,应在连接处中心。扣压后,接口的缝隙,应采用封堵措施,宜采用电力复合脂封堵处理方式。

为防止潮气渗入管内,且增加连接处扣压后的电气性能,扣压后的连接处缝隙,采取封堵措施是必要的。封堵之一是使用电力复合脂。电力复合脂属中性导电材料,具有良好的导电性能,其附着力强,密封性好,并有防潮湿、耐高温性能,使用寿命长。产品系列中有适用于配线钢管接头用的型号。

3.2.17 KBG 电导管进入盒(箱)时,应一孔一管,并采用螺纹接头连接,同时应锁紧,且内壁光滑,便于穿线。

3.2.18 KBG 电导管敷设完毕后,管路固定牢固,两端头应封堵。

3.2.19 KBG 电导管内的绝缘导线,其线缆型号、规格应符合设计要求。

KBG 电导管线路敷设完毕后,为防止水和异物等侵入管内,两端头封堵是必要的。

3.2.20　KBG 电导管及其金属配件组成的电线管路应与建筑物内的等电位联结装置联结,并应可靠接地,其余同本规程 2.0.7 条。

3.3　管路敷设工程的交接验收

3.3.1　KBG 电导管交接验收时,应对下列项目进行检查

1　管材及其配件的型号、规格;

2　各种规定距离;

3　各种支持件及固定点;

4　允许偏差值;

5　管路中连接点位置和扣压点状况;

6　管材及其配件防腐状况;

7　施工中造成建筑物损坏的修补状况。

3.3.2　工程交接验收时,应提交下列技术文件和资料:

1　厂家 KBG 电导管及其配件产品合格证、质保书;

2　KBG 电导管及配件检测报告;

3　KBG 电导管及配件企业标准备案号;

4　竣工图;

5　变更设计的证明文件;

6　各种测试记录;

7　安装记录(含隐蔽工程记录和预检工程记录)。

思　考　题

一、简答题

1. KBG 电导管施工的适用范围是什么?

2. KBG 与 JDG 不同点。

3. KBG 电导管进场验收时,应检查哪些内容?

4. KBG 电导管明敷设间距要求。

5. KBG 电导管管内穿线时,何种情况下可以穿在同一根管路内?

6. KBG 电导管暗敷设时其固定有何要求?

7. KBG 电导管连接要求。

8. KBG 电导管与接线盒、配电箱及桥架等金属制品连接时的施工要点是什么?

9. KBG 电导管交接验收时,应对哪些项目进行检查?

10. 工程交接验收时,提交哪些技术文件和资料?

二、论述题

1. 在何种情况下 KBG 电导管设置中间拉线盒?两个拉线点的距离应符合哪些要求?

2. KBG 电导管的管材及连接配件在安装前的检查内容及规定。

附录 A　KBG 导管施工连接示意图

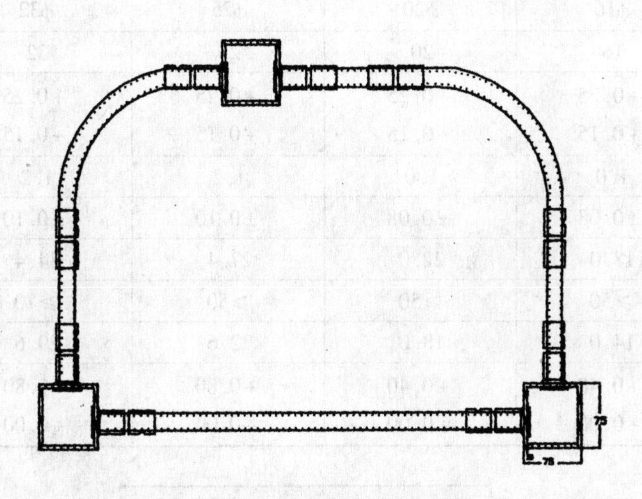

图 A　KBG 导管施工连接示意图

附录 B　KBG 导管电线管规格

KBG 导管电线管规格表(mm)　表 B

规　格	ϕ16	ϕ20	ϕ25	ϕ32	ϕ40
外径 D	16	20	25	32	40
外径公差	0 −0.15	0 −0.15	0 −0.15	0 −0.15	0 −0.15
壁厚 S	1.0	1.1	1.2	1.4	1.5
壁厚公差	±0.05	±0.05	±0.05	±0.10	±0.10

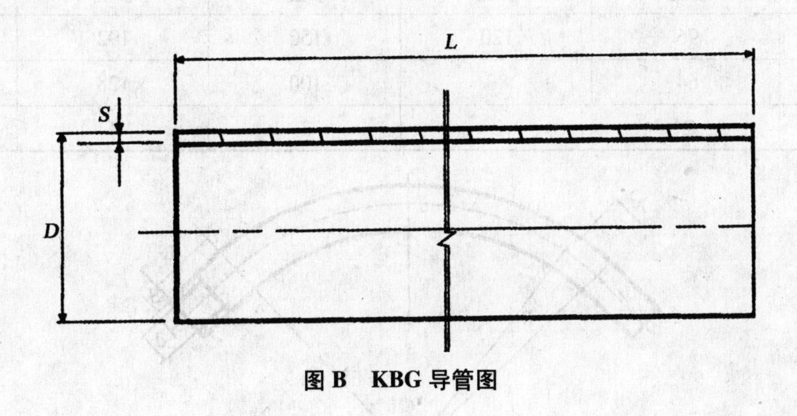

图 B　KBG 导管图

附录 C　KBG 导管电线管接件规格

C.0.1　KBC 导管电线管直管接头规格见表 C.0.1。KBG 导管电线管直管接头见图 C.0.1。

KBG 导管电线管直管接头规格表(mm)　　表 C.0.1

规　格	ϕ16	ϕ20	ϕ25	ϕ32	ϕ40
外径 D	16	20	25	32	40
外径公差	+0.25 +0.15	+0.25 +0.15	+0.25 +0.15	+0.25 +0.15	+0.25 +0.15
壁厚 S	1.0	1.0	1.2	1.2	1.2
壁厚公差	±0.08	±0.08	±0.10	±0.10	±0.10
外径 D	18.0	22.0	27.4	34.4	42.4
总长 L	≥50	≥50	≥50	≥70	≥80
凹槽内径 P	14.0	18.0	22.6	29.6	37.6
凹槽内径公差	+0.40 +0.00	+0.40 +0.00	+0.80 +0.00	+0.80 +0.00	+0.80 +0.00

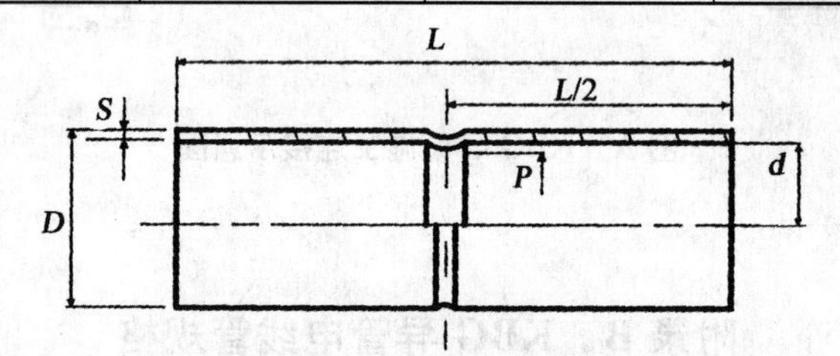

图 C.0.1　KBG 导管电线管直管接头图

C.0.2　KBG 导管电线管变管接头规格见表 C.0.2,KBG 导管电线管变管接头见图 C.0.2。

KBG 导管电线管变管接头规格表(mm)　　表 C.0.2

规 格		ϕ16	ϕ20	ϕ25	ϕ32	ϕ40
外径 D		16	20	25	32	40
外径公差		+0.25 +0.15	+0.25 +0.15	+0.25 +0.15	+0.25 +0.15	+0.25 +0.15
壁厚 S		1.0	1.0	1.2	1.2	1.2
壁厚公差		±0.08	±0.08	±0.08	±0.08	±0.08
插接深度 L		≥25	≥25	≥25	≥35	≥40
曲率半径 R	6D	96	120	150	192	240
	4D	64	80	100	128	160
椭圆度 I		2	2	3	4	5

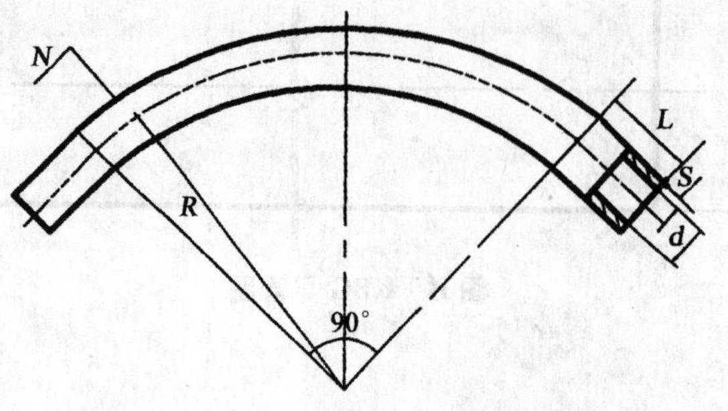

图 C.0.2　KBG 导管电线管直管接头图

C.0.3　KBG 导管电线管螺纹接头规格见表 C.0.3，ϕ16、、ϕ20 ~ ϕ40KBG 导管电线管螺纹接头见图 C.0.3－1、图 C.0.3－2。

KBG 导管电线管螺纹管接头规格表(mm)　　**表 C.0.3**

规 格		ϕ16	ϕ20	ϕ25	ϕ32	ϕ40
螺纹 M		16×1.5	20×1.5	25×1.5	32×1.5	40×1.5
螺纹精度		6H/6h				
插接孔径 d		16	20	25	32	40
插接孔径公差		+0.30 +0.10	+0.32 +0.11	+0.32 +0.11	+0.40 +0.12	+0.40 +0.13
插接深度 L_1		≥25	≥25	≥25	≥35	≥40
最小通径		14	17	22	29	35
六角对方尺寸	S_1	23	23	28	35	43
	S_2	23.5	25	30	37	45
$\tan_\alpha$		0.043	0.043	0.043	0.043	0.043
长度 L		≥40	≥45	≥55	≥65	≥75

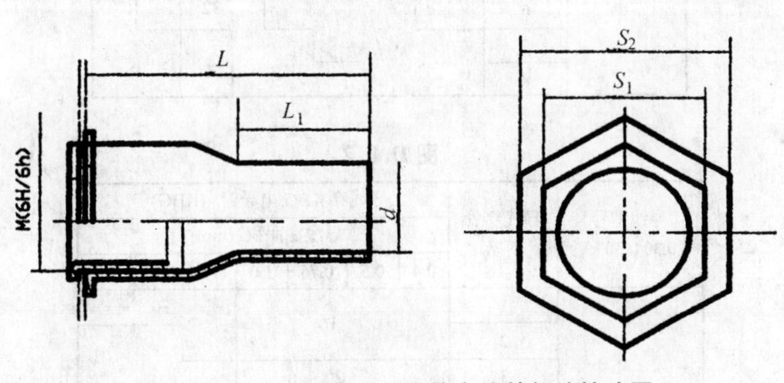

图 C.0.3－1　ϕ16KBG 导管电线管螺纹接头图

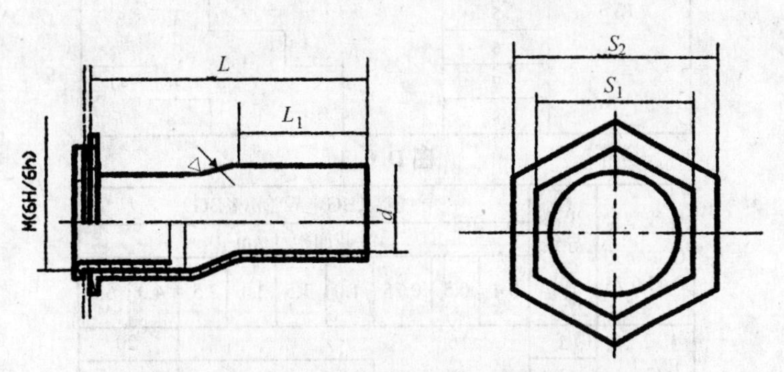

图 C.0.3－2　ϕ20 ~ ϕ40KBG 导管电线管螺纹接头图

附录D　部分导线穿KBG电导管管径选择(供参考)

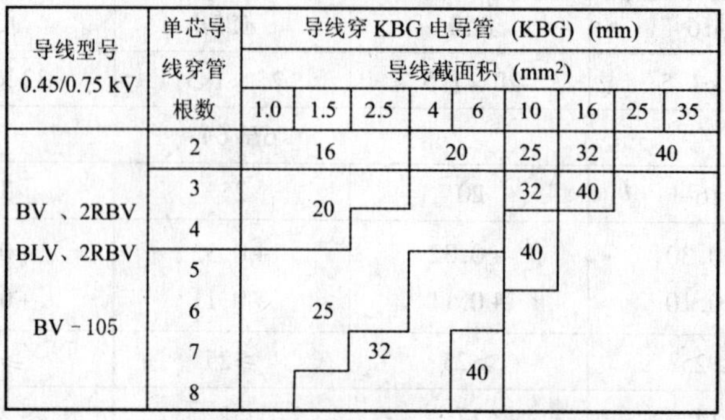

导线型号 0.45/0.75 kV	单芯导线穿管根数	导线穿KBG电导管 (KBG) (mm) 导线截面积 (mm²)								
		1.0	1.5	2.5	4	6	10	16	25	35
BV、2RBV BLV、2RBV BV-105	2		16		20		25	32	40	
	3						32	40		
	4		20				40			
	5									
	6		25							
	7			32						
	8					40				

图 D.0.1

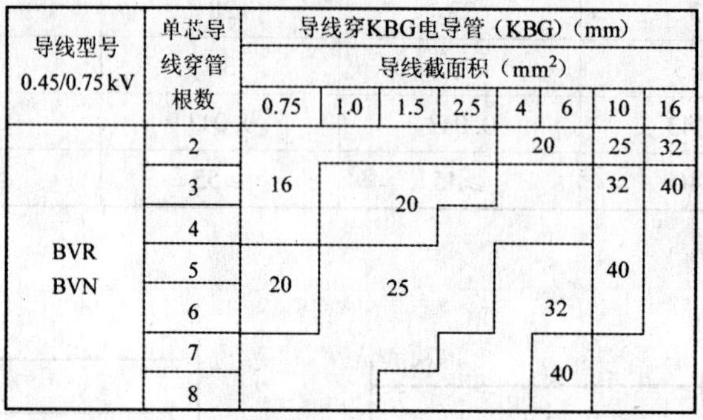

导线型号 0.45/0.75 kV	单芯导线穿管根数	导线穿KBG电导管 (KBG) (mm) 导线截面积 (mm²)							
		0.75	1.0	1.5	2.5	4	6	10	16
BVR BVN	2					20		25	32
	3	16		20				32	40
	4								
	5	20		25				40	
	6						32		
	7						40		
	8								

图 D.0.2

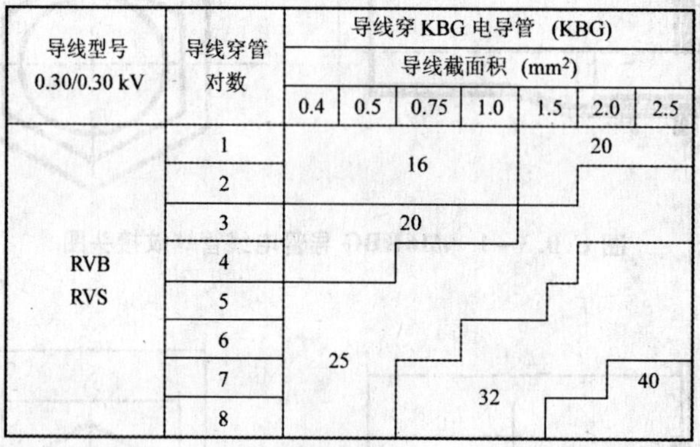

导线型号 0.30/0.30 kV	导线穿管对数	导线穿KBG电导管 (KBG) 导线截面积 (mm²)						
		0.4	0.5	0.75	1.0	1.5	2.0	2.5
RVB RVS	1						20	
	2			16				
	3			20				
	4							
	5							
	6		25					
	7							40
	8				32			

图 D.0.3

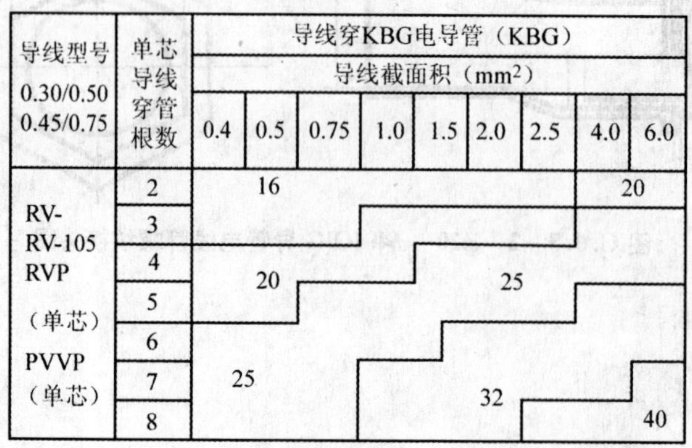

导线型号 0.30/0.50 0.45/0.75	单芯导线穿管根数	导线穿KBG电导管 (KBG) 导线截面积 (mm²)								
		0.4	0.5	0.75	1.0	1.5	2.0	2.5	4.0	6.0
RV- RV-105 RVP (单芯) PVVP (单芯)	2		16							20
	3									
	4		20				25			
	5									
	6									
	7	25					32			
	8									40

图 D.0.4

管材种类	导线规格型号	导管穿管对数							
		1	2	3	4	5	6	7	8
		最小管径（mm）							
KBG电导管(KBG)	HPV-2×0.5	16		20					
	HPV-2×0.6						25		
	HPV-2×0.8								32

图 D.0.5

电话电缆型号、规格	管材种类	穿管长度	保护管曲数	电缆对数			
				10	20	30	50
HYA HYV HYQ HPW 2×0.5	KBG电导管（KBG）	30m及以下	直通	25		32	40
			一个弯曲时	32		40	
			两个弯曲时	40			

图 D.0.6

同轴电缆根数	1	2	3	4	5
管材种类	导线穿KBG电导管（KBG）				
同轴电缆型号、规格	导线穿管最小管（mm）				
SYV-　75-5 SYKV- SYFV-　75-5 SYWV- SS-　75-9	16	25		32	40
	20	32	40		
	25	40			

图 D.0.7

附录E 扣接式薄壁钢导管(KBG导管)技术参数

扣接式薄壁钢导管(KBG导管)技术参数 表E

公称口径(mm)	外径(mm)	内径(mm)	壁厚(mm)	重量(kg/m)	内孔总截面积	内孔(%)时截面积(mm)		
						33	27.5	22.5
16	16	14	1.0	0.392	153.9	50.8	42.3	34.6
20	20	17.8	1.1	0.550	248.7	84.0	70.0	57.3
25	25	22.60	1.2	0.690	400.9	137.1	114.3	93.5
32	32	29.20	1.4	1.100	669.32	245.9	204.9	167.6
40	40	37	1.5	1.441	1074.7	354.8	295.7	241.9

附录F KBG导管与其他金属管的重要比较

KBG导管与其他金属管的重要比较 表F

公称口径(mm)	扣接式薄壁钢导管(KBG)		电线管(TC)		焊接钢管(SC)	
	重量(kg/m)	重量比	重量(kg/m)	重量比	重量(kg/m)	重量比
16	0.392	1	0.562	1.43	1.25	3.19
20	0.550	1	0.765	1.39	1.63	2.96
25	0.690	1	1.035	1.50	2.42	3.51
32	1.100	1	1.335	1.21	3.13	2.85
40	1.441	1	1.611	1.12	3.84	2.66

注:重量比=被比管材/扣接式薄壁钢导管。

第九章　法规文件

一、民用建筑节能条例

中华人民共和国国务院令第530号

（中华人民共和国住房和城乡建设部2008年8月15日）

《民用建筑节能条例》已经2008年7月23日国务院第18次常务会议通过，现予公布，自2008年10月1日起施行。

总理　温家宝

二〇〇八年八月一日

第一节　总　　则

第一条　为了加强民用建筑节能管理，降低民用建筑使用过程中的能源消耗，提高能源利用效率，制定本条例。

第二条　本条例所称民用建筑节能，是指在保证民用建筑使用功能和室内热环境质量的前提下，降低其使用过程中能源消耗的活动。

本条例所称民用建筑，是指居住建筑、国家机关办公建筑和商业、服务业、教育、卫生等其他公共建筑。

第三条　各级人民政府应当加强对民用建筑节能工作的领导，积极培育民用建筑节能服务市场，健全民用建筑节能服务体系，推动民用建筑节能技术的开发应用，做好民用建筑节能知识的宣传教育工作。

第四条　国家鼓励和扶持在新建建筑和既有建筑节能改造中采用太阳能、地热能等可再生能源。

在具备太阳能利用条件的地区，有关地方人民政府及其部门应当采取有效措施，鼓励和扶持单位、个人安装使用太阳能热水系统、照明系统、供热系统、采暖制冷系统等太阳能利用系统。

第五条　国务院建设主管部门负责全国民用建筑节能的监督管理工作。县级以上地方人民政府建设主管部门负责本行政区域民用建筑节能的监督管理工作。

县级以上人民政府有关部门应当依照本条例的规定以及本级人民政府规定的职责分工，负责民用建筑节能的有关工作。

第六条　国务院建设主管部门应当在国家节能中长期专项规划指导下，编制全国民用建筑节能规划，并与相关规划相衔接。

县级以上地方人民政府建设主管部门应当组织编制本行政区域的民用建筑节能规划，报本级人民政府批准后实施。

第七条　国家建立健全民用建筑节能标准体系。国家民用建筑节能标准由国务院建设主管部门负责组织制定，并依照法定程序发布。

国家鼓励制定、采用优于国家民用建筑节能标准的地方民用建筑节能标准。

第八条 县级以上人民政府应当安排民用建筑节能资金,用于支持民用建筑节能的科学技术研究和标准制定、既有建筑围护结构和供热系统的节能改造、可再生能源的应用,以及民用建筑节能示范工程、节能项目的推广。

政府引导金融机构对既有建筑节能改造、可再生能源的应用,以及民用建筑节能示范工程等项目提供支持。

民用建筑节能项目依法享受税收优惠。

第九条 国家积极推进供热体制改革,完善供热价格形成机制,鼓励发展集中供热,逐步实行按照用热量收费制度。

第十条 对在民用建筑节能工作中做出显著成绩的单位和个人,按照国家有关规定给予表彰和奖励。

第二节 新建建筑节能

第十一条 国家推广使用民用建筑节能的新技术、新工艺、新材料和新设备,限制使用或者禁止使用能源消耗高的技术、工艺、材料和设备。国务院节能工作主管部门、建设主管部门应当制定、公布并及时更新推广使用、限制使用、禁止使用目录。

国家限制进口或者禁止进口能源消耗高的技术、材料和设备。

建设单位、设计单位、施工单位不得在建筑活动中使用列入禁止使用目录的技术、工艺、材料和设备。

第十二条 编制城市详细规划、镇详细规划,应当按照民用建筑节能的要求,确定建筑的布局、形状和朝向。

城乡规划主管部门依法对民用建筑进行规划审查,应当就设计方案是否符合民用建筑节能强制性标准征求同级建设主管部门的意见;建设主管部门应当自收到征求意见材料之日起10日内提出意见。征求意见时间不计算在规划许可的期限内。

对不符合民用建筑节能强制性标准的,不得颁发建设工程规划许可证。

第十三条 施工图设计文件审查机构应当按照民用建筑节能强制性标准对施工图设计文件进行审查;经审查不符合民用建筑节能强制性标准的,县级以上地方人民政府建设主管部门不得颁发施工许可证。

第十四条 建设单位不得明示或者暗示设计单位、施工单位违反民用建筑节能强制性标准进行设计、施工,不得明示或者暗示施工单位使用不符合施工图设计文件要求的墙体材料、保温材料、门窗、采暖制冷系统和照明设备。

按照合同约定由建设单位采购墙体材料、保温材料、门窗、采暖制冷系统和照明设备的,建设单位应当保证其符合施工图设计文件要求。

第十五条 设计单位、施工单位、工程监理单位及其注册执业人员,应当按照民用建筑节能强制性标准进行设计、施工、监理。

第十六条 施工单位应当对进入施工现场的墙体材料、保温材料、门窗、采暖制冷系统和照明设备进行查验;不符合施工图设计文件要求的,不得使用。

工程监理单位发现施工单位不按照民用建筑节能强制性标准施工的,应当要求施工单位改正;施工单位拒不改正的,工程监理单位应当及时报告建设单位,并向有关主管部门报告。

墙体、屋面的保温工程施工时,监理工程师应当按照工程监理规范的要求,采取旁站、巡视和平行检验等形式实施监理。

未经监理工程师签字,墙体材料、保温材料、门窗、采暖制冷系统和照明设备不得在建筑上使用或者安装,施工单位不得进行下一道工序的施工。

第十七条　建设单位组织竣工验收,应当对民用建筑是否符合民用建筑节能强制性标准进行查验;对不符合民用建筑节能强制性标准的,不得出具竣工验收合格报告。

第十八条　实行集中供热的建筑应当安装供热系统调控装置、用热计量装置和室内温度调控装置;公共建筑还应当安装用电分项计量装置。居住建筑安装的用热计量装置应当满足分户计量的要求。

计量装置应当依法检定合格。

第十九条　建筑的公共走廊、楼梯等部位,应当安装、使用节能灯具和电气控制装置。

第二十条　对具备可再生能源利用条件的建筑,建设单位应当选择合适的可再生能源,用于采暖、制冷、照明和热水供应等;设计单位应当按照有关可再生能源利用的标准进行设计。

建设可再生能源利用设施,应当与建筑主体工程同步设计、同步施工、同步验收。

第二十一条　国家机关办公建筑和大型公共建筑的所有权人应当对建筑的能源利用效率进行测评和标识,并按照国家有关规定将测评结果予以公示,接受社会监督。

国家机关办公建筑应当安装、使用节能设备。

本条例所称大型公共建筑,是指单体建筑面积2万平方米以上的公共建筑。

第二十二条　房地产开发企业销售商品房,应当向购买人明示所售商品房的能源消耗指标、节能措施和保护要求、保温工程保修期等信息,并在商品房买卖合同和住宅质量保证书、住宅使用说明书中载明。

第二十三条　在正常使用条件下,保温工程的最低保修期限为5年。保温工程的保修期,自竣工验收合格之日起计算。

保温工程在保修范围和保修期内发生质量问题的,施工单位应当履行保修义务,并对造成的损失依法承担赔偿责任。

第三节　既有建筑节能

第二十四条　既有建筑节能改造应当根据当地经济、社会发展水平和地理气候条件等实际情况,有计划、分步骤地实施分类改造。

本条例所称既有建筑节能改造,是指对不符合民用建筑节能强制性标准的既有建筑的围护结构、供热系统、采暖制冷系统、照明设备和热水供应设施等实施节能改造的活动。

第二十五条　县级以上地方人民政府建设主管部门应当对本行政区域内既有建筑的建设年代、结构形式、用能系统、能源消耗指标、寿命周期等组织调查统计和分析,制定既有建筑节能改造计划,明确节能改造的目标、范围和要求,报本级人民政府批准后组织实施。

中央国家机关既有建筑的节能改造,由有关管理机关事务工作的机构制定节能改造计划,并组织实施。

第二十六条　国家机关办公建筑、政府投资和以政府投资为主的公共建筑的节能改造,应当制定节能改造方案,经充分论证,并按照国家有关规定办理相关审批手续方可进行。

各级人民政府及其有关部门、单位不得违反国家有关规定和标准,以节能改造的名义对前款规定的既有建筑进行扩建、改建。

第二十七条　居住建筑和本条例第二十六条规定以外的其他公共建筑不符合民用建筑节能强制性标准的,在尊重建筑所有权人意愿的基础上,可以结合扩建、改建,逐步实施节能改造。

第二十八条　实施既有建筑节能改造,应当符合民用建筑节能强制性标准,优先采用遮阳、改善通风等低成本改造措施。

既有建筑围护结构的改造和供热系统的改造,应当同步进行。

第二十九条 对实行集中供热的建筑进行节能改造,应当安装供热系统调控装置和用热计量装置;对公共建筑进行节能改造,还应当安装室内温度调控装置和用电分项计量装置。

第三十条 国家机关办公建筑的节能改造费用,由县级以上人民政府纳入本级财政预算。

居住建筑和教育、科学、文化、卫生、体育等公益事业使用的公共建筑节能改造费用,由政府、建筑所有权人共同负担。

国家鼓励社会资金投资既有建筑节能改造。

第四节 建筑用能系统运行节能

第三十一条 建筑所有权人或者使用权人应当保证建筑用能系统的正常运行,不得人为损坏建筑围护结构和用能系统。

国家机关办公建筑和大型公共建筑的所有权人或者使用权人应当建立健全民用建筑节能管理制度和操作规程,对建筑用能系统进行监测、维护,并定期将分项用电量报县级以上地方人民政府建设主管部门。

第三十二条 县级以上地方人民政府节能工作主管部门应当会同同级建设主管部门确定本行政区域内公共建筑重点用电单位及其年度用电限额。

县级以上地方人民政府建设主管部门应当对本行政区域内国家机关办公建筑和公共建筑用电情况进行调查统计和评价分析。国家机关办公建筑和大型公共建筑采暖、制冷、照明的能源消耗情况应当依照法律、行政法规和国家其他有关规定向社会公布。

国家机关办公建筑和公共建筑的所有权人或者使用权人应当对县级以上地方人民政府建设主管部门的调查统计工作予以配合。

第三十三条 供热单位应当建立健全相关制度,加强对专业技术人员的教育和培训。

供热单位应当改进技术装备,实施计量管理,并对供热系统进行监测、维护,提高供热系统的效率,保证供热系统的运行符合民用建筑节能强制性标准。

第三十四条 县级以上地方人民政府建设主管部门应当对本行政区域内供热单位的能源消耗情况进行调查统计和分析,并制定供热单位能源消耗指标;对超过能源消耗指标的,应当要求供热单位制定相应的改进措施,并监督实施。

第五节 法 律 责 任

第三十五条 违反本条例规定,县级以上人民政府有关部门有下列行为之一的,对负有责任的主管人员和其他直接责任人员依法给予处分;构成犯罪的,依法追究刑事责任:

(一)对设计方案不符合民用建筑节能强制性标准的民用建筑项目颁发建设工程规划许可证的;

(二)对不符合民用建筑节能强制性标准的设计方案出具合格意见的;

(三)对施工图设计文件不符合民用建筑节能强制性标准的民用建筑项目颁发施工许可证的;

(四)不依法履行监督管理职责的其他行为。

第三十六条 违反本条例规定,各级人民政府及其有关部门、单位违反国家有关规定和标准,以节能改造的名义对既有建筑进行扩建、改建的,对负有责任的主管人员和其他直接责任人员,依法给予处分。

第三十七条　违反本条例规定，建设单位有下列行为之一的，由县级以上地方人民政府建设主管部门责令改正，处20万元以上50万元以下的罚款：

（一）明示或者暗示设计单位、施工单位违反民用建筑节能强制性标准进行设计、施工的；

（二）明示或者暗示施工单位使用不符合施工图设计文件要求的墙体材料、保温材料、门窗、采暖制冷系统和照明设备的；

（三）采购不符合施工图设计文件要求的墙体材料、保温材料、门窗、采暖制冷系统和照明设备的；

（四）使用列入禁止使用目录的技术、工艺、材料和设备的。

第三十八条　违反本条例规定，建设单位对不符合民用建筑节能强制性标准的民用建筑项目出具竣工验收合格报告的，由县级以上地方人民政府建设主管部门责令改正，处民用建筑项目合同价款2%以上4%以下的罚款；造成损失的，依法承担赔偿责任。

第三十九条　违反本条例规定，设计单位未按照民用建筑节能强制性标准进行设计，或者使用列入禁止使用目录的技术、工艺、材料和设备的，由县级以上地方人民政府建设主管部门责令改正，处10万元以上30万元以下的罚款；情节严重的，由颁发资质证书的部门责令停业整顿，降低资质等级或者吊销资质证书；造成损失的，依法承担赔偿责任。

第四十条　违反本条例规定，施工单位未按照民用建筑节能强制性标准进行施工的，由县级以上地方人民政府建设主管部门责令改正，处民用建筑项目合同价款2%以上4%以下的罚款；情节严重的，由颁发资质证书的部门责令停业整顿，降低资质等级或者吊销资质证书；造成损失的，依法承担赔偿责任。

第四十一条　违反本条例规定，施工单位有下列行为之一的，由县级以上地方人民政府建设主管部门责令改正，处10万元以上20万元以下的罚款；情节严重的，由颁发资质证书的部门责令停业整顿，降低资质等级或者吊销资质证书；造成损失的，依法承担赔偿责任：

（一）未对进入施工现场的墙体材料、保温材料、门窗、采暖制冷系统和照明设备进行查验的；

（二）使用不符合施工图设计文件要求的墙体材料、保温材料、门窗、采暖制冷系统和照明设备的；

（三）使用列入禁止使用目录的技术、工艺、材料和设备的。

第四十二条　违反本条例规定，工程监理单位有下列行为之一的，由县级以上地方人民政府建设主管部门责令限期改正；逾期未改正的，处10万元以上30万元以下的罚款；情节严重的，由颁发资质证书的部门责令停业整顿，降低资质等级或者吊销资质证书；造成损失的，依法承担赔偿责任：

（一）未按照民用建筑节能强制性标准实施监理的；

（二）墙体、屋面的保温工程施工时，未采取旁站、巡视和平行检验等形式实施监理的。

对不符合施工图设计文件要求的墙体材料、保温材料、门窗、采暖制冷系统和照明设备，按照符合施工图设计文件要求签字的，依照《建设工程质量管理条例》第六十七条的规定处罚。

第四十三条　违反本条例规定，房地产开发企业销售商品房，未向购买人明示所售商品房的能源消耗指标、节能措施和保护要求、保温工程保修期等信息，或者向购买人明示的所售商品房能源消耗指标与实际能源消耗不符的，依法承担民事责任；由县级以上地方人民政府建设主管部门责令限期改正；逾期未改正的，处交付使用的房屋销售总额2%以下的罚款；情节严重的，由颁发资质证书的部门降低资质等级或者吊销资质证书。

第四十四条　违反本条例规定，注册执业人员未执行民用建筑节能强制性标准的，由县级以上人民政府建设主管部门责令停止执业3个月以上1年以下；情节严重的，由颁发资格证书的部门吊销执业资格证书，5年内不予注册。

第六节 附 则

第四十五条 本条例自2008年10月1日起施行。

二、关于新建居住建筑严格执行节能设计标准的通知

建科[2005]55号

各省、自治区建设厅，直辖市建委及有关部门，计划单列市建委，新疆生产建设兵团建设局：

建筑节能设计标准是建设节能建筑的基本技术依据，是实现建筑节能目标的基本要求，其中强制性条文规定了主要节能措施、热工性能指标、能耗指标限值，考虑了经济和社会效益等方面的要求，必须严格执行。1996年7月以来，建设部相继颁布实施了各气候区的居住建筑节能设计标准。一些地区还依据部的要求，在建筑节能政策法规制定、技术标准图集编制、配套技术体系建立、科技试点示范、建筑节能材料产品开发应用与管理、宣传培训等方面开展了大量工作，取得了成效。但是，也有一些地方和单位，包括建设、设计、施工等单位不执行或擅自降低节能设计标准，新建建筑执行建筑节能设计标准的比例不高，不同程度存在浪费建筑能源的问题。为了贯彻落实科学发展观和今年政府工作报告提出的“鼓励发展节能省地型住宅和公共建筑”的要求，切实抓好新建居住建筑严格执行建筑节能设计标准的工作，降低居住建筑能耗，现通知如下：

一、提高认识，明确目标和任务

（一）我国人均资源能源相对贫乏，在建筑的建造和使用过程中资源、能源浪费问题突出，建筑的节能节地节水节材潜力很大。随着城镇化和人民生活水平的提高，新建建筑将继续保持一定增长势头。在发展过程中，必须考虑能源资源的承载能力，注重城镇发展建设的质量和效益。各级建设行政主管部门要牢固树立科学发展观，要从转变经济增长方式、调整经济结构、建设节约型社会的高度，充分认识建筑节能工作的重要性，把推进建筑节能工作作为城乡建设实现可持续发展方式的一项重要任务，抓紧、抓实、抓出成效。

（二）城市新建建筑均应严格执行建筑节能设计标准的有关强制性规定；有条件的大城市和严寒、寒冷地区可率先按照节能率65%的地方标准执行；凡属财政补贴或拨款的建筑应全部率先执行建筑节能设计标准。

（三）开展建筑节能工作，需要兼顾近期重点和远期目标、城镇和农村、新建和既有建筑、居住和公共建筑。当前及今后一个时期，应首先抓好城市新建居住建筑严格执行建筑节能设计标准工作，同时，积极进行城市既有建筑节能改造试点工作，研究相关政策措施和技术方案，为全面推进既有建筑节能改造积累经验。

二、明确各方责任，严格执行标准

（四）建设单位要遵守国家节约能源和保护环境的有关法律法规，按照相应的建筑节能设计标准和技术要求委托工程项目的规划设计、开工建设、组织竣工验收，并应将节能工程竣工验收报告报建筑节能管理机构备案。

房地产开发企业要将所售商品住房的结构形式及其节能措施、围护结构保温隔热性能指标等基本信息载入《住宅使用说明书》。

（五）设计单位要遵循建筑节能法规、节能设计标准和有关节能要求，严格按照节能设计标准和节能要求进行节能设计，设计文件必须完备，保证设计质量。

（六）施工图设计文件审查机构要严格按照建筑节能设计标准进行审查，在审查报告中单列是否符合节能标准的章节；审查人员应有签字并加盖审查机构印章。不符合建筑节能强制性标准的，施工图设计文件审查结论应为不合格。

(七)施工单位要按照审查合格的设计文件和节能施工技术标准的要求进行施工,确保工程施工符合节能标准和设计质量要求。

(八)监理单位要依照法律、法规以及节能技术标准、节能设计文件、建设工程承包合同及监理合同,对节能工程建设实施监理。监理单位应对施工质量承担监理责任。

三、加强组织领导,严格监督管理

(九)推进建筑节能涉及城市规划、建设、管理等各方面的工作,各地要完善建筑节能工作领导小组的工作制度,通过联席会议和专题会议等有效形式,形成协调配合、运行顺畅的工作机制。

(十)各地建设行政主管部门要加大建筑节能宣传力度,增强公众的节能意识,逐步建立社会监督机制。要结合实例向公众宣传建筑节能的重要性,提高公众建筑节能的自觉性和主动性。同时,要建立监督举报制度,受理公众举报。

(十一)各地和有关单位要加强对设计、施工、监理等专业技术人员和管理人员的建筑节能知识与技术的培训,把建筑节能有关法律法规、标准规范和经核准的新技术、新材料、新工艺等作为注册建筑师、勘察设计注册工程师、监理工程师、建造师等各类执业注册人员继续教育的必修内容。

(十二)各地建设行政主管部门要采取有效措施加强建筑节能工作中设计、施工、监理和竣工验收、房屋销售核准等的监督管理。在查验施工图设计文件审查机构出具的审查报告时,应查验对节能的审查情况,审查不合格的不得颁发施工许可证。发现违反国家有关节能工程质量管理规定的,应责令建设单位改正;改正后要责令其重新组织竣工验收,并且不得减免新型墙体材料专项基金。

房地产管理部门要审查房地产开发单位是否将建筑能耗说明载入《住宅使用说明书》。

(十三)设区城市以上建设行政主管部门要组织推进节能建筑性能测评工作。各级建筑节能工作机构要切实履行职责,认真开展对节能建筑及部品的检测。要建立健全建筑节能统计报告制度,掌握分析建筑节能进展情况。

(十四)各地建设行政主管部门要加强经常性的建筑节能设计标准实施情况的监督检查,发现问题,及时纠正和处理。各省(自治区、直辖市)建设行政主管部门每年要把建筑节能作为建筑工程质量检查的专项内容进行检查,对问题突出的地区或单位依法予以处理,并将监督检查和处理情况于今年9月30日前报建设部。建设部每年在各地监督检查的基础上,对各地建筑节能标准执行情况进行抽查,对建筑节能工作开展不力的地方和单位进行重点检查。2005年底以前,建设部重点抽查大城市和特大城市;2006年6月以前,对其他城市进行抽查,并将抽查的情况予以通报。

凡建筑节能工作开展不力的地区,所涉及的城市不得参加"人居环境奖"、"园林城市"的评奖,已获奖的应限期整改,经整改仍达不到标准和要求的将撤消获奖称号。不符合建筑节能要求的项目不得参加"鲁班奖"、"绿色建筑创新奖"等奖项的评奖。

(十五)各地建设行政主管部门对不执行或擅自降低建筑节能设计标准的单位,要依据《中华人民共和国建筑法》、《中华人民共和国节约能源法》、《建设工程质量管理条例》(国务院令第279号)、《建设工程勘察设计管理条例》(国务院令第293号)、《民用建筑节能管理规定》(建设部令第76号)、《实施工程建设强制性标准监督规定》(建设部令第81号)等法律法规和规章的规定进行处罚:

1. 建设单位明示或暗示设计单位、施工单位违反节能设计强制性标准,降低工程建设质量;或明示或者暗示施工单位使用不合格的建筑材料、建筑构配件和设备;或施工图设计文件未经审查或者审查不合格,擅自施工的;或未按照国家规定将竣工验收报告、有关认可文件或者准许使用文件报送备案的;处20万元以上50万元以下的罚款。

建设单位未取得施工许可证或者开工报告未经批准,擅自施工的,责令停止施工,限期改正,处工程合同价款1%以上2%以下的罚款。

建设单位未组织竣工验收,擅自交付使用的;或验收不合格,擅自交付使用的;或对不合格的建设工程按照合格工程验收的;处工程合同价款2%以上4%以下的罚款;造成损失的,依法承担赔偿责任。建设工程竣工验收后,建设单位未向建设行政主管部门或者其他有关部门移交建设项目档案的,责令改正,处1万元以上10万元以下的罚款。

2. 设计单位指定建筑材料、建筑构配件的生产厂、供应商的;或未按照工程建设强制性标准进行设计的;责令改正,处10万元以上30万元以下的罚款;有上述行为造成重大工程质量事故的,责令停业整顿,降低资质等级;情节严重的,吊销资质证书;造成损失的,依法承担赔偿责任。

3. 施工图设计文件审查单位如不按照要求对施工图设计文件进行审查,一经查实将由建设行政主管部门对当事人和其所在单位进行批评和处罚,直至取消审查资格。

4. 施工单位在施工中偷工减料的,使用不合格的建筑材料、建筑构配件和设备的,或者有不按照工程设计图纸或者施工技术标准施工的其他行为的,责令改正,并处工程合同价款2%以上4%以下的罚款;造成建设工程质量不符合规定的质量标准的,负责返工、修理,并赔偿因此造成的损失;情节严重的,责令停业整顿,降低资质等级或者吊销资质证书。

施工单位不履行保修义务或者拖延履行保修义务的,责令改正,处10万元以上20万元以下的罚款,并对在保修期内因质量缺陷造成的损失承担赔偿责任。

5. 工程监理单位与建设单位或者施工单位串通,弄虚作假、降低工程质量的;或将不合格的建设工程、建筑材料、建筑构配件和设备按照合格签字的;责令改正,处50万元以上100万元以下的罚款,降低资质等级或者吊销资质证书;有违法所得的,予以没收;造成损失的,承担连带赔偿责任。

6. 注册建筑师、注册结构工程师、监理工程师等注册执业人员因过错造成质量事故的,责令停止执业1年;造成重大质量事故的,吊销执业资格证书,5年以内不予注册;情节特别恶劣的,终身不予注册。

中华人民共和国建设部
二〇〇五年四月十五日

三、关于印发《民用建筑节能信息公示办法》的通知

建科[2008]116号

各省、自治区建设厅,直辖市建委,计划单列市建委(建设局),新疆生产建设兵团建设局:

为贯彻落实《中华人民共和国节约能源法》,我部制定了《民用建筑节能信息公示办法》,现印发给你们,请结合实际贯彻执行。

中华人民共和国住房和城乡建设部

二〇〇八年六月二十六日

民用建筑节能信息公示办法

为了发挥社会公众监督作用,加强民用建筑节能监督管理,根据《中华人民共和国节约能源法》的有关规定,制定本办法。

第一条 民用建筑节能信息公示,是指建设单位在房屋施工、销售现场,按照建筑类型及其所处气候区域的建筑节能标准,根据审核通过的施工图设计文件,把民用建筑的节能性能、节能措施、保护要求以张贴、载明等方式予以明示的活动。

第二条 新建(改建、扩建)和进行节能改造的民用建筑应当公示建筑节能信息。

第三条 建筑节能信息公示内容包括节能性能、节能措施、保护要求。

节能性能指:建筑节能率,并比对建筑节能标准规定的指标。

节能措施指:围护结构、供热采暖、空调制冷、照明、热水供应等系统的节能措施及可再生能源的利用。

具体内容见附件一、附件二。

第四条 建设单位应在施工、销售现场张贴民用建筑节能信息,并在房屋买卖合同、住宅质量保证书和使用说明书中载明,并对民用建筑节能信息公示内容的真实性承担责任。

第五条 施工现场公示时限是:获得建筑工程施工许可证后30日内至工程竣工验收合格。

销售现场公示时限是:销售之日起至销售结束。

第六条 建设单位公示的节能性能和节能措施应与审查通过的施工图设计文件相一致。

房屋买卖合同应包括建筑节能专项内容,由当事人双方对节能性能、节能措施作出承诺性约定。

住宅质量保证书应对节能措施的保修期作出明确规定。

住宅使用说明书应对围护结构保温工程的保护要求,门窗、采暖空调、通风照明等设施设备的使用注意事项作出明确规定。

建筑节能信息公示内容必须客观真实,不得弄虚作假。

第七条 建筑工程施工过程中变更建筑节能性能和节能措施的,建设单位应在节能措施实施

变更前办妥设计变更手续,并将设计单位出具的设计变更报经原施工图审查机构审查同意后于15日之内予以公示。

第八条 建设单位未按本办法规定公示建筑节能信息的,根据《节约能源法》的相关规定予以处罚。

第九条 建筑能效测评标识按《关于试行民用建筑能效测评标识制度的通知》(建科[2008]80号)执行,绿色建筑标识按《关于印发〈绿色建筑评价标识管理办法〉(试行)的通知》(建科[2007]206号)执行。

第十条 本办法自2008年7月15日起实施。

附件一:

施工、销售现场公示内容

建设单位			
项目名称			
围护结构	墙体	传热系数[W/(m^2·K)]/保温材料层厚度(mm)	
	屋面	传热系数[W/(m^2·K)]/保温材料层厚度(mm)	
	地面	传热系数[W/(m^2·K)]/保温材料层厚度(mm)	
	门窗	传热系数	
		综合遮阳系数	
		节能性能标识	
供热系统	室内采暖形式		
	热计量方式		
	系统调节装置		
空调系统	冷源机组类型		
	能效比		
热水利用	供应方式		
	用能类型		
照明	照度		
	功率密度		
可再生能源利用	利用形式		
	保证率		
建筑能源利用效率	本建筑的节能率与建筑节能标准比较情况		

填表内容说明:

一、本表所填内容应与建筑节能报审表、经审查合格的节能设计文件一致;

二、门窗类型包括:断热桥铝合金中空玻璃窗、断热桥铝合金 Low-E 中空玻璃窗、塑钢中空玻璃窗、塑钢 Low-E 中空玻璃窗、塑钢单层玻璃窗、其他;

三、室内采暖形式包括:散热器供暖、地面辐射供暖、其他;

四、热计量方式包括:户用热计量表法、热分配计法、温度法、楼栋热量表法、其他;

五、系统调节装置包括:静态水力平衡阀、自力式流量控制阀、自力式压差控制阀、散热器恒温阀、其他;

六、空调冷热源类型包括:压缩式冷水(热泵)机组、吸收式冷水机组、分体式房间空调器、多联机、区域集中供冷、独立冷热源集中供冷、其他;

七、热水供应方式包括:集中式、分散式;

八、热水利用用能类型包括:电、燃气、太阳能、蒸汽、其他;

九、本建筑的节能率与建筑节能标准比较情况包括:优于标准规定、满足标准规定、不符合标准规定。

附件二：

商品房买卖合同、住宅质量保证书和使用说明书中载明的内容

一、围护结构保温（隔热）、遮阳设施

（一）墙体

1. 保温形式：[A 外保温][B 内保温][C 夹芯保温][D 其他]

2. 保温材料名称：[A 挤塑聚苯乙烯发泡板][B 模塑聚苯乙烯发泡板][C 聚氨酯发泡][D 岩棉][E 玻璃棉毡][F 保温浆料][G 其他]

3. 保温材料性能：密度[kg/m³]、燃烧性能[h]、导热系数[W/(m·K)]、保温材料层厚度[mm]

4. 墙体传热系数[W/(m²·K)]

（二）屋面

1. 保温（隔热）形式：[A 坡屋顶][B 平屋顶][C 坡屋顶、平屋顶混合][D 有架空屋面板][E 保温层与防水层倒置][F 其他]

2. 保温材料名称：[A 挤塑聚苯乙烯发泡板][B 聚氨酯发泡][C 加气混凝土砌块][D 憎水珍珠岩][F 其他]

3. 保温材料性能：密度[kg/m³]、导热系数[W/(m·K)]、吸水率[%]、保温材料层厚度[mm]

4. 屋顶传热系数[W/(m²·K)]

（三）地面（楼面）

1. 保温形式：[A 采暖区不采暖地下室顶板保温][B 采暖区过街楼面保温][C 底层地面保温][D 其他]

2. 保温材料名称：[A 挤塑聚苯乙烯发泡板][B 模箱聚苯乙烯发泡板][C 聚氨酯发泡][G 其他]

3. 保温材料性能：密度[kg/m³]、导热系数[W/(m·K)]、保温材料层厚度[mm]

4. 地面（楼面）传热系数[W/(m²·K)]。

（四）外门窗（幕墙）

1. 门窗类型：[A 断热桥铝合金中空玻璃窗][B 断热桥铝合金 low－E 中空玻璃窗][C 塑钢中空玻璃窗][D 塑钢 Low－E 中空玻璃窗][E 塑钢单层玻璃窗][F 其他]

2. 外遮阳形式：[A 水平百叶遮阳][B 水平挡板遮阳][C 垂直百叶遮阳][D 垂直挡板遮阳][E 垂直卷帘遮阳]

3. 内遮阳材料：[A 金属百叶][B 无纺布][C 绒布][D 纱][E 竹帘][F 其他]

4. 门窗性能：传热系数[W/(m²·K)]、遮阳系数[%]、可见光透射比、气密性能

二、供热采暖系统及其节能设施

1. 供热方式：[A 城市热力集中供热][B 区域锅炉房集中供热][C 分户独立热源供热][D 热电厂余热供热]

2. 室内采暖方式：[A 散热器供暖][B 地面辐射供暖][C 其他]

3. 室内采暖系统形式：[A 垂直双管系统][B 水平双管系统][C 带跨越管的垂直单管系统][D 带跨越管的水平单管系统][E 地面辐射供暖系统][F 其他系统]

4. 系统调节装置：[A 静态水力平衡阀][B 自力式流量控制阀][C 自力式压差控制阀][D 散热器恒温阀][E 其他]

5. 热量分摊(计量)方法:[A 户用热计量表法][B 热分配计法][C 温度法][D 楼栋热量表法][E 其他]

三、空调、通风、照明系统及其节能设施(公共建筑)

1. 空调风系统形式:[A 定风量全空气系统][B 变风量全空气系统][C 风机盘管加新风系统][D 其他]

2. 有无新风热回收装置:[A 有][B 无]

3. 空调水系统制式:[A 一次泵系统][B 二次泵系统][C 一次泵变流量系统][D 其他]

4. 空调冷热源类型及供冷方式:[A 压缩式冷水(热泵)机组][B 吸收式冷水机组][C 分体式房间空调器][D 多联机][E 其他][F 区域集中供冷][G 独立冷热源集中供冷]

5. 系统调节装置:[A 电动两通阀][B 电动两通调节阀][C 动态电动两通阀][D 动态电动两通调节阀][E 压差控制装置][F 对开式电动风量调节阀][G 其他]

6. 送、排风系统形式:[A 自然通风系统][B 机械送排风系统][C 机械排风、自然进风系统][D 设有排风余热回收装置的机械送排风系统][E 其他]

7. 照明系统性能:照度值、功率密度值

8. 节能灯具类型:[A 普通荧光灯][BT8 级][CT5 级][DLED][E 其他]

9. 照明系统有无分组控制控制方式:[A 有][B 无]

10. 生活热水系统的形式和热源:[A 集中式][B 分散式][C 电][D 蒸汽][E 燃气][F 太阳能][G 其他]

四、可再生能源利用

1. 太阳能利用:[A 太阳能生活热水供应][B 太阳能采暖][C 太阳能空调制冷][D 太阳能光伏发电][E 其他]

2. 地源热泵:[A 土壤源热泵][B 浅层地下水源热泵][C 地表水源热泵][D 污水水源热泵]

3. 风能利用:[A 风能发电][B 其他]

4. 余热利用:[A 利用余热制备生活热水采暖][B 利用余热制备采暖热水][C 利用余热制备空调热水][D 利用余热加热(冷却)新风]

五、建筑能耗与能源利用效率

1. 当地节能建筑单位建筑面积年度能源消耗量指标:采暖[W/m^2]、制冷[W/m^2]

2. 本建筑单位建筑面积年度能源消耗量指标:采暖[W/m^2]、制冷[W/m^2]

3. 本建筑建筑物用能系统效率:热(冷)源效率[%]、管网输送效率[%]

4. 本建筑与建筑节能标准比较:[A 优于标准规定][B 满足标准规定][C 不符合标准规定]

四、关于加强建筑节能材料和产品质量监督管理的通知

建科[2008]147号

各省、自治区、直辖市建设厅(建委)、工商行政管理局、质量技术监督局,新疆生产建设兵团建设局:

近一时期,建筑节能材料和产品在各地程度不同地存在着一些质量问题。有的生产企业不按产品标准组织生产;有的建材市场经销企业非法经营无产品名称、无厂名、无厂址(以下简称"三无")的节能材料和产品;有的建筑工程违规购买和使用质量不合格的建筑节能材料和产品,这些行为严重扰乱、违反了建筑节能材料和产品正常的生产秩序、流通秩序和使用程序,也给建筑工程质量特别是建筑节能标准的执行带来严重影响。为了及时纠正和预防上述问题,进一步加强民用建筑新建、改造过程中节能材料和产品的质量监督管理,确保新建建筑和既有建筑节能改造所使用的节能材料和产品符合标准要求,保证工程质量,现就加强建筑节能材料和产品质量监督管理的有关事项通知如下:

一、提高认识,增强抓好建筑节能材料和产品质量监督管理的责任感和紧迫感

(一)提高认识。各级住房和城乡建设主管部门、工商行政管理部门、质量技术监督部门要从贯彻科学发展观,落实《国务院关于印发节能减排综合性工作方案的通知》精神,全面完成建筑节能工作任务,促进建筑增长方式根本转变的高度,充分认识抓好建筑节能材料和产品质量监督管理的重要性和紧迫性,将这项工作列入重要的议事日程,作为近一时期的重要工作任务,精心组织,周密部署,狠抓落实,务见实效。

(二)明确监管重点。建筑节能材料和产品一般包括围护结构和用能系统两大类。主要有墙体屋面保温材料及其辅料、节能门窗幕墙,采暖、空调、通风、照明、热水供应等设施相关的产品。各地住房和城乡建设主管部门要会同同级工商行政管理、质量技术监督部门,组织对当地建筑节能材料、产品的生产、流通、使用情况进行一次专项检查,及时发现和纠正这些环节存在的产品质量问题,依法查处一批,曝光一批。要重点查验生产企业是否按照材料、产品标准组织生产,建材市场有无销售"三无"节能材料、产品,建筑工程有无采购和使用不合格节能材料、产品的现象。

二、严控源头,加强对建筑节能材料和产品生产的质量监管

(三)进一步健全建筑节能材料和产品的生产标准。国家将不断修订和完善建筑节能材料和产品的标准。对一些性能可靠、经济适用但目前尚无国家标准、行业标准、地方标准的建筑节能新材料和新产品,其生产企业要及时制订材料和产品的企业标准,并按照规定程序进行备案、发布,但其性能指标应严于已有类似材料和产品的国家标准、行业标准、地方标准的要求。

(四)严格按照建筑节能材料和产品标准组织生产。建筑节能材料和产品生产企业要严格按照产品标准组织生产,按规定进行产品的型式检验、出厂检验,未经检验合格的产品一律不得出厂销售。要建立健全建筑节能材料和产品的质量保证体系和计量管理制度,重点抓好原材料进货质量和配比、生产工艺工序、产品出厂质量检验等环节的控制,同时配备相应的实验室,实验室使用的计量器具必须经依法检定合格。

(五)加强建筑节能材料和产品生产环节的质量监管。各地住房和城乡建设主管部门应积极配合质量技术监督部门加大对建筑节能材料和产品生产环节的质量监管力度,重点查处不按材料、产品标准进行生产,不对材料、产品按规定进行型式检验和出厂检验,或者将不合格产品出厂销售等行为。各地质量技术监督部门要加强对建筑节能材料和产品生产企业的巡查力度,全面建

立企业质量档案。除日常监管外,各地今后每年至少开展一次专项检查,并将检查结果向社会公示,对违规企业依法处理。要加大对建筑工程中使用建筑节能材料和产品的执法力度,严厉打击生产、使用不合格产品的违法行为。

三、规范市场,加强对建筑节能材料和产品流通领域的质量监管

(六)加强建筑节能材料和产品流通市场监管。强化市场主办者的责任,经销建筑节能材料和产品的市场主办者要切实承担起第一责任人的责任,督促建材经销企业建立索证索票和进货台账制度,确保其依法销售质量合格、手续齐备的节能材料和产品,严禁采购和销售"三无"节能材料和产品。工商行政管理部门要加强建筑节能材料和产品流通市场的监管,对节能材料和产品的经销企业销售的材料和产品的出厂合格证、检验报告等手续进行查验,及时查处无照经营、销售"三无"节能材料和产品、冒用他人产品商标、厂名、厂址及检验报告、利用广告对产品质量做虚假宣传、以次充好的销售企业,切实净化流通市场。

(七)建立建筑节能材料和产品流通市场监测、巡查和专项检查制度。各地工商行政管理部门要加强对建筑节能材料和产品流通环节的质量监管,在加大日常检查、巡查力度的同时,加强质量监测,针对当地市场上存在的突出问题适时开展专项检查、整治,及时向社会曝光重大、典型案例。

四、多措并举,提高对节能材料和产品在建筑工程中使用的监管水平

(八)进一步落实建筑节能材料和产品推广、限制、淘汰公告制度。省级住房和城乡建设主管部门要根据建筑节能标准要求和国家的产业政策,结合当地实际,及时制定并发布建筑节能材料和产品的推广、限制和淘汰目录,指导建筑工程正确选购。

(九)建立建筑节能材料和产品备案、登记、公示制度。各地住房和城乡建设主管部门应根据当地气候和资源情况,制定适合本地实际的建筑节能材料和产品的推广目录。对建筑工程使用的建筑节能材料和产品,在质量合格和手续齐全的前提下,由设区市级以上住房和城乡建设主管部门进行备案、登记、公示。鼓励建筑工程使用经过备案、登记、公示的节能材料和产品。

(十)建筑工程各方主体应严格履行职责确保工程质量。建筑工程必须采购和使用质量合格、手续齐备的节能材料和产品,建设单位(房地产开发商)不得明示或者暗示使用不符合标准规范要求的节能材料和产品;设计单位不得设计不符合标准规范及国家明令淘汰的材料和产品;施工图审查机构应严格按照相关的规程、规范进行节能审查;施工单位应当对进入施工现场的建筑节能材料和产品进行查验,不符合施工图设计文件要求的,不得进场使用,并按照有关施工质量验收规程要求进行产品的抽样检测;工程监理单位要组织对进场材料和产品见证取样,签字验收,未经监理工程师签字的,不得在建筑上使用或者安装;建筑工程使用不符合要求的材料和产品,有关部门不得通过竣工验收备案。

五、部门联动,建立建筑节能材料和产品质量监管的长效机制

(十一)建立监督检查联动机制。各地住房和城乡建设主管部门、工商行政管理部门、质量技术监督部门及墙体材料革新与建筑节能管理机构要依据有关职能组织联合检查,依照有关规定和标准,针对建筑节能材料和产品生产、流通、使用等环节存在的质量突出问题,对需要重点检查的节能材料和产品进行汇总归纳,列出检查清单,根据实际需要及时安排进行产品质量抽查、监测和专项检查,及时发现和纠正存在的产品质量问题。抽查、监测结果要在当地的主要媒体上予以公布,对违法违规的企业和单位要依法予以处罚。

(十二)落实市场信用分类监管。各地要联合建立建筑节能材料和产品的信用分类管理机制,按照企业违法违规程度和频次,对违反规定的节能材料和产品生产企业、经销企业和建筑工程使用单位进行不良信誉记录,对一定时期内未出现不良记录的守法企业建立企业优良信誉记录,并予以公示。各地住房和城乡建设主管部门对违法违规企业信息要及时予以通报,限制或禁止其参加建设工程材料投标,确保在建筑工程建设中使用合格的节能材料和产品。要推广合同示范文本,清理建材市场的霸王合同条款,保护消费者合法权益。

(十三)建立服务机制。各地住房和城乡建设主管部门要及时编制配套相关技术规程和标准图集,不断提高产品质量和工程应用质量水平。各地工商管理部门要积极支持经销优质节能材料和产品的企业进入当地建材市场并依法办理登记注册手续。各级住房和城乡建设主管部门应当会同有关部门加强对建筑节能材料和产品在生产、使用等环节相关人员的技术培训及指导。各地建筑节能材料、产品所属行业协会要充分发挥桥梁纽带作用,制订会员章程,加强行业的产品质量自律和价格自律,制止低价恶性竞争等不良行为。

(十四)建立舆论监督和考核评价机制。各地应充分利用各种媒体资源,对建筑节能材料和产品的生产企业、经销企业和使用单位的质量情况及时进行公示,发挥新闻舆论的监督作用,营造全社会关注、监督建筑节能材料、产品质量以及工程质量的良好氛围,指导公众增强对节能材料和产品的质量识别能力。

住房和城乡建设部将把各地建筑工程使用节能材料、产品的质量情况纳入每年一度的建设领域节能减排工作的考核内容,进行专门评价检查。各级住房和城乡建设主管部门应将建筑节能材料和产品在建筑工程中使用的质量情况纳入年度建设领域节能减排工作的考核评价内容,进行严格考核。

请各省级住房和城乡建设主管部门于2008年10月31日之前将本地区建筑工程使用节能材料与产品的质量检查情况书面报告住房和城乡建设部。

中华人民共和国住房和城乡建设部
中华人民共和国国家工商行政管理总局
中华人民共和国国家质量监督检验检疫总局
二〇〇八年八月二十日

五、关于印发《关于进一步加强我省民用建筑节能工作的实施意见》的通知

苏建科〔2005〕206号

省建管局、各省辖市建设局(建委)、规划局、园林局、房管局(房改办)、建工局:

我省是一个经济大省,也是一个耗能大省,人多地少,又是一个资源和能源比较匮乏的省份,80%的能源要依靠省外;我省人口密度全国最大,矿产性资源全国最少,人均环境容量全国最小,全省在总体上已进入工业化的中期、城市化的加速期和经济国际化的提升期,资源消耗、环境污染以及能源供应紧张等问题十分突出,这些将极有可能成为制约今后我省经济可持续发展的瓶颈。大力推进建筑节能工作,是节约能源的重要途径。为此,我们要从战略和贯彻科学发展观的高度,重视并推进我省的建筑节能工作,全面建设节能省地型住宅和公共建筑。

国家行业标准《夏热冬冷地区居住建筑节能设计标准》(JGJ134-2001)和江苏省地方标准《江苏省民用建筑热环境与节能设计标准》(DB32/478-2001)都已在2001年10月1日正式实施。近年来,在各级建设部门的重视和努力下,我省建筑节能工作稳步推进。科技投入逐年加大、初步建立了节能技术体系框架;加快了节能工程试点示范,建成了一批省级、部级节能示范小区;2004年施工图设计审查统计,全省节能建筑设计面积达2180万m^2。然而,全省建筑节能工作发展很不平衡,一些地区建筑节能工作监管不力,部分设计单位未能按节能设计标准进行设计,个别施工图审查机构对新建工程的节能设计审查不严格,有些房地产开发商或施工单位在施工过程中擅自变更节能设计,工程中采用的材料、设备达不到节能标准的要求,严重影响了我省节能设计标准的执行和节能建筑的实施,应该引起全社会的高度重视,必须加以纠正。

最近,《公共建筑节能设计标准》(GB50189-2005)已经发布,并在今年7月1日起正式实施。希望各地要及时组织培训,认真贯彻执行。

在我省民用建筑工程中全面实施节能是国家和我省强制性标准的要求。为认真执行这些标准,全面建设节能建筑,我们制定了《关于进一步加强我省民用建筑节能工作的实施意见》,现印发给你们,请各地要结合实际,根据该《实施意见》,制定相应的实施办法,切实加强建筑节能工作的领导,加强节能建筑建设各个环节的监管,严格执行现行国家和我省节能建筑设计标准和规程,全面实施和建设好节能建筑。

附:《关于进一步加强我省民用建筑节能工作的实施意见》

江苏省建设厅

二○○五年六月二十九日

附:

关于进一步加强我省民用建筑节能工作的实施意见

一、提高认识,明确目标和任务

(一)建筑节能对于促进能源资源节约和合理利用,缓解我省能源资源供应与经济社会发展的矛盾,加快发展循环经济,实现经济社会的可持续发展,有着举足轻重的作用,也是保障国家能源安全、保护环境、提高人民群众生活质量、贯彻落实科学发展观的一项重要举措。各级建设行政主管部门要切实把全面建设节能建筑作为贯彻落实党和国家方针政策和法律法规、落实科学发展观、加强依法行政的一项重要工作,抓紧抓好并抓出成效。

各地应以建设节能省地型住宅和公共建筑为突破口,以建筑“四节”(节地、节能、节水、节材)为工作重点,制定相应的工作目标和规划,努力建设节约型城镇。

(二)城市(含县城)新建住宅必须全部达到国家和地方标准规定的节能50%的标准,经济发达地区的乡镇新建住宅可参照实施;大城市应积极开展建筑节能65%的试点;设区市应有计划地积极进行既有建筑节能改造试点工作。

全省所有公共建筑自2005年7月1日起必须严格执行《公共建筑节能设计标准》(GB50189-2005)。政府投资的工程项目必须率先执行节能设计标准,采用节能产品与设备。

二、大力开展对建筑节能的宣传培训,提高全民节能意识

(三)各地要充分利用新闻媒体,采取制作节能“科教片”、编辑宣传册、开展“节能宣传周”等多种方式,广泛宣传建筑节能的重要性,增强公众的节能意识,提高各有关部门、单位贯彻建筑节能设计标准的自觉性,努力营造“各级领导重视、相关部门理解支持、建设各方积极执行、群众监督”的良好氛围。

(四)要加大对建筑节能知识的培训。各地要组织建设行政主管部门的分管领导和相关人员进行学习;要加强对设计、施工、监理、施工图审查、质量监督等专业技术人员和管理人员的建筑节能知识与技术的培训,使技术人员都能熟悉和掌握节能设计标准,并在实施中得到落实。要将节能标准、节能新技术作为注册建筑师、勘察设计注册工程师、监理工程师、建造师等各类执业注册人员继续教育的必修内容。

三、加强领导,完善工作机制

(五)建筑节能涉及面广,政策性强,技术要求高,是一个系统工程,必须统一协调、统一管理。各地建设行政主管部门应有专门的机构或专人来负责这项工作。同时,加强与经贸委、国土等部门的联系和沟通,加强与当地墙改部门的合作与配合,充分联合各方面力量,共同推进我省建筑节能工作。

(六)推进建筑节能涉及城乡规划、建设、管理等各方面的工作,各地要逐步建立和完善建筑节能工作领导小组的工作制度,通过联席会议和专题会议等有效形式,形成协调配合、齐抓共管、运行顺畅的工作机制。

(七)要逐步建立激励约束机制。各级建设行政主管部门要将建筑节能工作列入主要工作目标,每年进行考核评比;省建设厅每年对全省建筑节能工作进行检查评比,对成绩突出的先进单位和个人予以表彰;对不执行建筑节能有关标准和规定的予以曝光,并严肃处理。各级建设行政主管部门要建立监督举报制度,设立监督举报电话,受理公众举报,并及时进行查处。

凡建筑节能工作开展不力的地区,所涉及的城市不得参加“人居环境奖”、“园林城市”的评奖;已获奖的应限期整改,经整改仍达不到标准和要求的将撤消获奖称号。

四、落实责任,严格执行标准

(八)建设单位要严格按照建筑节能设计标准和技术要求组织工程项目的规划设计、建设和竣工验收。建设单位不得擅自修改节能设计文件,不得暗示或明示设计、施工单位违反节能建筑标准进行设计、施工。

房地产开发企业须将所售商品住房的结构形式及其节能措施、围护结构保温隔热性能指标等基本信息载入《住宅使用说明书》。

(九)设计单位要严格按照国家和地方的节能建筑设计标准和节能要求进行设计。

设计单位在设计文件中选用的材料、构配件和设备,应当注明规格、型号、热工性能、能效比等技术指标,其质量、性能指标等必须符合国家规定的标准。对没有国家和地方标准的产品与材料应经省建设行政主管部门组织专家进行技术论证后方可选用。

(十)施工图设计审查机构必须按规定进行节能设计专项审查,并在审查意见书中将不符合有关节能设计强制性标准和规定的内容单独列出。审查内容包括:建筑热工计算书、节能设计主要技术措施,以及相关节能材料、产品的技术参数等。对不符合建筑节能强制性标准的,施工图设计文件审查应不予通过。

(十一)施工单位必须严格按照审查合格的设计文件以及节能施工技术标准、规范和工艺的要求进行施工,不得擅自修改工程设计,不得偷工减料。特别是要加强新型墙体材料和外保温材料施工时的质量控制,消除质量通病,以保证节能效果。

(十二)监理单位要按照节能技术标准、节能设计文件对节能建筑施工质量进行监理,并对符合验收要求的隐蔽工程、工序予以鉴认;同时对施工单位报检的符合节能技术标准和节能设计文件要求的材料、产品和设备予以鉴认。

五、严格执法,加强监督管理

(十三)工程项目的方案设计或可行性研究报告中必须编制"节能篇(章)",并经建筑节能管理部门专题论证,符合建筑节能设计标准的项目,城市规划行政管理部门方可办理建设用地规划许可证。

(十四)工程项目施工图设计必须经审图机构审查合格后,建设行政主管部门方可颁发施工许可证。施工图设计审查合格的工程项目,建设单位需在项目所在地的建筑节能管理部门办理备案登记手续。

(十五)工程项目施工前,建设单位须将节能工程与主体工程一并报请工程质量监督部门进行质量监督。对工程质量达不到节能设计标准要求的项目,工程质量监督部门应通知建设单位改正,并在质量监督文件中应予注明,报建设行政主管部门备案。

(十六)建设单位在节能工程单独验收合格后,方可组织工程项目的竣工验收。竣工验收合格的工程,方可向建设行政主管部门和房地产行政主管部门申办竣工验收备案手续和申领房屋产权使用证,同时将节能工程竣工验收报告报建筑节能管理部门备案。

(十七)各地要加强建筑节能设计标准实施情况的日常监督检查,发现问题,应及时纠正和处理。省建设厅每年在各地监督检查的基础上,对各地建筑节能标准执行情况进行抽查,对建筑节能工作开展不力的地方和单位进行重点抽查,并将抽查情况予以通报。

对达不到国家和我省节能设计标准的工程,或在工程中采用国家和我省明令禁止、淘汰的产品、材料和设备的,一律定为不合格工程,不得办理竣工验收备案手续和发放产权使用证,不得减免新型墙体材料专项基金,更不得参加"扬子杯"、"鲁班奖"、"绿色建筑创新奖"等优质工程以及省和国家优秀设计的评选。

六、积极推广建筑节能新技术、新产品,淘汰落后和耗能高的技术与产品。

(十八)各地应根据国家和省发布的建筑节能技术公告和节能推广项目目录,引导单位和个人在建筑工程中采用先进的节能技术、材料、产品和设备。为规范市场行为，应开展与建筑节能有关的技术、材料、产品和设备性能的认定，以及节能建筑的认定工作。对列入淘汰目录的技术、产品、材料和设备，不得进入工程使用。节能建筑应优先选用经国家和省推广认定的建筑节能技术、产品、材料和设备。

（十九）节能设计必须充分考虑到建筑、结构、材料、设备以及环境等因素，进行系统优化与技术整合。

建筑的选址、布局、朝向、间距、层高等应合理规划与设计。应积极推广应用节能门窗和中空玻璃；严禁采用非节能的玻璃幕墙、玻璃窗；外窗必须采取外遮阳措施，限制采用凸窗；公共建筑除执行以上规定外，还应限制屋顶透明中厅的面积，合理设计室内空间和高度。

优先选择使用混凝土结构、钢结构以及钢混组合结构（型钢混凝土、钢管混凝土），推广符合建筑工业化方向的预制结构体系；逐步在县级及以上城市的建筑中限制烧结粘土砖砌体结构的使用，直至禁止使用。积极推广应用复合叠合楼板和现浇空心楼板技术。积极采用高强、高性能混凝土。

各地应因地制宜，就地取材，做好建筑外围护结构的保温隔热措施。优先采用外墙外保温技术，提倡自保温技术；禁止使用易吸水的开孔型材料作为外墙外保温与屋面的保温材料；

小区景观用水应采用小区收集、净化的雨水，严禁采用自来水补水，鼓励采用中水回用技术；同时，应大力推广平屋面、墙面立体绿化种植技术。

应经技术经济环境效益分析比较后，合理选择采暖空调系统冷热源形式，并选用高效率设备，减少冷热媒输送系统的能耗，优先考虑采用自然能源；一般情况下不得采用电热锅炉、电热水器作为直接采暖和空调的热源。积极采用智能控制管理系统，减少采暖空调系统运行能耗。

（二十）积极推广太阳能（光热、光电、光纤）、地热、水热、空气源热泵等自然能源和沼气、秸秆制气等生物质能源在建筑中的应用。在城市，要鼓励集中使用太阳能，推广太阳能与建筑一体化技术，要结合城市既有建筑平改坡改造工程，推进太阳能的利用；在农村，要积极推广太阳能技术、沼气、秸秆制气等生物质能技术。从今年起，我省新建住宅小区应优先采用集中式太阳能热水技术，并按照我省地方标准《住宅建筑太阳热水系统一体化设计、安装与验收规程》进行太阳能热水系统的设计、施工和安装。

七、依靠科技进步，提升节能建筑的技术含量

（二十一）各地要加大建筑节能技术科技攻关力度。要通过多种渠道，加大对建筑节能技术研发的投入，组织力量加大对新结构、新能源、新材料、新产品的研发力度。结构体系要重点研发钢结构、复合木结构等新型结构体系；外围护结构要重点研发利用固体建筑垃圾、工业废渣、粉煤灰、煤矸石、页岩、江河湖泊淤泥等利废保温的新型墙体材料和外保温材料及既隔热又保温的新型建筑玻璃；新能源要重点研发利用太阳能、地热、水热、空气源热泵等自然能源和沼气、秸秆制气等生物质能技术。

（二十二）积极实施建筑节能示范工程。各地区要结合实际，注重成熟技术和技术集成的推广应用，加快建设节能示范小区。建筑节能的示范提倡多元技术的整合，包括新型结构体系、围护结构体系、新能源的利用；结合示范工程，开展节能技术和产品的检测、检验技术、地方标准和“四新”成果推广应用技术规程的编制等。我省康居小区必须实施节能示范，政府投资的工程应率先建设节能示范工程，积极建设绿色建筑。

（二十三）尽快完善建筑节能的相关技术标准。要加快节能建筑快速检测方法和设备的科研攻关，加快编制《江苏省节能建筑的检测标准》、《江苏省节能建筑验收规范》、《建筑外围护结构设计导则》等相关标准和图集；继续鼓励企业编制“四新”成果推广应用的推荐性技术规程。

六、关于加强太阳能热水系统推广应用和管理的通知

苏建科〔2007〕361 号

各省辖市建设局、规划局、房管局：

太阳能热水系统是一种重要的可再生能源利用技术，推广应用太阳能热水系统，对于减少矿物能源消耗、减少环境污染、缓解我省用能紧张形势、促进节能减排、实现可持续发展都具有重要意义。

我省具备太阳能热水系统应用的自然条件和产业优势，且太阳能热水系统技术成熟、经济性好，与建筑一体化设计、统一安装可以满足城市规划要求，不破坏城市景观。

为推动太阳能热水系统在我省房屋建筑中的规模化应用，加强房屋建筑中应用太阳能热水系统的管理，根据《中华人民共和国可再生能源法》、国家发展改革委、建设部《关于加快太阳能热水系统推广应用工作的通知》和国家、省有关房屋建筑管理的法律、法规的要求，现就有关工作通知如下：

一、自 2008 年 1 月 1 日起，我省城镇区域内新建 12 层及以下住宅和新建、改建和扩建的宾馆、酒店、商住楼等有热水需求的公共建筑，应统一设计和安装太阳能热水系统。拟不采用太阳能热水系统的，由建设单位和建筑设计单位共同提出书面原因，经建设行政主管部门召集专家对原因进行分析论证后作出决定。城镇区域内 12 层以上新建居住建筑应用太阳能热水系统的，必须进行统一设计、安装。鼓励农村集中建设的居住点统一设计、安装太阳能热水系统。

二、各级规划、建设、房产主管部门要在规划设计要点、建筑设计审查、工程质量监督、施工许可、房屋销售与物业管理等环节上，按照各自的职责分工加强对应用太阳能热水系统的监督、管理和协调，共同促进太阳能热水系统在建筑中的推广应用。

三、建筑设计单位应将太阳能热水系统作为建筑的有机组成部分，严格按照国家《太阳热水系统设计、安装及工程验收技术规范》(GB/T18713－2002)、《民用建筑太阳热水系统应用技术规范》(GB50364－2005)和我省《住宅建筑太阳能热水系统一体化设计、安装与验收规程》(DGJ32/TJ08－2005)、《太阳热水系统与建筑一体化设计标准图集》等标准规程进行系统设计，力求建筑物外观协调、整齐有序，热水系统性能匹配、布局合理，保证建筑质量和太阳能热水系统的使用安全，方便安装和维修。农村住房应用太阳能热水系统也应进行系统设计。

施工图审查机构应当按照有关标准进行审查，发现未按本通知要求设计太阳能热水系统又未经过主管部门组织专家论证的，应暂停审查并及时报主管部门。

四、太阳能热水系统应由专业施工单位按照国家和省的相关标准规范进行施工，保证太阳能热水系统和建筑物的工程质量。监理单位应把太阳能热水系统安装施工纳入监理范围。建设单位在组织工程竣工验收时，应按相关验收规范、规程对太阳能热水系统工程进行验收。

五、建设单位应按国家相关规定与物业服务企业做好太阳能热水系统涉及共用部位、共用设施设备的移交和承接验收工作。物业服务企业应当依照物业服务合同的约定，做好日常管理与维护，及时制止擅自改装、移动、损坏太阳能热水系统的行为，保证太阳能热水系统的正常运行。

六、规范对已建成建筑应用太阳能热水系统的管理，安装太阳能热水系统不得影响建筑质量和景观，物业服务公司要做好协调配合工作。在政府组织的小区出新改造、环境整治等工作中，应

用太阳能热水系统必须进行统一设计、安装。

七、在建筑能耗评价时,太阳能热水系统集热能量计入建筑节能总量。省建设厅对应用太阳能热水系统的情况作为节能建筑、绿色建筑、优秀设计、优质工程等评选的重要指标之一,优先给予评奖。

各地应根据本通知要求,结合当地实际情况,制定具体的实施细则,并加强宣传,使社会各界和广大群众深入、全面地了解推广应用太阳能热水系统的重要意义,认真分析、妥善解决推广应用过程中出现的新情况、新问题,以保证这项工作平稳、健康地开展。执行过程中遇到的问题,请及时与省建设厅联系。

二〇〇七年十一月十三日

七、关于统一使用《建筑节能工程施工质量验收资料》的通知

苏建质〔2007〕371号

各省辖市建设局、南京市建委(建工局):

根据国家《建筑节能工程施工质量验收规范》GB50411-2007和江苏省工程建设标准《建筑节能工程施工质量验收规程》DGJ32/J19-2007,江苏省建设工程质量监督总站制定了《建筑节能工程施工质量验收资料》,现予发布使用。

凡2007年10月1日后开工的工程,其建筑节能分部工程施工质量验收资料均应按规定要求及时、准确地收集整理,并作为分部工程验收资料单独成册,纳入《建筑工程施工质量验收资料》。

《建筑工程施工质量评价验收系统》软件可到江苏工程质量监督网上升级《建筑节能工程施工质量验收资料》。

附件:建筑节能工程施工质量验收资料

江苏省建设厅

二〇〇七年十一月二十三日

建筑节能工程施工质量验收资料主要是根据国家验收规范和省建筑节能工程施工质量验收规范编制的,根据标准的使用原则,首先应执行地方标准,故验收资料也是首先执行地方标准,即DGJ32/J19-2007,对于安装部分由于省地方标准没有新的要求,所以仍以国家验收规范的内容作为验收要求。